FRANK ADLOFF

POLITIK DER GABE

FÜR EIN ANDERES ZUSAMMENLEBEN

EDITION NAUTILUS

Edition Nautilus GmbH
Schützenstraße 49 a
D-22761 Hamburg
www.edition-nautilus.de

Originalveröffentlichung
Erstausgabe September 2018
Umschlaggestaltung:
Maja Bechert, Hamburg
www.majabechert.de
Druck und Bindung:
CPI – Clausen & Bosse, Leck
1. Auflage
ISBN 978-3-96054-091-5

FRANK ADLOFF ist Professor für Soziologie – insbesondere Dynamiken und Regulierung von Wirtschaft und Gesellschaft – im Fachbereich Sozialökonomie der Universität Hamburg. Seine Forschungsschwerpunkte liegen in den Bereichen Sozialtheorie, Gabe und Konvivialität, Zivilgesellschaft, Postwachstum und Nachhaltigkeit. Zuletzt erschien im Jahr 2016 sein Buch *Gifts of Cooperation, Mauss and Pragmatism* im Routledge Verlag. Er ist zudem Mitherausgeber der deutschen Ausgabe des *Konvivialistischen Manifests* (2014) und des Bandes *Konvivialismus. Eine Debatte* (2015).

Inhalt

Vorbemerkung 7

1. Von der Doppelkrise des Kapitalismus zur Konvivialität? 9
2. Eigennützige Gaben? Altruistische Gaben? 23
3. Marcel Mauss' Gabe 47
4. Eine andere Anthropologie: der *homo donator* 75
5. Die Register der Gabe 103
6. Die Gabe zwischen Sozialismus und Kapitalismus 135
7. Waren, Werte, Geld und Gaben 159
8. Wissenschaft und Technik, Natur und Konvivialität 189
9. Die Gaben der Natur 211
10. Zivilgesellschaft, Konvivialität, Utopie 235
11. Ästhetische Freiheit oder die Gabe der Kunst 255
12. Pluriversalismus: Für eine europäische und globale Politik der Konvivialität 275

Anmerkungen 299

Literaturverzeichnis 301

Vorbemerkung

Auch wenn man sich jahrelang allein mit einem Thema befasst, ist ein wissenschaftliches und politisches Buch immer ein Gemeinschaftswerk. In diesem Text finden sich die Ideen vieler Menschen wieder, es sind unzählige Gaben in diesen Text eingeflossen, die ich gar nicht alle überblicken kann. Freunde, Kolleginnen und Kollegen, Studierende, Diskussionen, Vorträge und Seminare in unterschiedlichen Kontexten haben meine Gedanken geformt. Abgelten kann ich diese Einflüsse ohnehin nicht, mich für sie aber bedanken!

Ohne meinen Freund Alain Caillé gäbe es dieses Buch nicht, zu sehr bin ich seinen intellektuellen Einflüssen verbunden. Der Edition Nautilus und insbesondere Katharina Picandet sei herzlich dafür gedankt, dass sie meine Buchidee von Anfang an mit Wohlwollen und großem Engagement begleitet haben. Dass ich mich getraut habe, den akademischen Jargon ein gutes Stück (wenn auch vielleicht noch nicht weit genug) abzulegen, verdanke ich ihr.

An dieser Stelle ein Hinweis an die eiligen Leser/innen und diejenigen, die nicht die Geduld aufbringen, den detaillierteren soziologischen und theoretischen Überlegungen mancher Kapitel zu folgen: Man versteht das Buch in seiner Stoßrichtung auch dann noch, wenn man die Kapitel 2, 4 und 5 überfliegt oder weglässt.

Last but not least gilt mein Dank meiner Frau Katja, die vor allem mit der schlechten Laune Desjenigen zu tun hatte, der einen misslungenen oder stressigen Schreibtag hinter sich hatte. Wir geben anderen ja nicht nur Gutes – umso schöner, wenn das dann nicht mit gleicher Münze entgolten wird.

1.
Von der Doppelkrise des Kapitalismus zur Konvivialität?

Nicht nur im globalen Norden, auch in vielen anderen Regionen der Welt lebt man heute länger, gesünder, sicherer, friedlicher und wohlhabender denn je. Und dennoch haben nicht Wenige den Eindruck, dass wir uns weltweit in einer enorm krisenhaften Situation befinden. Nur ein paar Beispiele reichen zur Verdeutlichung: Der Krieg in Syrien und die damit verbundene Flucht vieler Menschen hat uns gezeigt, dass Not und Krieg nicht überwunden sind, sondern uns unmittelbar tangieren. Und hierzulande erstarken rechte Bewegungen, die sich abschotten und das »deutsche Volk« vor »Überfremdung« oder »Umvolkung« schützen wollen. Die für den Kampf gegen die Erderwärmung dringend gebotene globale Kooperation stagniert seit Jahren, und der Klimawandel wird allenthalben in Form von ökologischen Katastrophen sicht- und spürbar. Große Teile Afrikas werden von Kriegen, korrupten Regierungen, Hunger und Vertreibung zerrüttet. Die sozialen Ungleichheiten wachsen in vielen Ländern dramatisch und die Wirtschafts-, Staatsverschuldungs- und Finanzkrise ist längst nicht überwunden. Laut Oxfam haben Anfang des Jahres 2018 die 42 reichsten Menschen der Welt so viel Vermögen wie die 3,7 Milliarden Menschen der ärmeren Hälfte zusammen. Und die Vermögensunterschiede werden immer größer: 2018 gingen 82 Prozent des weltweiten wirtschaftlichen Wachstums an das reichste Prozent der Weltbevölkerung. Nie hat es mehr Dollar-Milliardäre gegeben als heute. Und während wir Zeugen von Terrorismus, Bürger- und ethnischen Kriegen sind, ist das

Projekt Demokratie vielerorts auf entkernte formale Prozeduren geschrumpft, die vom Lobbyismus mächtiger Konzerne geschickt für eigene Zwecke genutzt werden. Schließlich regiert in den USA ein Präsident, der liberale Errungenschaften mit Füßen tritt und einen neoliberalen Kurs verfolgt, der stark autoritäre und nationale Züge annimmt.

Mehr als 25 Jahre nach Ende des Kalten Krieges und der Systemkonkurrenz von Kapitalismus und real existierendem Sozialismus ist dies die fatale globale Lage. Von dem angeblichen »Ende der Geschichte« (Francis Fukuyama) in Demokratie und Menschenrechten kann keine Rede sein. Viele fordern deshalb eine Umkehr, eine radikale Transformation der gegenwärtigen Welt – weg vom neoliberalen, ungerechten und nichtnachhaltigen Finanzkapitalismus, weg von abwertenden Stereotypisierungen und Abschottungen, hin zu anderen Formen des Zusammenlebens.

Anders zusammenleben: Konvivialität

Auch ich möchte in diesem Buch für andere Formen des Zusammenlebens plädieren. Dazu werden verschiedene Anläufe unternommen, um die Grundlagen für ein Verständnis anderer Formen des Miteinanders und für neue Institutionenordnungen zu legen. Dabei wird der Begriff der Konvivialität (von lat. convivere: zusammenleben) eine große Rolle spielen, der wiederum auf ein soziologisches Konzept verweist, das den Dreh- und Angelpunkt meiner Thesen bildet: das Konzept der Gabe. Ausgehend von alltäglichen Handlungsweisen des Gebens und der damit verbundenen Wechselseitigkeit sollen Möglichkeiten einer Politik der Gabe erprobt werden, die einen anderen Umgang untereinander und mit der Natur anvisieren.

Inspiriert hat mich ein 2013 erschienenes Büchlein, ein Manifest, das von hauptsächlich französischen Wissenschaftler/innen und Intellektuellen verfasst wurde und von einer positiven Vision des Zusammenlebens spricht: das konvivialistische

Manifest. Der Text will deutlich machen, dass eine andere Welt möglich – denn es gibt schon viele Formen der Konvivialität –, aber auch absolut notwendig ist. Eine Besonderheit des Manifests besteht darin, dass eine große Gruppe von 64 Wissenschaftlerinnen und Wissenschaftlern ganz unterschiedlicher politischer Überzeugungen die Fehlentwicklungen zeitgenössischer Gesellschaften benennt und ihre Differenzen zurückgestellt hat. Das Manifest identifiziert zwei Hauptursachen für die gegenwärtige Malaise: den Primat des utilitaristischen, also eigennutzorientierten Denkens und Handelns, und den unbeirrbaren Glauben an die selig machende Wirkung wirtschaftlichen Wachstums. Zum anderen wird diesen Entwicklungen eine positive Vision des guten Lebens entgegengestellt: Es geht zuallererst darum, auf die Qualität sozialer Beziehungen und der Beziehung zur Natur zu achten. Gelingendes Zusammenleben beruht auf dem Zyklus von Geben, Annehmen und Erwidern.

Die Initiative zu dem Manifest geht auf ein Kolloquium in Japan aus dem Jahr 2010 zurück. Unter dem Titel *De la convivialité. Dialogues sur la societé conviviale à venir* erschienen dazu 2011 die Kolloquiumsbeiträge von Alain Caillé, Marc Humbert, Serge Latouche und Patrick Viveret. Zusammen mit Alain Caillés kleinem Band *Pour un manifeste du convivialisme* (ebenfalls 2011 erschienen) gaben die Beiträge den Anstoß zur Debatte um den Konvivialismus. Auf dem Kolloquium in Tokio wurden die Begriffe Konvivialität und Konvivialismus diskutiert, unter starker Bezugnahme auf die Schriften von Ivan Illich (1926–2002). Der österreichisch-amerikanische Theologe, Philosoph und Autor war ein radikaler Technik- und Wachstumskritiker. 1975 führte er in seinem Buch *Selbstbegrenzung* den Begriff der Konvivialität ein. Das Buch fand eine große internationale Resonanz und wurde in Frankreich von André Gorz bekannt gemacht. Ähnlich wie dem mit Illich befreundeten Erich Fromm ging es Illich um die technik- und kapitalismuskritische Wiederherstellung des Primats des »Seins« vor dem »Haben«. Konvivial ist für Illich eine Gesellschaft dann, wenn sie ihren Techniken und Institutionen eine vernünftige Selbstbegrenzung auferlegt. Werden Techniken nicht in ihrem Wachstum beschränkt, verkehren sich rasch ihre Leistungen ins Gegenteil, verselbstständigen sich und schaffen mehr Probleme, als sie lösen.

Eine zweite, viel ältere Wurzel des Begriffs der Konvivialität findet sich an einer ganz anderen Stelle: Der Begriff wurde zuerst im frühen 19. Jahrhundert von dem Gastronomen und Philosophen Jean Anthelme Brillat-Savarin geprägt. Brillat-Savarin benennt damit in seinem Buch *La physiologie du goût, ou Méditations de gastronomie transcendante* (1825) die Freude des Beisammenseins, der guten und freundschaftlichen Kommunikation im Rahmen einer Tischgesellschaft. »Convivialité« und »convivial« sind im Französischen denn auch gebräuchliche, positiv konnotierte Worte. Konvivialität beschreibt also den freundlichen Umgang, den Menschen untereinander pflegen können, sowie ein freiheitliches Verhältnis, das sie zu den »Dingen« (seien es Gegenstände, Infrastrukturen, Institutionen oder Techniken) haben können.

Dem Band *De la convivialité* lassen sich noch zwei weitere Diskursstränge entnehmen, die in die Formulierung der konvivialistischen Vision einflossen. Zum einen das anti-utilitaristische Denken von Alain Caillé (und Marcel Mauss), zum anderen die Wachstums- und Ökonomiekritik von Patrick Viveret und Serge Latouche. Für den Philosophen Viveret (geb. 1948) besteht die Wurzel der gegenwärtigen Krise in der strukturellen Maßlosigkeit des Produktivismus der Moderne, sowohl in seiner kapitalistischen als auch in seiner sozialistischen Variante (Viveret 2011). Andere Kriterien des guten Lebens und des Wohlstands seien nun dringend gefordert, um die Fixierung auf ökonomisches Wachstum zu durchbrechen. Insbesondere die Maßzahl des Bruttoinlandsprodukts (BIP) muss nach Viveret neu überdacht werden. Prominentester Vertreter der Forderung nach einer Wachstumsrücknahme (*décroissance*, *degrowth*) ist der Ökonom Serge Latouche (geb. 1940). Er tritt ein für eine Gesellschaft des einfachen Wohlstands (*societé d'abondance frugale*) und wie Viveret für eine Neudefinition von Reichtum, der bislang allein materiell und monetär definiert wird (Latouche 2015). Eine konviviale Gesellschaft muss aus seiner Sicht die Idee des ökonomischen Wachstums radikal in Frage stellen und sich selbst begrenzen. Neue Formen des Wirtschaftens sind gefordert, die den Kreislauf der permanenten Kreation von immer mehr und prinzipiell unbegrenzten Bedürfnissen durchbrechen. Wachstum bloß um des Wachstums willen kann hingegen als Religion der Ökonomie bezeichnet werden. Deshalb geht es ihm auch um die mentale Überwindung der Religion des Ökonomischen und des Konzepts des *homo oeconomicus*.

Die Idee des Wachstums und materiellen Wohlstands ist eine Projektionsfläche für alle möglichen Hoffnungen und Ängste. Hoffnungen auf Prosperität halten Gesellschaften zusammen, auch wenn sich diese Hoffnungen zunehmend als irreführend erweisen. Was passiert, wenn hohe Wachstumsraten (zumindest in den westlichen Gesellschaften) ein für alle Mal der Vergangenheit angehören, wenn Arbeitslosigkeit nicht durch Wachstum minimiert werden kann, wenn die sozialen Ungleichheiten weiter steigen, wenn Arbeitseinkommen kaum zum Leben reichen (vgl. Nachtwey 2016)? Die Antwort kann für die Konvivialistinnen und Konvivialisten nur lauten, dass die Vorstellung vom guten Leben vom materiellen Wohlstand zu entkoppeln ist. Dem materiellen Kalkül wären die Werte der Demokratie und Konvivialität als Selbstzwecke gegenüberzustellen. Dies käme durchaus einer politischen und ethischen Revolte gleich, da es um die Entwicklung völlig neuer Sinnbezüge für die Lebensführung der Einzelnen und das Funktionieren ganzer Gesellschaften geht.

Die Wurzeln der Idee von der Wachstumsrücknahme liegen einerseits in Auseinandersetzungen mit der ökologischen Krise und stammen andererseits aus dem Umfeld der Entwicklungspolitik, wo unter dem Begriff des *post-development* (wiederum an Illich anschließend) die Modernisierung des Südens entlang der westlich-ökonomischen Wachstums- und Entwicklungslogik kritisiert wird. Für Latouche ist eine Selbstbegrenzung moderner Gesellschaften nicht nur eine politische Möglichkeit, sondern auch eine Notwendigkeit angesichts drängender sozialer und ökologischer Krisen. Tatsächlich lässt sich die gegenwärtige Krisenkonstellation gut auf den Begriff der sozialen und ökologischen Doppelkrise bringen, die auf die negativen Effekte des vorherrschenden Kapitalismus zurückzuführen ist. Im Kapitalismus muss die Wirtschaft wachsen, um den profitgetriebenen Wettbewerb in Gang zu halten, der wiederum die Unternehmen zu stetiger Expansion treibt (Barth/Reitz 2016). Diese Art des Wirtschaftens ist nicht nachhaltig, da sie auf energetischen und ökologischen Voraussetzungen beruht, die nicht dauerhaft zur Verfügung stehen (Sommer 2016). Wir verbrauchen und zerstören mehr natürliche Lebensgrundlagen, als sich regenerieren können.

Der Gegenwartskapitalismus produziert auf der einen Seite soziale Ungleichheiten, Ausbeutung und Erschöpfung ungeahnten Ausmaßes, auf der anderen Seite zehrt er unsere natürlichen Lebensgrundlagen auf. Die moderne kapitalistische Gesellschaft ist zu expansiv, es gilt, ihr Fesseln der Selbstbegrenzung anzulegen. Man kann nicht leugnen, dass in den letzten 200 Jahren der Massenkonsum für viele Menschen eine Emanzipation aus materiellen Nöten mit sich brachte, doch dabei haben wir auf Kosten anderer gelebt: auf Kosten der Natur und auf Kosten des globalen Südens. Stephan Lessenich (2016) spricht von der Externalisierungsgesellschaft und zielt darauf ab, dass man sich in den europäischen und nordamerikanischen Gesellschaften Freiheit und Wohlstand geschaffen hat, indem man andere Lebenswelten kolonialisiert und zerstört hat. Der Norden hat zu Lasten Dritter, also über die Verhältnisse anderer gelebt. Den Menschen des Nordens geht es – obwohl es natürlich auch hier extreme Ungleichheitsverhältnisse gibt – vergleichsweise gut, weil anderswo Verzicht geübt wird. Die unwürdigen Arbeitsbedingungen in vielen Ländern des Südens – man denke nur an die beinahe schon sprichwörtlichen Näherinnen in Bangladesch – und die massiven Umweltzerstörungen (etwa in pestizidverseuchten Plantagen) gehen obendrein auch noch mit symbolischen Ausgrenzungserfahrungen und Abwertungen einher: Die eigene Überlegenheit wird zelebriert und die anderen werden für ihre angeblich fehlenden Anstrengungen und »Unterentwicklung« angeprangert. Psychologisch beruht das Ganze für Lessenich auf Verdrängungen und Abwehr der eigenen Schuld. Sozial schlägt sich das in einem kollektiv geteilten Habitus der Externalisierung nieder oder anders formuliert: in einer »imperialen Lebensweise« (Brand/Wissen 2017). Lessenich spricht von einer »habituell vollzogenen Praxis der Auslagerung der Kosten ihrer Lebensweise auf Dritte und der gleichzeitigen Ausblendung ebendieses Strukturzusammenhangs aus ihrer alltäglichen Lebensführung« (Lessenich 2016: 101).

So werden immer mehr Bereiche vormals nichtkapitalistischer Lebenswelten einer »Landnahme« unterworfen. Das bedeutet, dass das kapitalistische Profitinteresse immer wieder aufs Neue nichtkapitalistische Räume erschließen muss. Diese werden privatisiert, der Geldlogik unterworfen und daraus Profite geschöpft. Man denke an die Privatisierung von Wasser (Nestlé), an die Zerstörung von kleinbäuerlichen Strukturen durch den Erwerb ganzer Landstriche in Teilen Lateinamerikas, Afrikas und Asiens, um dort Biotreibstoff für die EU anzubauen, oder an den profitorientierten Verkauf von Saatgut (Monsanto). Die Neigung des Kapitalismus zur Landnahme haben schon Rosa Luxemburg und Hannah Arendt erkannt, und ihre Analysen sind heute dringlicher denn je.

Getrenntheit oder Interdependenzen?

All dies zeigt, dass es auf der Welt keine abgeschotteten Gesellschaften und keine Scheidelinie zwischen Natur und Gesellschaft gibt. So gehen heute Klimawandel, Überschwemmungen und Dürren mit Armut, Vertreibung und bewaffneten Konflikten Hand in Hand. Alle menschlichen und nichtmenschlichen Lebensformen sind miteinander verflochten und voneinander abhängig. Doch ist die globale Interdependenz extrem asymmetrisch. Einige schaffen es, die Profite einzufahren und die ökonomischen, kulturellen, sozialen und ökologischen Kosten auszulagern. Millionen Kleinbauern wurden in Brasilien von ihren Feldern vertrieben, die in riesige Sojaplantagen für den Export umgewandelt wurden. Export für die gesundheitsbewusste Lebensführung im globalen Norden. Einige geben nur, andere nehmen nur. Konvivialität zielt hingegen auf einen solidarischen Ausgleich ab. Der Untertitel des konvivialistischen Manifests lautet im Original: *Déclaration d'interdépendence* – also in Umkehrung der amerikanischen Unabhängigkeitserklärung: *Erklärung der wechselseitigen Abhängigkeiten.*

Doch auf welcher sozialen Logik kann die geforderte Selbstbegrenzung beruhen, was ist die Alternative zum Streben nach Gewinn, Wachstum und Konsum? Auf welche Handlungslogik könnte sich eine konviviale Gesellschaft stützen, die nicht länger ihre Kosten externalisiert, die auf Kooperation setzt und die wechselseitige Abhängigkeit aller anerkennt? Diesen Fragen geht vor allem der Soziologe und Ökonom Alain Caillé nach, der als der eigentliche *spiritus rector* des konvivialistischen Manifests gelten kann und der durch die begriffliche Transformation von konvivialen Ideen hin zum Konvivial*ismus* politisches Konzept, Theorie und Bewegung geprägt hat. Für ihn lautet die alles entscheidende Frage, wie Menschen ohne Gemeinschafts- und Konformitätszwang zusammenleben können, und ohne sich gegenseitig niederzumetzeln.

Eine Antwort erblickt Caillé im Paradigma der Gabe, das er in den letzten 25 Jahren maßgeblich mitentwickelt hat und das er auf den Soziologen und Ethnologen Marcel Mauss (1872–1950) zurückführt. Mauss beschrieb, wie der Austausch von Gaben zwischen Gruppen von Menschen diese zu Verbündeten macht, ohne ihre prinzipielle Agonalität, also ihre kämpferische Auseinandersetzung aufzuheben. Im Modus der Gabe erkennen sich Menschen gegenseitig an und bestätigen sich wechselseitig ihrer Wertschätzung. Der Konvivialismus greift diesen Gedanken auf und betont, dass allein die Anerkennung einer gemeinsamen Menschheit und einer allen gemeinsamen Sozialität die Basis für ein konviviales globales Zusammenleben sein kann (Les Convivialistes 2014: 61). Radikale und universelle Gleichheit und die Logik der Gabe sind mithin Bedingungen konvivialen Zusammenlebens. Das vorliegende Buch schließt sich Caillés Gabenperspektive an und legt dar, wie sich unser Selbstverständnis und Zusammenleben ändern könnten, wenn wir anerkennen, dass Menschen nicht einfach nur egoistische Nehmer sind, sondern immer auch geneigt sind zu geben. Für Mauss lag die Gefahr darin, dass die modernen Sozialbeziehungen zunehmend dem Modell des Tausches, des Marktes und des Vertrags folgen. Mehr und mehr werden wir der *homo oeconomicus*, den die ökonomische Theorie modellhaft unterstellt.

Der Mainstream der ökonomischen Theorie unterstellt, dass Menschen rational agieren, wobei Rationalität hier in einem sehr eingeschränkten Sinne aufgefasst wird: Demnach ist man rational, wenn man danach trachtet, seinen individuellen Nutzen zu mehren. Aus der Konkurrenz über Märkte soll daraus dennoch etwas Gutes für alle folgen. Wenn alle in Konkurrenz zueinander ihren Nutzen mehren wollen, ergäbe sich in der Summe ein optimales Angebot an Waren und Dienstleistungen. Der Markt reguliere dies über Angebot und Nachfrage. Auf dieser Grundlage hat sich die Wirtschaftswissenschaft über die letzten Jahrzehnte zu einer extrem erfolgreichen Disziplin entwickelt, die großen Einfluss auf alle ökonomischen Fragen, aber auch weit darüber hinaus auf viele Fragen der Organisation des Zusammenlebens gewonnen hat. Dabei verdankt sich ihr Erfolg vor allem ihrer rigorosen Selbstdisziplinierung. Überall auf der Welt werden die gleichen Texte gelesen und ökonometrische Verfahren eingeübt, das Curriculum an den Universitäten ist extrem standardisiert. Überall arbeitet man mit den gleichen simplen Grundannahmen und baut daraus komplizierte mathematische Modelle, die jeweils nur einen winzigen Ausschnitt der sozialen Realität betrachten. Davon abweichende Modelle, die gegenwärtig unter dem Begriff der pluralen Ökonomik versuchen, stärker Fuß zu fassen, gelten als heterodoxe Abweichungen von der reinen Lehre, der orthodoxen neoklassischen Theorie. Diese starke disziplinäre Identität des Fachs erklärt einen guten Teil ihres hegemonialen Einflusses auf die Theorie und Praxis des Wirtschaftens. Auch nach der Finanzkrise von 2007/08 hat die Ökonomik kaum an Einfluss und Reputation verloren, obwohl sie in der Krise eine erschreckende Naivität an den Tag legte. Man ging einfach davon aus, dass Finanzmärkte immer effizient seien und verließ sich auf die Annahme, dass die Gesamtwirtschaft stets zum Gleichgewicht neige (Herrmann 2017).

Vieles ist zu der Frage gesagt worden, wieso eine Theorie, die mit offenkundig unrealistischen Annahmen arbeitet und so zu komplett falschen Einschätzungen der ökonomischen Realität kommen kann, dennoch nicht auf diese Annahmen verzichtet und weiter mit ihnen arbeitet. Dies kann hier nicht weiter vertieft werden, hier interessiert uns vielmehr die Frage, ob eine solche Theorie nicht den Effekt haben könnte, dass sie das, was sie vorgeblich nur beschreibt, in Wirklichkeit erst hervorbringt: den individuellen Nutzenmehrer. Seit Jahrzehnten nämlich ist das Bild des Menschen, dass er egoistisch nur an sich selbst denke, innerhalb und außerhalb der Ökonomie vertreten worden. Diese Sichtweise ist geradezu zu einer kulturellen Selbstbeschreibung geworden, die um sich greift und dabei verkennt, dass Menschsein in der Regel nicht Getrenntheit und Egoismus impliziert, sondern im Gegenteil Verbundenheit und Beziehungen des Gebens und Nehmens umfasst.

Schon in den 1980ern brachte der Soziologe Robert Bellah mit *Gewohnheiten des Herzens* (1987) hierzu eine wegweisende Studie über die US-amerikanischen Mittelschichten heraus. Diese beschreiben sich in dieser Untersuchung selbst so, als würden sie nur ihr rationales Eigeninteresse verfolgen. Man glaubt, man habe die Fähigkeit, seine Bindungen frei nach dem Kriterium der Lebenseffektivität zu wählen. Ziel ist die Steigerung des individuellen Wohlgefühls; normative Bindungen werden dem untergeordnet, erscheinen als beliebig verfügbar und dienen letztlich nur der Selbstverwirklichung. Man erkennt hier gleich die neoliberale Unabhängigkeits- und Individualitätsrhetorik der Jahre unter Ronald Reagans Präsidentschaft. Dennoch entspricht das Leben dieser Mittelschichten nicht komplett ihrer Selbstbeschreibung. Sie haben starke Bindungen, fühlen sich verantwortlich, sind noch in Gemeinschaften integriert – und finden zugleich keine Sprache, ihre Bindungen, Zuneigungen und Verpflichtungen zu artikulieren. Eine Sprache der Konkurrenz und Vereinzelung greift immer mehr um sich und verdeckt etablierte Praktiken der Fürsorge. Der utilitaristische und expressive Individualismus hat sich zur »Erstsprache« Amerikas entwickelt, während den gemeinschaftlichen Traditionen Amerikas nur noch der Status einer »Zweitsprache« zukommt, so lautet eine wichtige Erkenntnis der Studie. Es ist also nicht egal, wie man sich selbst und die Handlungsweisen anderer Menschen beschreibt. In der Soziologie gilt das sogenannte Thomas-Theorem, das nach dem Chicagoer Soziologen William Isaac Thomas benannt ist: Situationen sind in ihren Konsequenzen real, insofern Menschen eine Situation als real definieren. Es gilt also, eine Sprache der Gabe, der Fürsorge und Verbundenheit zurückzugewinnen, die den realen Praktiken und Bedürfnissen von Menschen erstens entspricht und die zweitens nicht destruktive, sondern produktive Konsequenzen mit sich bringt, wenn immer mehr Menschen sie aufgreifen. Eine Sprache, die den Menschen nicht länger als des Menschen Wolf (Hobbes) beschreibt, sondern sich auf eine positive Anthropologie bezieht.

Es soll hier in keiner Weise geleugnet werden, was Menschen anderen Menschen und der Natur in ihrer Geschichte schon an Tod, Unterdrückung, Leid und Horror angetan haben. Doch sollte man das Böse nicht naturalisieren, also zur »Natur des Menschen« erklären. Es geht auch anders, und Menschen sind durchaus fähig, zum Wohle aller zu kooperieren, wenn denn die Logik der Nutzenmaximierung in Kapitalismus und Alltag gebrochen wird und tragfähige Alternativen denkbar werden. Dazu will dieses Buch einen Beitrag leisten. Es formuliert die Idee des *homo donator* als Ersatz für den *homo oeconomicus*, der ausgedient hat. Der gebende Mensch existiert als Beziehungswesen; ontologisch ist die Interaktion, die wechselseitige Abhängigkeit und Verbindung, der Existenz von klar abgetrennten und unabhängigen Elementen vorgeordnet. Dem Grunde nach baut die überkommene westliche Ontologie (Lehre vom Sein) auf der liberalen Illusion des männlichen und autonomen Subjekts auf, das unabhängig von anderen existiert und nicht verletzbar ist. Diese Sicht verleugnet, dass auch diese männliche Fiktion von der Fürsorge vieler anderer abhängig ist – klassisch: von Frauen. Frauen als Mütter, die ihre Söhne zur scheinbaren Autonomie führen, und als Ehefrauen, die sich um Haushalt und Kinder kümmern. Dazu kommt noch unser aller Abhängigkeit von der Natur als Spenderin von Leben schlechthin. Die in diesen Beziehungen gegebenen Gaben werden regelmäßig übersehen, heruntergespielt oder unsichtbar gemacht. Dies gilt heute nicht mehr so stark für weiße Mittelschichtsfrauen wie noch vor einigen Jahren. Die Unsichtbarkeit der Gabe hat sich auf die Arbeiter/innen des globalen Südens oder auf die migrantischen Haushaltshilfen und Kindermädchen im Norden verschoben. Das Problem ist also nicht, dass es keine Gaben in unseren Gesellschaften geben würde, das Problem besteht darin, dass Gaben invisibilisiert und nicht anerkannt werden. Dies gilt für die Missachtung der Gaben prekär Beschäftigter genauso wie für die Ökonomien ehemaliger Kolonien und für die Gaben vielfältiger Ökosysteme. Es geht also zunächst darum anzuerkennen, was subalterne Gruppen geben, und dann die Asymmetrie in diesen sozialen Beziehungen aufzubrechen. Das wäre konvivial.

Eine Welt der Gleichheit ist also gefordert – eine Gleichheit in der wechselseitigen Anerkennung von allen als Geber/innen. Das hier vertretene Konzept einer Anthropologie und Politik der Gabe will sich als Aufforderung verstanden wissen, sich an der Suche nach »realen Utopien« (Wright 2017) zu beteiligen, die reformistisch und zugleich radikal dazu beitragen können, Utilitarismus und maßloses Wachstum zu überwinden. Dabei muss es auch darum gehen, eine attraktive Vision des Zusammenlebens zu entwickeln, eine, die nicht abschreckt, eine, die klarmacht, dass alle von ihr profitieren könnten. Alle sind aufgerufen, sich kreativ daran zu beteiligen, mit neuen Formen der Konvivialität zu experimentieren, die Gabe zu etablieren, sichtbar zu machen und eine andere Gesellschaft aufzubauen. Das klingt sehr naiv, doch darin liegt – so hat es die italienische Philosophin und Konvivialistin Elena Pulcini vor einigen Jahren auf einer Konferenz pointiert – die besondere Radikalität und Stärke des konvivialistischen Projekts.

2. Eigennützige Gaben? Altruistische Gaben?

Warum geben wir anderen Menschen Dinge, schenken ihnen Aufmerksamkeit, helfen ihnen oder verzeihen ihnen gar? Sind Gaben etwas Normales und Alltägliches, oder sind sie die Ausnahme, und der Eigennutz bildet die Regel menschlichen Handelns? Häufig wird das Geben mit dem Phänomen des Tauschens in Verbindung gebracht. Jemand gibt einer anderen Person einen wertvollen Gegenstand und erhält einen anderen dafür. Beiden nützt der Tausch etwas, da sie beide das Gut des anderen stärker wünschen als ihr eigenes. Für Adam Smith, den Begründer der modernen Ökonomie, ist die Fähigkeit zum Tausch eine menschliche Eigenschaft, die es sonst nirgendwo im Tierreich gibt: »Niemand hat je erlebt, dass ein Hund mit einem anderen einen Knochen redlich und mit Bedacht gegen einen anderen Knochen ausgetauscht hätte« (Smith [1776] 2014: 57). Für Smith gibt es sogar eine natürliche »Neigung des Menschen, zu handeln und Dinge gegeneinander auszutauschen« (ebd.: 56).

Doch in vielen Situationen findet kein Tausch statt und trotzdem werden materielle und immaterielle Dinge überreicht. Ein Akteur A gibt einem anderen Akteur B etwas, ohne im Gegenzug und direkt etwas dafür zu bekommen. Vielleicht erwidert B die Gabe später mal, vielleicht auch nicht. Und im Falle der Erwiderung ist es an Person B zu entscheiden, was sie erwidert und wann sie es tut. Nur im Fall des Tausches ist klar, welche Güter zu welchem Zeitpunkt den Besitzer wechseln, da sich A und B darauf geeinigt haben.

Der Tausch scheint nun nicht weiter erklärungsbedürftig zu sein: Tauschen tun wir aus eigennützigen Interessen. Aber wie erklärt man nun Formen des Gebens wie das Schenken und Spenden? In der Literatur findet man in der Regel drei theoretische Modelle: Man kann erstens versuchen zu zeigen, dass hinter dem scheinbar uneigennützigen Schenken und Spenden letztlich doch eigennützige Motive stehen. Oder es heißt zweitens, dass Menschen in einer Welt von Werten und Normen sozialisiert werden, und diese Werte und Normen schreiben uns vor, was wir anderen zu geben haben. Oder drittens weist man darauf hin, dass Menschen sich auch altruistisch für andere einsetzen können, dass sie bereit sind, kleinere oder größere Opfer zu erbringen. Das Altruismusargument ist dabei nicht immer klar von dem der Verinnerlichung von Werten und Normen zu trennen. Daraus ergibt sich eine Zweiteilung der Erklärungsversuche: Theorien des Eigennutzes stehen Ansätzen gegenüber, die Werte, Normen und altruistisches Handeln betonen.

Die Soziologie fußt auf dieser theoretischen Dichotomie von Eigennutz versus Werte und Altruismus. Individualistische Theorien rationaler Wahl erklären Gesellschaft aus dem Zusammenhandeln eigennutzorientierter Akteure, während der normativistische Strang der Sozialtheorie das Zusammenleben aus wirkmächtigen überindividuellen Werten und Normen erklärt, denen die Individuen folgen. Auf der einen Seite steht also das rationalistische und utilitaristische (eigennutzorientierte) Modell des individuellen Akteurs, das auf der Annahme nur punktueller Kontakte beruht: Man kommt in Kontakt, tauscht etwas aus, was beiden Vertragspartnern nützt, und geht wieder seiner Wege. Hierfür steht der Markt als Prinzip, der auf der Idee beruht, dass man tauscht, Kredite aufnimmt, seine Schulden abbezahlt und dann quitt ist. Auf der anderen Seite steht das holistische, also überindividuelle Paradigma, das sich auf moralisches Handeln aus Verpflichtungen konzentriert und sich für verinnerlichte Normen und Werte interessiert. Die These dieses Buchs ist es, dass eine solche Gegenüberstellung es verunmöglicht, eine Vielzahl von Formen des Gebens adäquat zu verstehen. Denn die Gabe beruht zumeist weder auf bloßem Eigennutz, noch kann man sie darauf reduzieren, dass Menschen das tun, was Normen von ihnen verlangen. In Gaben steckt ein Überschuss an Spontanität, Freiheit und Zugewandtheit, der nicht auf die eine oder andere Seite zurückgeführt werden kann. Bevor wir dazu kommen, Ansätze kennenzulernen, die sich nicht in die Unterscheidung Werte, Altruismus und Normen versus Eigeninteresse pressen lassen, soll zum besseren Verständnis der Problematik die Zweiteilung der Erklärungsansätze genauer erläutert werden. Die nachfolgende Diskussion verschiedener soziologischer Theorien erfordert bei der Lektüre sicher ein gewisses Interesse an diesen fachinternen Debatten. Wer dies nicht aufbringt, kann auch problemlos mit Kapitel 3 fortfahren.

Tausch und Norm

Beide Stränge – Normen versus Eigennutz – finden sich widersprüchlich vereint in den Schriften des soziologischen Klassikers Georg Simmel (1858–1918). In seinem »Exkurs über Treue und Dankbarkeit« aus dem Jahr 1908 zeigt er, wie Empfindungen der sozialen Verpflichtung entstehen und dazu beitragen, dass sich soziale Beziehungen weit über die Dauer der ursprünglichen Motive fortsetzen. Soziale Beziehungen werden nämlich durch das Gefühl der Dankbarkeit zeitlich stabilisiert. Dankbarkeit bringt ein Band der Wechselwirkung und des Hin- und Hergehens von Leistung und Gegenleistung hervor. Ohne ein permanentes Geben und Nehmen »würde überhaupt keine Gesellschaft zustande kommen« (ebd.: 663). Im Gegensatz zum Markt, wo durch den Tausch gleichwertiger Güter und Leistungen weiterreichende Verpflichtungen ausgeschlossen werden, sind nach Simmel viele soziale Beziehungen durch Verschuldungen gekennzeichnet, die dauerhaft sind und zu einem Fortleben von gegenseitigen Verpflichtungsverhältnissen führen. Dankbarkeit ist das subjektive Echo, das über den Akt des Gebens und Empfangens hinauswirkt und so eine soziale Beziehung begründet und Reziprozität erzeugt. Simmel stellt heraus, dass die für eine Gabe – etwa eine spontane Hilfeleistung – entbotene Gegengabe niemals die Schuld tilgen kann. Denn die zuerst gegebene Gabe hat den Charme der völligen Freiwilligkeit, während die Erwiderung für Simmel niemals den Makel der Verpflichtung zur Erwiderung abstreifen kann. So bleibt das Gefühl, dass »wir eine Gabe gar nicht erwidern können; denn in ihr lebt eine Freiheit, die die Gegengabe, eben weil sie Gegengabe ist, nicht besitzen kann« (ebd.: 668). Die Asymmetrie zwischen dem Geber der ersten Gabe und der Empfängerin kann durch die Erwiderung nicht aufgehoben werden, da letztere niemals die »Größe« der ersten Gabe annehmen kann – die Erwiderung erscheint für Simmel immer als defizitbehaftet.

So sehr Simmel ein Gespür für die enorme Bedeutung der Dankbarkeit für das soziale Zusammenleben hat, so sehr sieht er die moderne Gesellschaft dennoch als einen großen anonymen Zusammenhang an, der zuvorderst durch zwei gänzlich andere Mechanismen, nämlich durch das Geld und das Recht, hervorgebracht wird (Simmel 1989 [1900]). Recht und Geld sind für ihn die Medien, die im scharfen Kontrast zur Handlungskoordination durch Geben und Erwidern aufgrund von Dankbarkeit stehen. Persönliche Beziehungen zwischen den Tauschpartnern werden hier Simmel zufolge komplett ausgeblendet: »Der Abstand, der das Subjektive und das Objektive aus ihrer ursprünglichen Einheit voneinandergetrieben hat, ist im Geld sozusagen körperhaft geworden« (ebd.: 136). Geld schafft dem modernen Individuum Freiheitsgewinne und löst es aus sozialen Verpflichtungen, kann so aber auch zu einer Bedrohung der moralischen Ordnung beitragen. Geld ist damit zum einen Ausdruck von individuellen Freiheiten und zum anderen Ausdruck von Entzweiung. Die klassische Zweiteilung taucht bei Simmel also wieder auf: Gaben und Dankbarkeit auf der Seite der privaten Beziehungen und ein über Geld vermittelter, entpersönlichter Tausch im öffentlichen Leben.

Einige Jahrzehnte später, Mitte des 20. Jahrhunderts setzte der amerikanische Soziologe Alvin Gouldner (1984) Phänomene der Reziprozität auf die Tagesordnung und erklärte diese auf der Basis von Werten und Normen. Ihn interessiert ebenfalls, wie persönliche Beziehungen über Reziprozität abgesichert werden. Dabei bezieht Gouldner (1920–1980) eine klare Position: Reziprozität ist für ihn eine universelle Norm, die normalerweise von den Interaktionspartnern verinnerlicht wurde. Zwar können spezifische Austauschmuster durch Arbeitsteilung und wechselseitige Abhängigkeiten (also: Interessen) stabilisiert werden, doch betont Gouldner, dass Verpflichtungen nicht nur auf Grund der Abhängigkeiten eingehalten werden, sondern auch, weil sich die Beteiligten einer moralischen Norm verpflichtet sehen. Die Norm der Reziprozität besteht aus zwei Minimalforderungen: Man sollte denjenigen helfen, die einem geholfen haben, und man sollte jene nicht kränken, die einem geholfen haben. Schließlich kann die Norm der Reziprozität als »Starter« fungieren, indem sie Interaktionen in Gang setzt. Wenn die Norm der Reziprozität von Person A und Person B verinnerlicht ist, schafft sie das wechselseitige Vertrauen, das notwendig ist, das Risiko einer ersten Gabe einzugehen. Das Risiko des Gebens wird bei Gouldner also dadurch abgefedert, dass man voneinander weiß, dass beide Parteien sich der Norm der Reziprozität verpflichtet sehen.

Darüber hinaus geht es Gouldner darum, die Grenzen der Norm der Reziprozität auszuloten. Soziale Wohltätigkeit (gegenüber Alten, Kindern oder behinderten Menschen etwa) geht in der Regel nicht mit der Erwartung einer Gegenleistung einher. Wir geben einem Bettler nicht einen Euro in der Erwartung, dass er uns auch später etwas geben wird. Auch können wir nicht mehr davon ausgehen, dass uns unsere Kinder im Alter unterstützen werden, dennoch gibt man ihnen Unzähliges. Gouldner sieht hier wiederum eine Norm am Werke, eine Wohltätigkeitsnorm, die Gaben auch gegenüber denen verlangt, die sie nicht erwidern können. Wichtig ist es ihm zudem, Motive von Wirkungen zu unterscheiden. So kann eine Handlung auf der Motivebene von Wohltätigkeit geleitet sein, auf der Wirkungsebene aber den nichtintendierten Effekt der reziproken Gegengabe evozieren. Auch wenn man den Nachbarn nicht deswegen mit einem Stück Butter aushilft, um auch etwas zu erhalten, so werden diese sich später bemüßigt sehen, ebenfalls mal etwas zu geben.

Dem häufig undurchsichtigen Verhältnis zwischen Handlungsmotiven und den nichtintendierten Konsequenzen des Handelns geht in diesem Zusammenhang insbesondere der französische Soziologe Pierre Bourdieu (1930–2002) nach. Er hat eine der wenigen zeitgenössischen Großtheorien vorgelegt, die der Reziprozität einen prominenten Platz einräumen. Seine Arbeiten zur Ökonomie der symbolischen Güter (etwa Bourdieu 1987) beschäftigen sich mit der Doppelbödigkeit von Praktiken des Schenkens. Die subjektive Perspektive wird von Bourdieu zunächst durchaus ernst genommen: Menschen geben einander aus dem Motiv der Uneigennützigkeit heraus Dinge von Wert. Doch ist ein Geschenk für ihn zugleich dadurch gekennzeichnet, dass die dahinterliegende Tatsache des *Tausches* von Gabe und Gegengabe verschleiert wird. Schenken ist also für Bourdieu eigentlich Tauschen – nicht wenige sprechen in der Literatur (irreführend, wie ich finde) deshalb auch vom »Gabentausch«.

Eine kollektive Verkennung und Verschleierung der »realen« Tatsachen konstituiert für ihn den Gabentausch, denn die Teilnehmer/innen an der Schenk*ökonomie* ließen die Bedingungen des »Tausches« implizit und gäben vor, uneigennützig zu sein. Sie täten so, als gäbe es keine Verbindung zwischen den einzelnen Akten des Gebens. Es geht Bourdieu dabei um die Abschirmung von Gabe und Gegengabe: Das zeitliche Intervall zwischen beiden Akten soll sie als jeweils unverbundene und freiwillig-selbstlose Einzelhandlungen erscheinen lassen. Auf diese Weise versucht Bourdieu »subjektive Wahrheit« (Uneigennützigkeit) und »objektive Wirkungen und Effekte«

(eigennütziger Tausch) zusammenzudenken (Bourdieu 1998). Im Habitus der schenkenden Personen verankert er gleichsam das Kalkül, nicht zu kalkulieren. Dabei zeigt sich für Bourdieu hinter dem Gabenaustausch »objektiv« die ökonomische Realität von Tausch und Gewinn. Objektive Strukturen werden nach Bourdieu unbewusst im Habitus der Subjekte verinnerlicht, so dass sein Modell einerseits dem klassischen Verinnerlichungs-, Normen- und Kulturmodell der Sozialtheorie folgt, diese Verinnerlichung andererseits das unbewusste Befolgen eigennütziger Motive bewirkt. Entgegen seinen eigenen Ansprüchen argumentiert Bourdieus Gabentheorie somit ökonomisch und orientiert am Eigennutz. Damit stellt sie zwar eine stringente und einheitliche, aber auch eine vereinseitigte Theorie dar, die der Ambivalenz und Vielfalt von Phänomenen des Gebens wenig gerecht wird. Zugleich stellt sich Bourdieu mit seiner kritischen Theorie der Gabe über die untersuchten Menschen: Der Theoretiker erkennt die eigentlichen Motive hinter den artikulierten Gründen und weiß mehr über die Gabepraktiken der Leute als diese selbst. Diese Attitüde der Kritik, die auf dem Spiel »Ich (kritischer Beobachter) sehe was, was du nicht siehst« beruht, erklärt die Menschen tendenziell für unmündig und glaubt, dass diese ihre eigenen Handlungsmotive nicht kennen. Einem solch problematischen Verständnis von kritischer Sozialwissenschaft sollte man aus meiner Sicht nicht folgen, zumal es am Ende auch nur dazu führt, uns darüber »aufzuklären«, wie egoistisch wir »letztlich« doch sind.

Utilitaristische Erklärungen

Wenden wir uns nun direkt der großen Theorietradition des individualistischen Utilitarismus zu. Der Utilitarismus – wie er hier verstanden wird – geht von eigennützigen Akteuren aus, die permanent damit kalkulieren, ihre Kosten zu senken und ihre individuellen Vorteile zu maximieren. Es handelt sich also um eine breite Definition und nicht um die Ethik des Utilitarismus im engeren Sinne, die auf das größtmögliche Glück für alle zielt und auf Jeremy Bentham (1748–1832), Henry Sidgwick (1838–1900) und John Stuart Mill (1806–1873) zurückzuführen ist.

Für eine utilitaristische Soziologie der Reziprozität waren zunächst die Arbeiten Peter Blaus (2005) von entscheidender Bedeutung. In engem Bezug zu Simmel stellt sozialer Austausch für Blau eine elementare Form sozialer Vergesellschaftung dar, die dadurch gekennzeichnet ist, dass Menschen ein naturwüchsiges Interesse an anderen haben und sich viele individuelle Ziele nur in sozialer Kooperation befriedigen lassen. Tango tanzen kann man eben nur zu zweit. Ein Austausch zwischen Personen kommt immer dann zustande, wenn dieser mit Gratifikationen verbunden ist. Blau definiert sozialen Austausch deshalb als ein freiwilliges Handeln von Individuen, das durch die erwarteten Erwiderungen anderer motiviert ist. Damit wird das Eigeninteresse zum Motiv und Motor sozialer Austauschbeziehungen. Es ist aber nicht ausschließlich an materiellen Gratifikationen orientiert, sondern gleichfalls auf Formen sozialer Anerkennung und positiver Bestätigung ausgerichtet. Man gibt also anderen etwas, um etwas von ihnen zu erhalten. Man nennt dies auf Lateinisch auch: *do ut des* (ich gebe, damit du gibst). Das Interesse an langfristigen Kooperationen führt dazu, dass Akte des Gebens und Helfens positiv beantwortet werden und Reziprozitätsverpflichtungen entstehen. Undankbares, also nichtreziprokes Verhalten führt dagegen in der Regel zum Abbruch von Kooperation.

Blau begreift Reziprozität allerdings ebenfalls – und dies ist ein ganz zentraler Gedanke – als einen Mechanismus zur Herstellung von Machtungleichheiten. Diese entstehen immer dann, wenn zwischen Interaktionspartnern aufgrund ihres Status oder ihrer verfügbaren Ressourcen dauerhafte Ungleichgewichte des Gebens und Nehmens vorliegen. In den sozialen Situationen, in denen es Empfängern von Leistungen unmöglich ist, reziproke Gegenleistungen zu erbringen, tendiert der Austausch dazu, asymmetrische Formen anzunehmen: Die

Leistungsempfänger/innen fügen sich in eine soziale Hierarchie mit deutlichen Machtungleichgewichten ein und erkennen diese – gleichsam als reziproke Erwiderung – auch an. Blau gibt das Beispiel eines neuen Mitarbeiters in einem Unternehmen. Da er sich mit vielen Abläufen noch nicht auskennt, ist er auf den Rat einer Mitarbeiterin angewiesen, die schon länger in dem Unternehmen arbeitet und sich mit allem auskennt. Im Gegenzug vermag der Neue ihr allerdings nichts anderes zu erwidern als die Anerkennung ihrer höheren Statusposition. Ratschlag gegen Statusungleichheit lautet hier die Austauschformel.

Die Austauschtheorie hat sich in den letzten Jahrzehnten vor allem in der US-amerikanischen Soziologie als Forschungsfeld etabliert. Dort geht man den verschiedenen Varianten von Reziprozität und deren Folgen für sozialen Zusammenhalt nach, und zwar, indem man Austausch zumeist in experimentellen Settings untersucht. Dabei hat man einige interessante Entdeckungen gemacht, die den individualistischen Ansatz dieser Forschung indirekt infrage stellen. Eine Grundannahme nahezu aller Austauschtheorien ist ja zunächst, dass Personen eigeninteressiert handeln, d.h. positiv bewertete Handlungsergebnisse werden angestrebt und negative versucht zu vermeiden (Molm 2003). Bei einer Vielzahl von Experimenten – die zumeist mit Studierenden an vernetzten PCs in Forschungslabors durchgeführt werden – hat sich jedoch gezeigt, dass die Vermeidung von Risiko oder Verlust eine stärkere Motivation darstellt als ein in Aussicht gestellter Gewinn, und dass die Beziehung der Spielpartner/innen (und die damit verbundene Reziprozität) in diesen Spielen offenbar selbst wertgeschätzt wird; sie dient nicht lediglich als Mittel zum Zweck. Dieser Effekt stellt sich in Spielen ein, bei denen die einzelnen Beiträge der Spieler/innen nicht miteinander abgestimmt werden können und ungewiss sind. Man muss bei diesen Spielen Beträge für ein gemeinsames Spielziel aufbringen, ohne vorher miteinander kommunizieren zu können. Bei Spielen jedoch, die auf Verhandlung, also auf direktem Tausch und wechselseitiger

Absprache beruhen, tritt der Effekt nicht ein. Findet das Geben und Erwidern also unter Ungewissheit statt, wird die entstandene Beziehung viel stärker wertgeschätzt, als wenn man sich wie beim vertragsförmigen Tausch auf die wechselseitig ausgetauschten Erträge einigt. Beim vertragsförmigen Tausch bringen die ausgehandelten Erträge den beteiligten Akteuren zugleich ihren latenten Interessengegensatz zu Gesicht. Gelingt hingegen ein ungewisser, riskanter Austausch, werden zwischen den Akteuren Vertrauen, Gerechtigkeitsempfinden und ihre affektive Bindung aneinander gestärkt: Risiko intensiviert Bindungen und steigert Integration, da es Vertrauen erfordert, stellt Molm (2010) heraus. Kooperation, die unter riskanten Bedingungen gelingt, wird von den Teilnehmern offenkundig als etwas Bereicherndes wertgeschätzt, was das Modell der individuellen Nutzenmaximierung infrage stellt.

Die Beiträge der *Rational-Choice-* wie auch der Spieltheorie zum Verständnis reziproker Austauschformen laufen auf ähnliche Einsichten hinaus. Auch diejenigen, die nur ihrem Eigennutz folgen, müssen zur Erreichung ihrer Ziele mit anderen Personen kooperieren und sich um den Aufbau einer Zusammenarbeit bemühen, die beiden nützt. Das Geben wird hier als ein beidseitiges Geben, also wiederum als Tausch konzipiert, wobei selbst der Tausch immer auch Risiken mit sich bringt, die durch den Aufbau von Vertrauensbeziehungen minimiert werden. Verstetigt man Tauschbeziehungen, verringert sich die Gefahr der Nichteinhaltung von Verträgen, und die Vertrauensbeziehung verfestigt sich. Die *Rational-Choice*-Theorie stellt mithin heraus, dass Vertrauen und Reziprozität wesentlich von der Langfristigkeit der Beziehung abhängen.

Spieltheoretische Ansätze sehen soziales Lernen als zentralen Mechanismus der Ausbildung von Reziprozität an. Axelrod (1984) hat in einer mittlerweile klassischen Untersuchung zur Herausbildung von Kooperation in einem Computerexperiment simuliert, welche Verhaltensstrategien sich in Entscheidungssituationen als vorteilhaft durchsetzen. Er programmierte unterschiedliche Verhaltensstrategien (z.B. kooperativ, bedingt kooperativ, unkooperativ), die mit unterschiedlichen Auszahlungsergebnissen einhergehen. Diese Spiele wurden über mehrere Runden wiederholt und die Strategien anhand der erreichten Gesamtpunktzahl verglichen. Am besten schnitt dabei das als *Tit For Tat* bezeichnete Verhaltensmuster ab, welches beim ersten Zusammentreffen ein kooperatives Verhalten zeigt, dann auf kooperatives mit kooperativem Verhalten antwortet und auf unkooperatives mit unkooperativem. Stabilisierend für Kooperation ist auch hier die Ausbildung von Reziprozitätsnormen, Vertrauensbekundungen und -erwartungen, die durch anhaltende Regelbefolgung einerseits und die Bestrafung von Nicht-Kooperation andererseits zustande kommen.

In den Wirtschaftswissenschaften stellt man sich in den letzten Jahren zunehmend die Frage, wie egoistisch Menschen tatsächlich handeln. Dazu wurde in der experimentellen Wirtschaftsforschung ein empirisches Forschungsprogramm entwickelt, das in Laborexperimenten testet, wie eigennützig sich Probanden verhalten. Es werden Entscheidungssituationen simuliert und das Entscheidungsverhalten der Teilnehmer/innen untersucht, wobei tatsächlich monetäre Auszahlungen vorgenommen werden, die etwas kosten oder Gewinne einbringen, um nicht rein hypothetisches Verhalten zu messen. Ein typisches Experiment ist das sogenannte Ultimatumspiel, bei dem zwei Spielern ein Geldbetrag zugesprochen wird, aber nur einer von beiden das Vorschlagsrecht für die Aufteilung der Summe bekommt. Die Summe wird allerdings nur ausgezahlt, wenn der Vorschlag von der Mitspielerin akzeptiert wird. Im Unterschied zu den Vorhersagen des ökonomischen Modells der rationalen Nutzenmaximierung neigen die Vorschlagsberechtigten *nicht* dazu, ihren eigenen Anteil zu maximieren, sondern bieten der Mitspielerin typischerweise zwischen 40 und 50 Prozent der Summe an. Angebote mit einem Anteil von weniger als 30 Prozent der Gesamtsumme werden häufig zurückgewiesen, was dazu führt, dass keiner der Mitspieler eine Auszahlung erhält (Fehr/Schmidt 1997). Ähnliche Muster sind bei diesem Experiment weltweit gefunden worden

(Henrich et al. 2005). Das heißt, nirgendwo auf der Welt gibt es eine Kultur, in der die Leute willens wären, einen kleinen Geldbetrag einzustreichen, wenn sie das Angebot als zu gering, weil als unfair einschätzen – sie verzichten auf den Geldbetrag und bestrafen lieber den Anbieter für sein unmoralisches Angebot. Nur BWL-Studierende, die im Studium auf das Modell der monetären Gewinnmaximierung getrimmt wurden, sind in den Experimenten regelmäßig bereit, auch kleine Summen zu akzeptieren. Soll man das nun lustig oder traurig finden?

Doch weltweit ist das Verhalten der meisten Spieler/innen offenbar nicht auf die unbedingte Erhöhung materieller Gewinne ausgerichtet, sondern orientiert sich ebenfalls an Fairnessnormen. Wenn die Vorschlagsberechtigten sich unkooperativ zeigen, zieht dies die Sanktion nach sich, das Angebot auszuschlagen, auch wenn diese dem strafenden Teilnehmer Kosten verursachen – denn sowohl der Vorschlagsberechtigte als auch der strafende Teilnehmer verlieren das gebotene Geld. Dieses Verhalten wird von den Ökonomen bedingte Kooperation genannt: Menschen sind offenbar bereit, zur Produktion kollektiver Güter beizutragen, wenn auch alle anderen Kooperationspartner/innen ihren Beitrag leisten und niemand Trittbrett fährt. Dies schließt auch eine gewisse Toleranz gegenüber Umverteilungen und Ungleichgewichten ein. In wohlfahrtsstaatlichen Arrangements finden beispielsweise Transfers zugunsten von sozial Bedürftigen eine große Zustimmung, wenn angenommen wird, dass diese auch Anstrengungen zur Verbesserung ihrer Lage unternehmen (Lessenich/Mau 2005). Unterstellt man hingegen, dass die Bedürftigen sich nicht bemühen, ihre Situation zu verbessern, führt das häufig zu einer Kritik des Sozialtransfers. Hierzu kennt die Geschichte unzählige Beispiele: Reziprozitätserwartungen gibt es gegenüber alleinerziehenden Müttern in den USA (so sprach man in den 1980er und 90er Jahren abwertend und häufig rassistisch von sogenannten »welfare queens«), gegenüber Geflüchteten und seit den Hartz-IV-Reformen auch sehr massiv gegenüber Arbeitslosen. Diese

Haltung wird nicht selten medial forciert und durch Kommentare von Wirtschaftswissenschaftlern – manche von ihnen werden in Deutschland sogar »Wirtschaftsweise« genannt – begleitet.

Neuere Ansätze aus diesem Forschungsbereich verweisen vermehrt auf die Notwendigkeit einer Integration von ökonomischen und soziologischen Perspektiven. *Homo sociologicus* (orientiert an Normen) und *homo oeconomicus* (orientiert am Eigennutz) sollen miteinander versöhnt werden, da die Wirtschaftswissenschaft in den letzten Jahren auf das Konzept verinnerlichter Werte gestoßen ist (Fehr/Gintis 2007) – eine Versöhnung, die für die Soziologie schon immer zum theoretischen Grundrepertoire gehört. Eine solche Integration von normativistischen und utilitaristischen Ansätzen löst denn auch nicht die Problematik, dass Freiheit, Kreativität und Risiko der Gabe in beiden Theoriemodellen nicht hinreichend thematisiert werden können. Dazu später mehr.

Insgesamt kann man im Bereich der Wirtschafts- und auch der Politikwissenschaft einen schleichenden (allerdings bisher noch marginalisierten) Perspektivwechsel beobachten: Die traditionelle Sicht, dass Menschen als individuelle Nutzenmaximierer recht schlecht darin seien zu kooperieren, wird zunehmend infrage gestellt. Die oben genannten Ergebnisse der experimentellen Wirtschaftsforschung sowie der Austauschtheorie regen zu einer Sichtweise an, die die These zum Ausgangspunkt nimmt, dass Prosozialität und Kooperation genauso zum Repertoire menschlichen Verhaltens gehören wie eigennützige Interessenverfolgung. Besonders deutlich wird dies, wenn man sich anschaut, wie stark sich der Blick von sogenannten Public-Choice-Theorien auf die Nutzung von Gemeingütern (Commons) geändert hat.

Im Anschluss an das berühmte Diktum des Biologen Garrett Hardins (1968) von der »Tragik der Allmende« galt es viele Jahre als ausgemacht, dass ohne staatliche Autorität oder ohne individuelle Eigentumsrechte die Gefahr besteht, dass Allmende wie eine für alle zugängliche Weide übernutzt werden, da niemand ein Interesse habe, die individuelle Nutzung zu mäßigen und nachhaltig zu gestalten. Hardin zufolge werde, sobald eine Ressource wie eine Weide oder ein Wald uneingeschränkt allen Menschen zur Verfügung steht, jeder versuchen, für sich so viel Ertrag wie möglich zu erwirtschaften. Dies funktioniere dann so lange, wie etwa das Holzaufkommen nicht erschöpft wird. Sobald jedoch die Zahl der Nutzer über ein bestimmtes Maß hinaus ansteige, setze die »Tragik der Allmende« ein. Jeder versuche nach wie vor, seinen Ertrag zu maximieren, doch reiche das Gut nicht mehr für alle. Die Kosten, die durch den Raubbau des Waldes anfallen, müssen dann von der Allgemeinheit getragen werden. Für den Einzelnen sei der augenblickliche Gewinn wesentlich höher als die erst langfristig spürbaren Kosten.

Diese Sichtweise geht davon aus, dass Individuen eigentlich nicht in der Lage sind, das Problem kollektiven Handelns zu lösen, denn für jeden ist es aus individualistischer Sicht vorteilhafter, sich nicht an der Bereitstellung und Erhaltung eines Allgemeinguts zu beteiligen. Feldstudien und experimentelle Forschungen insbesondere der Wirtschaftsnobelpreisträgerin Elinor Ostrom haben dieses Verständnis jedoch stark infrage gestellt. Die nachhaltige Nutzung von Commons, beispielsweise im Zuge von Fischerei oder bei der Nutzung von Wäldern, ist durchaus auf selbstorganisierte Weise möglich, ohne dass es zur Ausbeutung der natürlichen Ressourcen kommt, wenn die lokalen Nutzer/innen der Ressourcen in der Lage sind, ihre eigenen Regeln zu entwickeln, ein Monitoring der Ressourcen zu betreiben und Sanktionen bei Regelverstoß auch durchzusetzen (Ostrom 2010). Ostrom zeigt, wie überkommene theoretische Modelle wie das der »Tragik der Allmende« die empirische Wirklichkeit komplett verfehlen. Doch haben solche Modelle sogar in Politikempfehlungen Eingang gefunden. Das heißt, dass ein falsches Modell menschliches Handeln dazu führt, bestehende und funktionierende Arrangements von Allmende zu übersehen oder ihr Funktionieren anzuzweifeln und so legitimatorisch dem Abbau von Gemeingütern zu dienen.

Glücklicherweise setzt sich auch in der politikwissenschaftlichen Forschung mittlerweile eine etwas optimistischere Sicht auf Kooperation durch.

Altruismus oder soziales Kapital?

Neben der normen- und der eigennutzorientierten Perspektive findet man vor allem im Bereich der Sozialpsychologie ein weiteres Konzept. Da bspw. Personen, die großzügig spenden, mehr tun, als es Konventionen, Normen oder das Gesetz erfordern und sie teilweise ökonomische Opfer bringen, ist in den letzten Jahren das Konzept des Altruismus wiederentdeckt worden – ein Konzept, das lange Jahre in Vergessenheit lag. Die Selbstlosigkeit des Altruisten bildet den Gegenpol zum Eigennutz des Egoisten. Begriff und Idee sind Mitte des 19. Jahrhunderts von Auguste Comte in die sich herausbildenden Sozialwissenschaften eingeführt worden. Fast bedeutungsgleich benutzte später der Soziologe Émile Durkheim den Begriff der Solidarität. Dieser Typus sozialwissenschaftlicher und zugleich sozialreformerischer Programmatik erfuhr schon früh eine fundamentale Kritik durch Friedrich Nietzsche (1991 [1887]), dem diese Geisteshaltung so wie die gesamte christliche Ethik aus dem Geist des Ressentiments geboren schienen. Hobbes, Nietzsche und Freud – so könnte man sagen – sind die Ahnherren einer »Entlarvungstheorie« des Altruismus, der als letztlich eigennützig »bloßgestellt« wird. Mit dieser Entlarvungsrhetorik hat sich seitdem jede Altruismustheorie auseinanderzusetzen.

Seit den 1970er Jahren erfuhr die Idee des Altruismus jedoch eine Renaissance. Hier waren es vor allem zwei Themenkomplexe, die eine Wiederkehr des Themas beförderten: die Forschung zu den Motivlagen und Beweggründen von sogenannten »rescuers«, also Menschen, die Juden vor dem Holocaust gerettet haben (vgl. Oliner/Oliner 1988), sowie die Forschung zum freiwilligen Blutspenden an anonyme Dritte. Letztgenannte geht auf die von Richard M. Titmuss (1997 [1970]) durchgeführten Untersuchungen über die Blutspendepraktiken in Großbritannien und den USA zurück und spielt für die Forschung zum Spenden und Stiften sowie zum Nonprofit-Sektor die größere Rolle.

Zu fragen, inwieweit manche Personen altruistischer als andere sind, ist nur sinnvoll, wenn das damit bezeichnete Handeln klar definiert wird. Eine relativ enge und damit brauchbare Definition von Altruismus entwickelt Monroe (1994), die Altruismus als Verhalten definiert, welches intendiert, anderen zu nützen, und das ein Risiko oder gar ein Wohlfahrtsopfer für den Geber beinhaltet. Ein Wohlfahrtsopfer erbringt man, wenn man auf ein Gut X zugunsten einer anderen Person verzichtet. Hier liegt also der Fokus auf der Verringerung des Ausmaßes der eigenen Wohlfahrt. Eine beiderseitige Wohlfahrtssteigerung fiele somit nicht unter die Kategorie des Altruismus. Falsch wäre es jedoch, von nur zwei klar abgrenzbaren Formen des sozialen Handelns – Eigennutz und Altruismus – auszugehen. Dazwischen liegen viele Fälle, die weder klar dem einen noch dem anderen Typ zugeschlagen werden können – etwa das Teilen, Geben und Kooperieren.

Um es vorwegzunehmen: Die Ausbeute, die man bei einer Sichtung dieser kognitions- oder sozialpsychologischen Ansätze erzielen kann, hält sich in Grenzen. So wird gefragt, ob es eine altruistische Persönlichkeit gibt oder ob altruistisches Handeln eher situativ zustande kommt (Piliavin/Charng 1990). Persönlichkeitseigenschaften der Altruisten, die sie von den Nicht-Altruisten unterscheiden, sind zwar nach dem Stand der psychologischen Forschung vorhanden, aber eher schwach ausgeprägt. Die Oliners verglichen beispielsweise die Persönlichkeitseigenschaften von Personen, die während der Nazizeit Juden retteten, mit denen, die dies nicht taten, aber ansonsten den Rettern in Bezug auf Geschlecht, Alter, Bildungsgrad, soziale Herkunft usw. jeweils ähnelten. Die Retter/innen zeigten starke ethische Werte und sahen alle Menschen als gleich an. Der entscheidende Unterschied zwischen den »rescuers« und den »non-rescuers« besteht allerdings in den sozialen Beziehungen von starker Bindung und Fürsorge, die die Retter aufwiesen und aus ihrem Elternhaus kannten. Sie wurden darüber hinaus in der Regel direkt um Hilfe gebeten, was bei den Nicht-Rettern nicht der Fall war.

In einer Untersuchung über Nierenspender Ende der 1970er Jahre stellte sich heraus, dass diese sich nur in einem Punkt von Nicht-Spendern unterschieden (Piliavin/Charng 1990): Durchschnittlich zeigen sie mehr Vertrauen in andere Menschen. Des Weiteren wurden die Nierenspender zumeist persönlich über den Bedarf einer Spende informiert, so dass geschlussfolgert wird, dass der Situationseffekt des Gefragtwerdens eine große Rolle bei der Frage spielt, ob eine Organspende getätigt wird oder nicht. Untersuchungen über das Hilfeverhalten aus der Geschlechterperspektive stellen heraus, dass Frauen schon ab einer niedrigeren Wahrnehmungsschwelle Hilfe anbieten, während die Erwartungen gegenüber Männern eher dahin gehen, Hilfe in exzeptionellen, nichtroutinehaften Situationen anzubieten.

Viele dieser sozialpsychologischen Untersuchungen geben mithin Hinweise darauf, dass neben einigen feststehenden Persönlichkeitseigenschaften vor allem spezifische Interaktionen zum altruistischen Handeln führen. Mit anderen Worten: Es kommt darauf an, Interaktions*situationen* genauer in den Blick zu nehmen, denn unterschiedliche Situationen erklären mehr als Unterschiede in der Persönlichkeit.

Deshalb hat der Soziologe Kieran Healy (2000) einen anderen Ansatz für seinen internationalen Vergleich von Altruismus gewählt. Ausgangspunkt seiner Untersuchung war die Tatsache, dass einige EU-Länder wesentlich mehr Blutspenden akquirieren können als andere: In Luxemburg spendeten Anfang der 1990er Jahre 14 Prozent der erwachsenen Bevölkerung Blut. Im Nachbarland Frankreich waren es dagegen 44 Prozent. Folgt daraus, dass Franzosen altruistischer als Luxemburger (aber auch als die Portugiesen, Norweger und Italiener) sind? Entgegen solch einer Annahme zeigt Healy, wie ganz unterschiedlich aufgebaute Blutspendeinstitutionen verschiedene Bevölkerungsgruppen erreichen und die Spendebereitschaft der Bevölkerungen aktivieren. Nicht die Motive der Blutspender/innen unterscheiden sich von Land zu Land, sondern das institutionelle Setting der Ansprache, des Sammelns und der Öffentlichkeitsarbeit. Das Blutspendeverhalten kann also vom institutionellen Rahmen, etwa den Krankenhäusern oder mobilen Blutspendeaktionen, über das Schaffen von Spendemöglichkeiten und -verpflichtungen beeinflusst werden. Die Blutspende ist so gesehen weniger etwas, das Individuen anbieten, als etwas, das Organisationen sammeln. Diejenigen, die nicht spenden, sind nicht unbedingt weniger altruistisch, sie sind in der Regel einfach nicht gefragt worden. Schlechte Organisation und nicht Eigennutz ist der Grund für das Ausbleiben von Spenden.

Auch in einer weiteren Untersuchung über Organspenden kommt Healy (2004) zu dem Schluss, dass Altruismus hochgradig institutionalisiert ist. Im Vergleich der US-amerikanischen Einzelstaaten macht er unterschiedliche Organisationskapazitäten als Ursache für unterschiedliche Organspenderaten aus. Anders als andere Formen freiwilligen Engagements findet hier der altruistische Akt nicht regelmäßig, sondern einmalig statt und ist dennoch – genauso wie das freiwillige Engagement in Vereinen – hochgradig institutionalisiert und organisiert. Healy zeigt auf, dass die unterschiedlichen Spenderaten davon abhängen, inwieweit es den Organspendeorganisationen gelingt, in Krankenhäusern präsent zu sein und mit den Angehörigen eines Verstorbenen ins Gespräch zu kommen. Altruistisches Handeln darf mithin nicht nur als Kapazität des Individuums verstanden werden, sondern dazu gehört – als notwendige Kehrseite – die Einbettung dieses Handelns in institutionalisierte und organisierte Kontexte (vgl. Adloff/Sigmund 2005). Organisationen schaffen Möglichkeitsräume für das Spendenverhalten und damit auch Altruismus. Altruismus entsteht also in Interaktionskontexten.

Die Abhängigkeit pro-sozialer Verhaltensweisen vom Interaktionskontext und damit von sozialen Beziehungen wird durch ein anderes soziologisches Konzept gut eingefangen, wenngleich sich auch hier teilweise zu sehr individualistische Annahmen einschleichen. Gemeint ist der Begriff des Sozialkapitals, der in der Soziologie schon lange verwendet wurde (in jüngster Zeit vor allem von James Coleman und Pierre Bourdieu), sich jedoch im Zuge der Debatte um den schwindenden Zusammenhalt der Gesellschaft mit dem Namen Robert Putnam verbindet. Er hat in einer viel beachteten Serie von Aufsätzen und dann in dem Buch *Bowling Alone* aus dem Jahr 2000 den Verlust an Sozialkapital analysiert und beklagt. Von der breiteren Öffentlichkeit zunächst unbemerkt, entwickelte der Harvard-Politikwissenschaftler sein Konzept von Sozialkapital zunächst in einer Studie über Italien, um regionale Unterschiede im Erfolg der Kommunalreform zu erklären (Putnam 1993). Dabei konnte er zeigen, dass der italienische Norden ökonomisch und politisch erfolgreicher arbeitet als der Süden, weil die norditalienische Bevölkerung über mehr Sozialkapital verfügt. Sozialkapital bezeichnet soziale Tatbestände wie Vertrauen, Normen und soziale Netzwerke, die die Handlungskoordination erleichtern und Gesellschaften so gewissermaßen »erfolgreicher« machen. Dahinter steht die Vorstellung, dass wenig formalisierte Assoziations- und Kooperationsformen, wie man sie in Vereinen und Initiativen antrifft, in der Lage sind, bei den Mitgliedern Kommunikations-, Kooperations- und Hilfsbereitschaften zu generieren. Je verbreiteter das soziale Kapital und diese Einstellungen, umso leichter und kostenfreier entfalten sich wirtschaftliche Transaktionen und umso reibungsloser gestalten sich die Beziehungen zwischen Politik, Verwaltung und den Bürgern.

Soziales Kapital hat sowohl eine individuelle als auch eine kollektive Seite. Individuen gehen Verbindungen ein, die ihre Interessen befördern. Ein bewährtes Mittel bei der Jobsuche ist schließlich das »Networking« oder »Vitamin B«, wie viele sozialwissenschaftliche Studien zeigen und unser Alltagswissen bestätigen kann. Auf der anderen Seite kann soziales Kapital auch externe Effekte auf die Gesellschaft haben, wenn beispielsweise insgesamt mehr wechselseitiges Vertrauen vorliegt. Aus diesem Grund betrachtet Putnam soziales Kapital zugleich als privates und als öffentliches Gut. Soziale Netzwerke produzieren und reproduzieren gegenseitige Verpflichtungen und die Norm der Reziprozität. Reziprozitätsnormen lassen sich allerdings nach ihrer Reichweite unterscheiden. Liegt eine enge Form von Reziprozität vor, kann man den Personenkreis und das »Tauschobjekt« genau angeben: »Ich tue dieses für dich, wenn du jenes für mich tust, z.B. helfe ich dir beim Apfelpflücken und du hilfst mir, meinen neuen Schrank aufzubauen.« Eine generalisierte Reziprozitätsnorm geht eher abstrakt davon aus, dass mir irgendjemand irgendwann auch irgendetwas zurückgeben wird, wenn ich jetzt einer konkreten Person etwas gebe. Die sogenannte goldene Regel (»Behandle andere so, wie du von ihnen behandelt werden willst!«) ist eine Ausformulierung generalisierter Reziprozität. Putnam behauptet nun, dass eine Gesellschaft, die eher von generalisierter Reziprozität gekennzeichnet ist, eine höhere Kooperationsneigung zeigt als eine Gesellschaft, in der Reziprozität und damit Kooperation nur in spezifischen Subgruppen vorzufinden ist.

So kann soziales Kapital auch schädliche antisoziale Effekte für die größere Gemeinschaft haben: Subgruppen wie die Mafia oder der Ku Klux Klan verfügen intern über ein ausgeprägtes Sozialkapital, das aber der Gesellschaft insgesamt schadet. Deshalb unterscheidet Putnam (2000) zwischen bindendem und brückenbauendem Sozialkapital. Bindend ist Sozialkapital, wenn es nur intern eine Gruppe verbindet und dieser eine exklusive Identität und Homogenität verschafft. Brückenbauend ist Sozialkapital dagegen, wenn es Personen über soziale Unterschiede hinweg bindet. Beispielhaft erwähnt Putnam hier die Civil-Rights-Bewegung und ökumenische religiöse Organisationen. Negative externe Effekte zeigen sich eher beim bindenden Sozialkapital, positive beim brückenbauenden.

In *Bowling Alone* stellt Putnam enorm viele Daten vor, die den Verlust des Sozialkapitals in den USA im Verlauf der letzten Jahrzehnte belegen sollen. Die These vom Schwund des Sozialkapitals ist nicht unwidersprochen geblieben, ist aber hier auch nicht Gegenstand der Betrachtung. Zentral ist nur die Einsicht, dass in einer Gesellschaft die Dichte an Sozialkapital sozial ungleich verteilt ist. Es gibt Gruppen, die mehr Sozialkapital aufweisen, und welche, die weniger aufweisen. Untere Einkommensgruppen und Personen mit niedrigem Bildungsniveau sind heutzutage zumeist in freien Vereinigungen unterrepräsentiert und damit schlechter mit sozialem Kapital ausgestattet. Früher waren etwa die Arbeiter häufig ganz selbstverständlich in die Assoziationen der klassischen sozialmoralischen Milieus eingebunden: in die Organisationen der Arbeiterbewegung oder in das Umfeld der katholischen Kirche. Dieser organisatorische Halt ist diesen Gruppen heute weitgehend verlorengegangen, ohne dass sie in die neu entstandenen Assoziationen – etwa die Selbsthilfegruppen und neuen sozialen Bewegungen – hinüberwechselten (vgl. Joas/Adloff 2006). Diese neuen Assoziationsformen verlangen von den Mitgliedern typische Mittelschichtskompetenzen: Gefragt ist der selbstreflexive und selbstverwirklichungsorientierte Engagierte, der autonom sein zeitweiliges Engagement gestaltet. Die sprichwörtlichen Klischee-Mütter vom Prenzlauer Berg etwa, die sich in der Kita, dann im Elternbeirat der Schule engagieren, mal an Amnesty International, mal dem BUND etwas spenden, ein Straßensommerfest zugunsten von Flüchtlingen organisieren – und dies alles rasch, kompetent und professionell, schließlich ist ihr eigentliches Metier das Projektmanagement.

Gerade für die ressourcenschwachen Bevölkerungsgruppen stellten die klassischen kirchlichen und Arbeitermilieus mit ihren Geselligkeitsformen niedrigschwellige Angebote für Partizipation dar. Die ungleiche Verteilung von Einkommen, Vermögen, Bildung und Managementkompetenzen schlägt offenbar auf die Fähigkeit durch, sich sozial zu vernetzen, sich zu binden, sich sozial oder politisch zu engagieren, zu vertrauen oder allgemein gesagt: etwas zu geben, ohne einen direkten erwart- und verwertbaren Nutzen daraus zu ziehen (vgl. Adloff 2005).

Dieser knappe Überblick über einige Ansätze zu Theorien des Gebens und der Reziprozität macht deutlich, dass man das Feld grob in zwei Positionen bezüglich des Absicherungsmodus von reziproken Beziehungen unterteilen kann: Auf der einen Seite finden sich Ansätze, die davon ausgehen, dass Reziprozität eine soziale Norm ist, die internalisiert wird und der man sich unterwirft. Auf der anderen Seite wird Reziprozität auf eigeninteressierte Handlungen zurückgeführt: Man hält sich an Reziprozitätserwartungen, weil es einem mittel- und langfristig nützt. Doch sind die Parallelen zwischen den Ansätzen erstaunlich. Sieht man von übervereinfachten Eigennutzmodellen ab, die die Existenz sozialer Normen schlichtweg leugnen, geht man in beiden Strängen von der starken Bedeutung der Norm der Reziprozität aus. Beide sehen Reziprozität als ein soziales Prinzip an, das Beziehungen stiftet und auf Vertrauen angewiesen ist bzw. dieses auch produziert. Ein zentraler Unterschied liegt freilich darin begründet, wie nah man Reziprozitätsbeziehungen an das Prinzip des wirtschaftlichen Tausches heranrückt und wie die Entstehung von Normen der Reziprozität erklärt wird.

Zudem kann man auch Konvergenzbewegungen beobachten: Normativistische Theorien berücksichtigen nun den individuellen Akteur und seine Interessen, utilitaristische Theorien erkennen zunehmend die Grenzen eines Modells der rationalen Wahl und individuellen Nutzenmaximierung. Eine simple Synthese beider Stränge reicht aus meiner Sicht jedoch nicht aus. Zum einen konnten wir sehen, dass Theorien, die den Interaktionskontext und die soziale Gelegenheitsstruktur fokussieren (beispielsweise der Ansatz Healys oder der Putnams), ein großes Erklärungspotenzial mit Blick auf Formen des Gebens und der Pro-Sozialität aufweisen. Zum anderen verbirgt sich hinter beiden Ansätzen ein Menschenbild, das sich kritisch hinterfragen lässt. »Normal« und »natürlich« scheint es zu sein, dass Menschen eigennützig agieren. Diesen spontanen Impuls müsse man einhegen und sozial befrieden, indem man Menschen beibringt, dass sie sich an Werten und Normen zu orientieren haben. Was wäre jedoch, wenn wir auch eine ursprüngliche Neigung zum Geben hätten, die sich in Interaktionen immer wieder aufs Neue manifestiert? Aus meiner Sicht kommt es darauf an, das Geben konsequent jenseits von Eigennutz und Norm anzusiedeln. Wir brauchen zudem eine Theorie, die nicht bei den Motiven einzelner Akteure ansetzt, sondern die Beziehung ins Zentrum der Untersuchung stellt, das, was sich zwischen ihnen abspielt. Technischer gesagt bedarf es einer interaktionistischen und zugleich nichtutilitaristischen und nichtnormativistischen Theorie des Gebens. Diese finden wir bei Marcel Mauss.

3.
Marcel Mauss' Gabe

Bei der Erklärung der Gabe wird häufig eine historische These ins Spiel gebracht: Früher habe ein Prinzip der Gabe gegolten, das vielfältige Sozialbeziehungen reguliert habe. Man schuldete einander Dienste und Ehrerbietung, wie in der mittelalterlichen Gesellschaft, ohne dass diese Form des Austausches ein klar definierter Tausch gewesen sei. Das, was früher verschmolzen in der Gabe vorlag, liege nun in zwei getrennten Bereichen vor: als Sphäre des wirtschaftlichen Tausches und des Vertrags einerseits und des privaten Schenkens (etwa zu Weihnachten oder zum Geburtstag) oder der Spende (an NGOs oder karitative Einrichtungen) andererseits. In seinem Buch *Schenken: Zur Anthropologie des Gebens* aus dem Jahr 1996 arbeitet zum Beispiel der Soziologe Helmuth Berking geschichtlich die Bedeutungswandlungen von der Gabe zum modernen Geschenk heraus. Berking zufolge hat heute die Gabe im Bereich des privaten Schenkens ihren Ort, in einen Residualbereich an den Rand gedrängt von Markt, Utilitarismus und Tausch.

Hier finden wir also wieder die Dichotomie von Tausch und Eigennutz als Signum der Moderne einerseits und der Gabe »vormoderner Gesellschaften« andererseits, die irgendwie rätselhaft erscheint. Die Hobbessche Lösung, dass die Konvergenz von jeweils individuellen Interessen unter bestimmten Bedingungen zur Kooperation führen kann, steht hier unvermittelt neben der Rousseauschen Lösung. Diese nimmt an, dass es eines vorgängigen, gemeinsam geteilten kulturellen Hintergrunds bedarf, der Kooperation ermöglicht. Dieser Hintergrund bestehe aus Normen, Werten und gemeinsamen Wissensbeständen.

Versucht man die Hobbessche und Rousseausche Sicht zusammenzuführen, läuft das auf folgende gängige Behauptung hinaus: Man muss zum pro-sozialen Handeln erzogen werden, und Normen müssen durch Sanktionen abgesichert werden.

Der Soziologe und Anthropologe Marcel Mauss (1872–1950) verweigerte sich dieser Dichotomie und Antinomie. Er brach insbesondere mit vielen vertragstheoretischen Annahmen der politischen und ökonomischen Theorie. Während beispielsweise Adam Smith von einer natürlichen Neigung des Menschen zum Tausch ausging, verwirft Mauss in seinem 1925 erschienenen Essay *Die Gabe* die Mutmaßung, dass Tausch und Verträge am Ursprung von Gesellschaft stehen. Alle menschlichen Institutionen beruhen ihm zufolge auf der Praxis der Gabe, die eine Einheit stiftet zwischen den Polaritäten von Freiheit vs. Verpflichtung, Eigeninteresse vs. Gemeinsinn (vgl. Hart 2007). Und zwar nicht nur in vormodernen Gesellschaften, sondern auch in modernen. Eine Differenz zwischen vormodernen Gesellschaften, basierend auf der Gabe, und modernen Gesellschaften, basierend auf Vertrag und Markt, will Mauss gerade nicht aufmachen.

Mauss möchte vielmehr einen modernen Gabediskurs re-etablieren. Gabenbeziehungen waren den europäischen Gesellschaften ja keinesfalls fremd, doch verschwanden sie im Verlauf des 19. Jahrhunderts zunehmend aus dem Blick. Heraufziehender Kapitalismus und um sich greifende Bürokratie schienen nicht zum Prinzip des Gebens zu passen. So kehrte das Gabethema erst Anfang des 20. Jahrhunderts über kulturelle und geografische Umwege zurück. Die ersten Ethnologen brachten von ihren außereuropäischen Reisen vielfältiges Anschauungsmaterial von Gabepraktiken mit. So wurde die Gabe als Thema im Zuge kolonialer Reisen und Forschungsaufenthalte wiederentdeckt, ohne zu bemerken, wie sehr die Gabe Teil der eigenen Kultur war (vgl. Liebersohn 2011). Insbesondere Franz Boas, Bronislaw Malinowski und Richard Thurnwald lieferten ethnologisches Material aus erster Hand, das Mauss zu seiner Theorie der Gabe synthetisierte. Er las deren ethnologische Studien jedoch nicht als exotische Berichte aus fernen und fremden Kulturen, sondern als lokale Besonderheiten eines universellen Phänomens. Für ihn zeigen die dargestellten Praktiken des Gebens und Erwiderns vielmehr eine Kunst der Vereinigung, die den Europäern abhanden gekommen war. So ist sein Essay auch als Suche nach einem dritten Weg zwischen einem Wirtschaftsliberalismus einerseits und Bolschewismus bzw. Staatssozialismus andererseits zu verstehen. Seine Version von Sozialismus baut auf genossenschaftlichen und konvivialen Prinzipien auf.

Mauss und das Problem der Gabe

Ich schlage also vor, auf Marcel Mauss als Gewährsperson zu setzen, um der im vorigen Kapitel vorgestellten Antinomie von utilitaristischen und normativistischen Ansätzen zu entkommen. Marcel Mauss hat zwar mit einiger Verspätung Deutschland erreicht, doch wurde in den letzten Jahren das mit seinem Namen verbundene Phänomen der Gabe aus ganz verschiedenen Perspektiven aufgegriffen und breit diskutiert: in der Philosophie, Theologie, der Geschichtswissenschaft, der Soziologie und der Literaturwissenschaft, um nur einige Disziplinen zu nennen. Das Hauptaugenmerk der Rezeption liegt nicht zu Unrecht auf dem Essay *Die Gabe* von 1925. Mauss' Text ist voll von empirisch detaillierten Beschreibungen. Auf den ersten Blick erscheint er leicht verständlich, doch mit jeder weiteren Lektüre verschiebt sich die Interpretation, und es wird deutlich, dass man mit diesem Text nie zu einem Ende kommt. Mauss verweigert abstrakte und generelle Schlussfolgerungen, und doch ist der Essay voll von theoretischen Ideen, die angedeutet und umkreist werden und die nicht selten auch widersprüchlich zueinander stehen.

Marcel Mauss war Schüler und Neffe Émile Durkheims (1854–1917), der als Gründer der französischen Soziologie gilt. Mauss war Wissenschaftler und politischer Aktivist, er war wie sein Onkel Soziologe und gilt zugleich auch als Vater der französischen Ethnologie (vgl. zum Folgenden Fournier 2006 und Moebius 2006). Nach Durkheims Tod übernahm Mauss die Führungsrolle in der Durkheim-Schule und 1930 erlangte er die höchsten akademischen Weihen, als er ans Pariser Collège de France gewählt wurde. Genau wie Durkheim stammt Mauss aus einer jüdischen Familie aus Épinal, einem Ort in Elsass-Lothringen. 1890 begibt sich Mauss an die Universität von Bordeaux, wo sein Onkel lehrt und sich als Tutor seines Neffen annimmt. Anders als sein Onkel beteiligt sich Mauss schon früh an politischen Debatten und verkehrt in sozialistischen Kreisen. Nach seinem philosophischen Abschluss in Bordeaux bereitet sich Mauss in Paris auf seine Agrégation in Philosophie vor. An der École Pratique des Hautes Études wird der Orientalist Sylvain Lévi sein Mentor, und, wie Mauss es ausdrückte, so etwas wie sein zweiter Onkel. Ende der 1890er Jahre arbeitet Mauss an seiner Doktorarbeit über das Gebet, die er nie fertigstellen wird, und hilft Durkheim bei seinem epochemachenden Werk *Der Selbstmord*, das 1897 erscheint. Durkheim und Mauss engagieren sich Ende der 1890er Jahre ferner gegen den Antisemitismus in der französischen Gesellschaft und ergreifen in der Dreyfus-Affäre das Wort.

Mauss erste Publikationen sind Besprechungen von religionswissenschaftlichen Büchern, die vornehmlich in der von Durkheim herausgegebenen Zeitschrift *L'Année sociologique* erscheinen. Mauss wird einer der wichtigsten Mitarbeiter dieser Zeitschrift, die er nach Durkheims Tod auch fortsetzen und leiten wird. In Zusammenarbeit mit seinem engsten Freund und Kollegen Henri Hubert erscheint im Jahr 1899 ein Text über das Opfer, Mauss´ erste eigenständige Studie, in der Opferrituale als eine Form der Kommunikation mit dem Heiligen erörtert werden. Das Heilige ist für Mauss, wie auch für Durkheim, der 1912 sein vielleicht wichtigstes Buch *Die elementaren Formen des religiösen Lebens* herausbringt, gesellschaftlichen Ursprungs. 1901 wird Mauss auf den Lehrstuhl für »Religionsgeschichte nichtzivilisierter Völker« an die École Pratique berufen, wobei er bei seiner Antrittsvorlesung sogleich herausstellt, dass es keine nichtzivilisierten Völker gibt, sondern nur unterschiedliche Zivilisationen. In den ersten Jahren an der École Pratique befasst sich Mauss mit dem Phänomen der Magie und schreibt mit Durkheim eine Studie über die Frage, wie die soziale Organisation von Gesellschaften damit zusammenhängt, wie verschiedene Gesellschaften die Welt unterschiedlich klassifizieren. Sie legen damit eine der Grundlagen für eine Soziologie des Wissens.

Mauss ist bekannt für seine große Gelehrsamkeit und unter den Pariser Studierenden kursiert der Spruch »Mauss sait tout«, »Mauss weiß alles«. Dabei ist er kein unnahbarer Akademiker, er trifft sich mit seinen Studierenden, diskutiert, hat für alles und alle ein offenes Ohr und freundet sich zum Teil mit ihnen an. Mauss gelingt es auch, die starren Fächergrenzen, die Durkheim beispielsweise zwischen der Soziologie und der Psychologie errichtet hatte, porös zu machen und interdisziplinäre Brücken zu bauen. Durkheim schätzt seinen Neffen einerseits sehr, hält ihn zugleich aber für zu undiszipliniert und kritisiert seinen bohemienhaften Lebenswandel.

In diesen Jahren wird Mauss politisch noch aktiver, er ist Teil der sozialistischen Bewegung und besonders im Bereich des Genossenschaftswesens aktiv. Er ist enger Vertrauter Jean Jaurès' und arbeitet an der Schaffung eines einheitlichen Sozialismus in Frankreich mit (vgl. Kapitel 6). Obwohl Sozialist, Pazifist und Internationalist, nimmt Mauss als Soldat am Ersten Weltkrieg teil. Unter den Toten finden sich im Verlauf der Kriegsjahre viele Freunde und Studenten von Durkheim und Mauss sowie Mitarbeiter der Zeitschrift *L'Année;* auch Durkheims Sohn André verstirbt an seinen Verwundungen. Durkheim versinkt in Melancholie und Kraftlosigkeit und verstirbt 1917 mit 59 Jahren.

Mauss übernimmt das Erbe Durkheims: Er reaktiviert die *L'Année* und gibt unveröffentlichte Schriften Durkheims heraus. Der Beitrag, den Mauss 1925 für den ersten Band der neuen Serie der Zeitschrift herausgibt, wird Mauss' wichtigster

Text werden, nämlich sein Essay über die Gabe. Mauss selbst ist mit Gabenbeziehungen persönlich sehr vertraut, lebt er doch in einer Atmosphäre des Gabentauschs. Familiäre und freundschaftliche Netzwerke sind für sein Leben und Arbeiten entscheidend, und die Arbeit der Durkheim-Schule lässt sich als fortwährender Kooperationszusammenhang des Gabentauschs beschreiben. Wenn man allein bedenkt, wie viele seiner Publikationen in Co-Autorschaft entstanden sind, wird klar, dass Kooperation für Mauss das herrschende Prinzip seines akademischen Lebens darstellt. Der Text *Le don* hat nach dem Krieg nun eine doppelte Aufgabe zu erfüllen: Das darniederliegende Projekt der Durkheim-Schule muss nach dem Tod seines Onkels und Mentors wiederbelebt werden und Mauss ordnet sich persönlich diesem Gruppenprojekt unter. Zugleich ergreift er unter den Schülern die intellektuelle Führerschaft nach Durkheims Tod.

In die Jahre 1920 bis 1925 fällt auch eine Zeit der intensiven Arbeit an politischen Artikeln, die in verschiedenen sozialistischen Zeitungen und Zeitschriften erscheinen. Mauss wendet sich wieder dem Genossenschaftswesen zu und publiziert 1923 in *La Vie socialiste* eine Reihe von fünf Artikeln, in der er sich kritisch mit dem Bolschewismus auseinandersetzt. Er beginnt in jenen Jahren auch die Arbeit an seinem geplanten Hauptwerk über die Nation, das aber Fragment bleiben wird. Die Arbeit wird von ihm immer wieder unterbrochen und fortgesetzt. Erst vor kurzem ist eine vollständige aus dem Nachlass editierte Fassung herausgebracht worden (Mauss 2017). Unter dem Eindruck des Kriegs geht das Buch der Frage nach, wie der Frieden zwischen Nationen bewahrt werden kann. Die gegenseitige soziale und ökonomische Abhängigkeit der Nationen voneinander müsse überführt werden in ein internationales normatives Band zwischen ihnen. Letztlich erhofft sich Mauss einen Prozess der fortschreitenden Vertiefung der Beziehungen innerhalb und zwischen den Nationen: von der sozialistischen Nation zu den Vereinigten Staaten von Europa und schließlich zu einer Weltzivilisation kooperierender Gesellschaften.

Zusammen mit Lucien Lévy-Bruhl und Paul Rivet gründet Mauss 1925 das Institut d'ethnologie de l'Université de Paris, und ab Ende der 1920er Jahre führen mehrere Schüler von Mauss Feldforschungen durch. Mauss selbst publiziert später dann zwar ein Handbuch der Ethnografie, das auf Vorlesungen beruht, die er von 1926 bis 1939 jedes Jahr am Institut d'ethnologie gehalten hat und das seine Schülerin Denise Paulme 1947 herausgibt, doch betreibt Mauss zu keinem Zeitpunkt selbst Feldforschung.

Die 1930er Jahre sind von der weiteren Etablierung der Durkheimschen Soziologie und der Ethnologie, aber auch von Mauss' gesundheitlichen Problemen sowie denen seiner Frau gekennzeichnet. Anfang der 30er Jahre schließt sich Mauss der antifaschistischen Bewegung an und erlebt diese Jahre als schmerzhaften Rückfall ins Primitive. Nach der Niederlage der französischen Armee und unter der Vichy-Regierung reicht Mauss 1940 seinen Rücktritt als Professor ein. Ab 1942 nehmen die Repressionen zu, Mauss muss seine Wohnung aufgeben und den Judenstern tragen, geschützt wird er durch seine Beziehungen und sein wissenschaftliches Renommee. Nach dem Krieg verfällt Mauss in Schweigen, er leidet unter Gedächtnisschwund, 1947 verstirbt seine Frau Marthe, 1950 er selbst.

Im Essay über die Gabe von 1925 stellt Mauss vor allem heraus, dass menschliches Handeln immer wechselseitige Bezüge aufweist und in Interaktionen Symbole und Dinge hin- und hergehen: Wir geben, nehmen und erwidern materielle wie immaterielle »Dinge« – ein Kreislauf der Reziprozität entsteht, der häufig fragil und auf riskantes Vertrauen angewiesen ist. Er betont, dass die beziehungsstiftende wechselseitige Präsentation von Gaben zugleich auf der Freiwilligkeit *und* der Pflicht des Gebens, Nehmens und Zurückgebens beruht. Zwei Varianten des vormodernen Gabentauschs stellt Mauss in seinen Analysen heraus: den sogenannten *kula*-Ring auf den melanesischen Trobriand-Inseln und den Potlatsch bei den nordwestamerikanischen Kwakiutl. Er unterscheidet dabei zwischen stärker agonistischen, also wetteifernden und kämpferischen, und weniger agonistischen Gaben. Schwach agonistische Gaben kreieren eine Sphäre ungefährer Äquivalenzen und gegenseitiger Verschuldungen, in der es nicht primär um die Akkumulation von Reichtum geht. Gaben provozieren Gegengaben und »nähren« auf diese Weise permanent gegenseitige Verschuldungen und Verpflichtungen, die nicht abgegolten werden können. Beispielhaft ist der *kula*-Ring, bei dem zwei Arten von Schmuckstücken – Halsketten und Armbänder – in entgegengesetzten Richtungen zwischen den Inseln kursieren. Das Überreichen der Gaben stiftet und sichert die Beziehungen zwischen den beiden Gruppen zunächst einmal solidarisch ab. Danach beginnt ein Tausch von Gebrauchsgütern, der darauf angewiesen ist, dass durch das Offerieren von Gaben zuvor eine Atmosphäre der Kooperation entstehen konnte.

Der Ethnologe Marshall Sahlins (1972) hat hierzu eine wegweisende Interpretation geliefert. Befriedung durch Gabentausch ist für Sahlins die Alternative zum Hobbesschen Krieg aller gegen alle und zur Unterwerfung unter einen Souverän. Da Gaben Misstrauen abbauen und soziale Bindungen, Allianzen und Solidaritäten herstellen, verhindern sie den Krieg zwischen konkurrierenden Clans. Es gibt keine dritte Partei, die über den beiden Clans steht (weder gemeinsame Interessen, noch ein Staat, noch Normen). Deshalb ist für Sahlins die durch Gaben entstehende Reziprozität eine »Dazwischen-Beziehung«. Gaben und Vertrauen sind fundamental bedeutsam für die Herstellung einer Kooperation, und zwar besonders immer dann, wenn man nicht wie beim intertribalen Austausch von einer schon geteilten gemeinsamen Kultur ausgehen kann.

Die stärker agonistische Gabe, bei der der Kampf um Renommee viel offensichtlicher erfolgt, zeigt sich am ausgeprägtesten im Potlatsch der indigenen Völker der kanadischen Nordwestküste. Dabei geht es um die wechselseitige Steigerung von Gaben, bis ein Clan oder Häuptling aus dem Kreislauf des Immer-mehr-Gebens aussteigen muss; denn nur einer kann beim Potlatsch gewinnen – und zwar an Status.[1] »Derjenige, der seinen Reichtum am verschwenderischsten ausgibt, gewinnt an Prestige. Alles gründet auf dem Prinzip des Antagonismus und der Rivalität« (Mauss 2010: 65). Die Position der Über- und Unterordnung wechselt sich so lange ab, bis eine Partei nicht mehr erwidern kann und dauerhaft in die unterlegene Position gerückt wird.

Mauss fragt sich in seinem Essay, welcher Umstand die Erwiderung von Gaben bewirkt. Warum müssen empfangene Gaben durch eine Gegengabe beantwortet werden? In Anlehnung an die Maori-Tradition spricht Mauss vom *hau*, vom Geist des Gebers, der in der Gabe lokalisiert ist, und den Empfänger nötigt, etwas zurückzugeben. Damit ist eine Kraft (Frz. »force«) gemeint, die nicht aus dem Gegenstand oder Individuum herrührt, sondern die Kraft des Kollektivs ist, dem der Einzelne angehört. So verpflichtet diese kollektive Kraft zur Erwiderung. Im Text über die Magie spricht Mauss auch vom Konzept des *mana*, das »den Wert der Dinge und Personen ausmacht, magischer Wert, religiöser Wert und sogar sozialer Wert. Die soziale Position der einzelnen ist der Bedeutung ihres *mana* proportional (...)« (Mauss 2012: 357). Der Begriff des *mana* ist wie der des Heiligen gesellschaftlichen Ursprungs und geht auf affektive kollektive Zustände zurück. Mauss greift hier Argumente auf, die er gemeinsam mit Durkheim schon früher entwickelt hat. Durkheim (1981 [1912]) hat in seinem Religionsbuch über die australischen Aborigenes gezeigt, dass die Verehrung des Heiligen eine soziale, also kollektive Sache ist und das Heilige auf die kollektive Tätigkeit der Verehrung zurückgeht: Religion ist gleich Gesellschaft. Die Gruppe verehrt im Totemismus sich selbst, symbolisiert und externalisiert diese Verehrung jedoch in Form eines Totems. Die Macht der Gesellschaft und damit des Heiligen ist nicht nur eine äußere Autorität, sondern wirkt auf die Einzelnen stützend, stärkend, energetisierend und belebend ein. Dies ist besonders immer dann der Fall, wenn eine verdichtete Menschenansammlung kollektive Erregungen und Emotionen hervorruft. In solchen

Momenten kollektiver Ekstase fährt in die Menschen eine äußere, moralische Kraft, deren bildhafter Ausdruck das Totem oder ein Gott ist, der die Gesellschaft repräsentiert. Im Zentrum dieser Kollektivgefühle von Kraft, Solidarität und Euphorie stehen Riten, die auf der Synchronisierung von Bewegungen, Lauten und Symbolen beruhen und mittels derer man mit dem Heiligen als kollektivem Ideal kommuniziert. Spätere Theoretiker wie der amerikanische Soziologe Randall Collins sprechen in diesem Zusammenhang auch von emotionaler Energie, die man in Interaktionen aufbauen kann.

Während die beiden Formen des agonistischen Gabentauschs in den ersten beiden Kapiteln der *Gabe* diskutiert werden, wendet sich Mauss im dritten Kapitel der Rechtsgeschichte der indoeuropäischen Gesellschaften zu. Er spricht vom »Weiterleben dieser Prinzipien in den alten Rechts- und Wirtschaftsordnungen« (Mauss 2010: 94). Ausgangspunkt seiner Überlegungen zu den indoeuropäischen Rechtsordnungen ist seine Beobachtung, dass die zeitgenössischen Gesellschaften streng zwischen dinglichen Rechten und persönlichen Rechten (also zwischen den Rechten von Sachen und Personen) unterscheiden. Diese Unterscheidung ist den älteren Kulturen fremd, ebenso die Unterscheidung zwischen entgeltlichen Leistungen und Geschenken. Liegen diese beiden Trennungen nicht vor, erscheinen Sachen gleichsam beseelt und Personen dinglich (vgl. Därmann 2009). Zieht man die Unterscheidung zwischen Sach- und Personenrecht ein, wird auch die Unterscheidung von Eigentum und Besitz problematisch. So kann man dann zwar als Gruppe oder Individuum Dinge nutzen, doch hat niemand das komplette private Verfügungsrecht über eine Sache. Mit Blick auf die Gegenwart legt der Essay somit die sozialistische Aufforderung nahe, diese Unterscheidung wieder zurückzuweisen und auf diese Weise das Privateigentum zu überwinden (vgl. Mauss 2010: 123ff.).

Mauss macht allerdings darauf aufmerksam, dass Gaben nicht nur instabile Solidaritäten und Anerkennung, sondern auch dauerhafte Hierarchien, Ausgrenzungen und Ungleichheiten stiften und konsolidieren können. Dies ist immer dann der Fall, wenn die Verfügung über Ressourcen bei verschiedenen Gruppen so ungleich ausfällt, dass Gaben keine Erwiderung erfahren können. Erstens kann es sein, dass privilegierte Gruppen die Gaben unterer Schichten nicht erwidern müssen – wie dies der Fall ist, wenn die Arbeitgeber nur den allernötigsten Lohn zahlen (Ausbeutung). Die Macht der Arbeitnehmer/innen (die ja eigentlich Arbeitgeber heißen müssten!) ist so schwach, dass kein höherer Lohn durchgesetzt werden kann. Zweitens bauen sich Verschuldungen und Machtasymmetrien auf, wenn eine soziale Gruppe aufgrund ihrer Ressourcenausstattung Gaben nicht erwidern kann – die paternalistische Gabe gegenüber Armen wäre hier das typische Beispiel (Erniedrigung/Abhängigkeit). Die klassische Philanthropie des Bürgertums fällt hierunter; man gibt Almosen, ohne dass diese von den unteren Schichten erwidert werden können – außer durch Dankbarkeit und Anerkennung des höheren Status der Almosengeber. Und drittens können bestimmte Gruppen vom Fluss materieller wie immaterieller Güter ausgeschlossen werden (Exklusion) – man nimmt einfach nicht teil am Austausch von Anerkennung, Gütern und Diensten. Allen drei Beispielen ist gemeinsam, dass es nicht gelingt, Reziprozität zwischen Gleichrangigen aufzubauen. Entweder kippt der Austausch ins Hierarchische oder man bleibt außen vor.

Schaut man sich die moralischen und politischen Schlussfolgerungen des vierten Kapitels des Essays genauer an, wird deutlich, dass es Mauss darum ging, das Prinzip der horizontal verbindenden Gabe zu stärken. So argumentiert er gegen das Almosen, das den Armen erniedrigt, wenn es ohne Möglichkeit der Erwiderung angenommen wird. Konzipiert man auch Sozialpolitik paternalistisch als Wohltätigkeit, bleibt die asymmetrische Erniedrigung erhalten. Deshalb zielt Mauss' konzeptionelle Anstrengung darauf ab, das System der Sozialversicherungen nicht als Gabe an die Arbeiter aufzufassen, sondern als eine Gegengabe der Gesellschaft an diese. Denn die Arbeiter/innen haben mit dem Lohn noch keine hinreichende Gegengabe für ihren Aufwand, für ihre Gabe erhalten. Weder die Unternehmen noch die Gesellschaft als Ganze ist mit der Zahlung des Lohns den Arbeiterinnen und Arbeitern gegenüber quitt und jeglicher Verpflichtung enthoben. Die Arbeiterin hat ihr Leben und ihre Arbeit teils der Gemeinschaft, teils den Arbeitgebern hingegeben: »so sind diejenigen, die aus seinen Diensten Nutzen gezogen haben, nicht schon durch die Zahlung eines Lohns aller Schuld ihm gegenüber enthoben; der Staat, der die Gemeinschaft repräsentiert, schuldet ihm, zusammen mit seinem Arbeitgeber, eine gewisse Sicherung seines Lebens gegen Arbeitslosigkeit, Krankheit, Alter und Tod« (Mauss 2010: 125). Auf der Idee einer solchen Gegengabe müsste für Mauss die Idee sozialer Rechte basieren. Weitergehend lässt sich heute argumentieren, dass ein bedingungsloses Grundeinkommen die Anerkennung dafür ausdrücken würde, dass jedes Gesellschaftsmitglied etwas der Gesellschaft gibt – einfach schon qua Existenz. Jede(r) erhält eine Existenzsicherung, da die Gesellschaft den Beitrag jeder und jedes Einzelnen schätzt, ohne genau zu definieren, worin dieser Beitrag besteht.

Dagegen spricht Mauss in dem Essay nicht ausführlich über nichtagonistische Formen der Gabe, die er auch als totale Leistungen bezeichnet (Mauss 2010: 18). Diese solidarischen, nichtkämpferischen Gaben bleiben fast völlig im Dunkeln. Im *Manuel d'ethnographie* aus dem Jahr 1947 finden sich immerhin einige Erwähnungen. Sie gelten Mauss als ursprünglich und als Vorläufer der agonistischen Gaben. Darauf wird noch zurückzukommen sein, denn nichtagonistische Gaben bilden die Basis unseres Alltagslebens. Im Essay über die Gabe kommt es Mauss hingegen darauf an zu zeigen, dass (schwach und stark) agonistische Gaben eine intermediäre Position zwischen nichtagonistischen Gaben und heutigen individualistischen und juristischen Verträgen einnehmen.

Mauss verfolgte mit seinem Essay jedoch nicht nur ethnologische, sondern auch deutlich gegenwartsbezogene Zwecke. Ziel war eine Kritik von Realsozialismus, Kapitalismus und Utilitarismus, also der um sich greifenden Vorstellung, dass

Menschen vor allem egoistisch ihren individuellen Nutzen verfolgen. Sein damals aktuelles Potenzial bezog der Essay aus der doppelten Kritik am utilitaristischen Individualismus des Kapitalismus einerseits und bolschewistischen Staatszentrismus andererseits. Dem Sozialisten Mauss ging es um ein drittes Prinzip der Solidarität und Genossenschaftlichkeit: nämlich um Formen wechselseitiger sozialer Bindungen und Verschuldungen. Der Sozialvertrag, den Mauss in den untersuchten Gesellschaften, in der Edda und im germanischen Recht erblickt, dient ihm als Modell der Erneuerung des zeitgenössischen Sozialvertrags durch die Anerkennung wechselseitiger Verschuldung. Die Gefahr lag für ihn darin, dass die modernen Sozialbeziehungen zunehmend dem Modell des Tausches, des Marktes und des Vertrags folgen. Deshalb lautet Mauss' Warnung, dass der *homo oeconomicus* zeitlich noch vor uns liege. Greift die kulturelle Selbstbeschreibung der Menschen als egoistische Nutzenmaximierer immer weiter um sich und baut man soziale und politische Institutionen auf dieser anthropologischen Annahme auf, dann werden Menschen tatsächlich mehr und mehr zu Nutzenmaximierer/innen. Dagegen setzt sich Mauss mit seinem Text intellektuell zur Wehr. Die Geschichte der Menschheit ist keine Geschichte des Tausches, sondern eine der Gabe. Die Logik der Gabe (und die häufig damit verbundene Reziprozität) unterscheidet sich fundamental vom marktförmigen Tausch (Mauss 2010: 130ff). Denn im Rahmen der Gabe weiß man nicht, *ob* etwas erwidert wird, *was* man erwidert bekommt und *wann* man etwas zurückerhält. Dies liegt jeweils in der Hand des Empfängers einer Gabe. Beim Tausch einigen sich hingegen beide Parteien vor dem Transfer über die Modalitäten, und es fließen vereinbarte Güter in beide Richtungen.

Asymmetrie, die agonistische und die nichtagonistische Gabe

Wie wir oben gesehen haben, ist in der sozialwissenschaftlichen Literatur das Konzept der Gabe – auch unter Rückgriff auf Mauss – eng an das der Reziprozität gekoppelt worden. Wer gibt, bekommt in der Regel etwas zurück, so die These. Dies ist insofern überaus erstaunlich, als dass das Konzept der Reziprozität in Mauss' Essay überhaupt keine Rolle spielt. Nur einmal spricht er von reziproken Gaben. In der Philosophie ist hingegen eine fortdauernde Erörterung der Frage zu finden, ob es so etwas wie eine reine Gabe geben kann, die nicht auf Erwiderung beruht oder auf diese abzielt. Insbesondere die Schriften von Jacques Derrida und Jean-Luc Marion haben eine Debatte um die Logik der Gabe angeregt, die sich freimacht von jedem Eigeninteresse auf Erwiderung. Im Folgenden werde ich zeigen, dass wir die philosophische Debatte ernst nehmen und (an)erkennen sollten, dass neben Tausch und Reziprozität ebenso Formen einseitigen Gebens existieren. Es gibt also Gaben, die nicht erwidert werden (müssen).

Zur Gabe gehört es ohnehin, dass die Erwiderung nicht zum Bestandteil ihrer Definition gemacht werden sollte, da sie begrifflich vom Akt der Erwiderung unabhängig ist. Wäre sie vom Akt der Erwiderung abhängig, hätte man es mit einem Tausch zu tun. Die aus einer Gabe unter Umständen erwachsende Verpflichtung ist weder obligatorisch, noch lässt sie sich einklagen (vgl. Caillé 2008, Adloff 2016a). Diese Logik der Gabe ist ein weit verbreitetes Phänomen – insbesondere Jäger- und Sammlergesellschaften rücken das Prinzip des Teilens (*sharing*) in den Mittelpunkt ihres sozialen Lebens (Descola 2011: 461). So ist es für die südindischen Nayaka z. B. unvorstellbar, etwas nicht zu geben, wenn sich jemand dafür interessiert! Hier wie auch in anderen Gesellschaften wird den Prinzipien der Gabe und des Teilens ein Vorrang vor dem Tausch eingeräumt. Das Teilen beruht hier (durch die Brille des modernen Rechts gesehen) darauf, dass es gar keinen Grund zum Tausch gibt, insofern die Güter sowieso den Gemeinschaftsmitgliedern gehören. Woran man teilhaben kann, weil es allen gehört, das muss nicht getauscht oder verteilt werden.

Nur zum Tausch gehört notwendig das Prinzip der Gegenseitigkeit. Dennoch soll hier nicht der Idee der reinen Gabe das Wort geredet werden. Es geht darum, dass Reziprozität immer nur eine Möglichkeit darstellt, dass sie nicht notwendig zur Gabe gehört. Gaben zielen auf soziale Beziehungen ab, und diese bilden sich über die Trias von Geben, Annehmen, Erwidern. Eine solche positive Trias muss sich nicht einstellen, doch das Risiko des Gebens öffnet überhaupt erst den Horizont für eine Beziehung der Wechselseitigkeit. Den Beziehungsmodus der Gabe gibt es – in unterschiedlicher Ausprägung – in jeder Gesellschaft (neben Tausch, Hierarchie etc.). Wenn wir (an)erkennen, dass es neben Tausch und agonistischer Reziprozität noch ein drittes Modell moralischer Prinzipien gibt, auf dem soziale wie ökonomische Beziehungen gründen können: das nichtagonistische Geben, dann hat dies für das Verständnis von Sozialität und Gesellschaft gravierende Konsequenzen.

Für den französischen Dekonstruktivisten Jacques Derrida sollte die Idee der Gabe im Widerspruch zur Idee des Kreises und der Zirkulation stehen – eine Gabe kann es nämlich nur dort geben, wo die Logik der Zirkulation von Geben, Annehmen und Erwidern unterbrochen wird, wo etwas in den Kreis einbricht (Derrida 1993). Nur ein Geschenk, das gleichsam ohne Intention, vollkommen spontan und zufällig erschiene, wäre ein Geschenk, das der Reziprozitätslogik entkäme. Daher wirft er Mauss vor, dass sein Essay von allem Möglichen handeln würde (Ökonomie, Vertrag, Tausch) – nur eben nicht von der Gabe, da diese sich dem Tausch entgegenstellen müsse. Die Gabe muss Derrida zufolge also auf der kompletten Abwesenheit von Kalkulation und Zirkulation beruhen. Ist dies nicht der Fall, sei die Gabe eigentlich keine Gabe, sondern Tausch. An seiner Mauss-Kritik wird jedoch auch deutlich, dass Derrida kein Verständnis für die soziale Funktion der Gabe hat, die sich nicht auf den ökonomischen Tausch reduzieren lässt. Derrida folgt damit der Vorstellung einer Dichotomie von Handlungen und Motiven, die das Denken der Moderne insgesamt kennzeichnen. Denn die Ideologie des völlig desinteressierten, uneigennützigen Geschenks entsteht historisch parallel zu der Vorstellung des ökonomischen Eigeninteresses, mit der Folge, dass eine »Dazwischen-Kategorie« nicht mehr in das dichotome Raster passt (Parry 1986). Derrida treibt das Denken über die Gabe damit einerseits in die Aporie, dass die Gabe das Unmögliche ist (er sagt aber nicht, dass sie unmöglich ist). Andererseits wird in seinen Schriften der zentrale Punkt deutlich, dass der Gabe ein Moment des Überschusses innewohnt und dass sie einen Bruch mit der Welt der Zirkulation von Äquivalenzen darstellt.

Derridas Texte sind in zeitgenössischen philosophischen wie vor allem auch theologischen Debatten intensiv diskutiert worden. Die christliche Hoffnung auf göttliche Gnade lässt sich beispielsweise in der Begrifflichkeit der Gabe rekonstruieren (vgl. Caputo/Scanlon 1999). Zumeist knüpft man dabei an die phänomenologischen und hermeneutischen Traditionen Husserls und Heideggers an. Die Gebung (*givenness*, *donation* oder auch Gegebenheit), wie sie in diesen Diskussionen genannt wird, gilt dabei als fundamentale Voraussetzung der Gabe. Jean-Luc Marion (2002) knüpft bspw. in seinem Neuentwurf der Phänomenologie an diese Tradition an. Ebenso wie Derrida stellt Marion Gabe und Tausch diametral gegenüber, wenn er die Reduktion der Gabe auf die Gegebenheit in den Blick nimmt. Er klammert nämlich den Geber, den Empfänger und das gegebene Objekt phänomenologisch ein. Trotz der bestehenden Differenzen gegenüber Derrida schließt auch Marion die Reziprozität aus der Gabe aus. Denn sie vollziehe sich gerade im Moment des Verschwindens von Geberin und Empfängerin und habe mit der Gabe eines Gutes nichts zu tun.

Diese Analyse lässt den Soziologen etwas ratlos zurück. Denn worin der Übergang von einer phänomenologischen Analyse von Gebung und Gegebenheit zu einer Analyse des sozialen Phänomens der Gabe bestehen könnte, bleibt völlig unklar. Ein soziales Bindemittel kann die Gabe ja nur sein, wenn etwas von jemandem an jemand anderen gegeben wird. Die von Marion und Derrida vorgenommenen theoretischen Entscheidungen können uns nicht über tatsächliche soziale Praktiken aufklären. Denn man würde dann alle empirisch vorfindbaren Gabepraktiken entweder allesamt als Tausch kennzeichnen müssen (da sie nicht dem Idealmodell der Gabe entsprechen), oder man müsste absurderweise nach Gabephänomenen fahnden, die ohne Geber/in, Gabe und Empfänger/in auskommen. An dieser Stelle können uns Derrida und Marion also nicht weiterhelfen, zu weiten Teilen stellen ihre Reflexionen ein spekulatives Abenteuer dar (vgl. Waldenfels 2012). Es bleibt für uns allerdings ihre Warnung festzuhalten, dass die Gabe in einem Spannungsverhältnis zu Reziprozität und Tausch steht.

Von größerer sozialwissenschaftlicher Bedeutung ist dagegen die Auseinandersetzung Paul Ricœurs mit der Gabe, bemüht er sich doch um ein dem Alltag gemäßes Verständnis. Dabei ist instruktiv, wie er das Verzeihen thematisiert. Der französische Philosoph Ricœur (1998) bezeichnet das Verzeihen als eine Form des aktiven Vergessens, das einen Neuanfang möglich macht. Im Religiösen geht es um die Vergebung der Sünden, im privaten und politischen Bereich um ein soziales »Vergessenmachen«, das eine Fortsetzung von sozialen Beziehungen überhaupt erst ermöglicht. Eng damit verbunden sind beispielsweise Konzepte wie Rehabilitation und Amnestie. Ver-Geben beziehungsweise Verzeihen sind in vielen Sprachen mit der Gabe verbunden: *pardon*, *perdono*, *forgiving*. Man gibt Vergebung in einer Asymmetrie, die keine Gegengabe vom Empfänger einfordert. Ricœur sieht das Vergeben aus diesem Grund in unmittelbarerer Nähe zur Liebe als zur Gerechtigkeit, da sie nicht der Logik der Wägung und dem ausgleichenden Nutzen entspricht, sondern einer »Überfülle« entspringt. Die Logik des Überflusses der Gabe drückt sich für Ricœur (1995) am klarsten im christlichen Gebot der Feindesliebe aus. Diese ist für ihn das Korrektiv zur »Goldenen Regel«, die auf dem Äquivalenzprinzip beruhe und permanent Gefahr laufe, in die utilitaristische Logik des *do ut des* (ich gebe, damit du gibst) abzugleiten. Verzeihen ist für Ricœur mithin Bruch mit der Logik der Reziprozität und in diesem Sinne eine Gabe, nämlich die Gabe, die Bedeutung einer vergangenen Handlung für Gegenwart und Zukunft zu vergessen.

In seinem letzten großen Buch *Wege der Anerkennung* hat Paul Ricœur (2006) die Thematik der Gabe aufgegriffen und das nichtagonistische Geben, das er auch Agape nennt, vertieft behandelt. Der Idee eines endlosen Kampfes um Anerkennung (im Anschluss an Hegel und Honneth) stellt Ricœur die Vorstellung von Friedenszuständen zur Seite, in denen der konflikthafte Aspekt der Anerkennung wie bei einem Waffenstillstand eingehegt bleibt. Den zwischen zwei Personen hergestellten Friedenszustand nennt Ricœur Wechselseitigkeit (*mutualité*) statt Reziprozität. Im Zustand der *mutualité* gibt es keine vollständige Äquivalenz der Bewegungen des Gebens und des Erwiderns – also keinen reziproken Tausch. Im Grunde handelt es sich um zwei Bewegungen, die jeweils auf ein Empfangen hinauslaufen: das Empfangen der ersten Gabe und das Empfangen der zweiten Gabe (Rückgabe). »Die Großherzigkeit der Gabe führt nicht bloß zu einer Rückerstattung, die strenggenommen die erste Gabe vernichten würde, sondern zu so etwas wie einer Antwort auf ein Angebot« (ebd.: 301). Die zweite Gabe solle man sich daher wie eine zweite erste Gabe vorstellen. Die Dankbarkeit des jeweiligen Empfängers nimmt die Trias von Geben-Empfangen-Erwidern auseinander und setzt sie zugleich wieder zusammen. Beide Paare stehen in einem Abstand der Ungenauigkeit (des Werts und der Zeit) zueinander. Aus der Dankbarkeit heraus entsteht der Wunsch, wiederum großherzig geben zu wollen und nicht nur zu erwidern, um seiner Verpflichtung zur Erwiderung nachzukommen. Auf diese Weise vermag die Gabe im Friedenszustand zwar wechselseitige Anerkennung zu konstituieren, fällt jedoch nicht zurück in die Kreis- und Tauschförmigkeit der Reziprozität. Beide Seiten geben aus Großzügigkeit und Dankbarkeit und setzen die Rivalität wenigstens momenthaft aus. Mit Ricœur lassen sich also auch zwei Ordnungen der Gabe unterscheiden: Gaben, die auf Rivalität beruhen und auf Reziprozität abzielen, und Gaben in einem solidarischen Friedenszustand, bei denen die Rivalität ruht. Sie zielen nicht auf kreisförmige Reziprozität, sondern auf eine nichtagonistische Asymmetrie der Wechselseitigkeit (*mutualité*) ab.

Der Soziologe Alain Caillé hat ähnliche Schlussfolgerungen gezogen. In der französischen Soziologie hat sich seit den 1980er Jahren eine intensive Diskussion um das Werk Marcel Mauss' und speziell um seine Theorie der Gabe entsponnen. Insbesondere in der von Caillé 1981 gegründeten Zeitschrift *Revue du M.A.U.S.S.* (»Mouvement Anti-Utilitariste dans les Sciences Sociales«, »Anti-utilitaristische Bewegung in den Sozialwissenschaften«) hat man sich darum verdient gemacht, die Maussche Gabentheorie weder utilitaristisch noch normativistisch zu deuten, sondern eine handlungstheoretische Alternative zu dieser Dichotomie zu konstruieren. Caillé – geboren 1944, emeritierter Professor für Soziologie an der Universität Paris X, Hauptinitiator des konvivialistischen Manifests (vgl. Kapitel 1 und 10) – entwickelte sich mehr und mehr vom Sozialtheoretiker zum reformorientierten, politischen Protagonisten der M.A.U.S.S.-Bewegung, zum Verfechter eines »Dritten Wegs« jenseits der Verabsolutierung von Staat und Markt. Seit Ende der 1990er Jahre ergreift er in politischen Debatten das Wort, zumal er von der Relevanz des Gabediskurses für die Thematisierung praktischer sozialpolitischer Probleme überzeugt ist, wie sie beispielsweise in der Debatte um ein Grundeinkommen, um die Verkürzung der Arbeitszeit, um die Stärkung der Zivilgesellschaft oder im Rahmen der Globalisierungskritik angesprochen werden. In alternativen, zivilgesellschaftlich organisierten Wirtschaftsformen erblickt er beispielsweise die Möglichkeit, nichtkapitalistische Weisen des Gütertransfers mit dem Anerkennungs- und Bündnischarakter der Gabe zu verbinden.

Jacques Godbout (1998) und Alain Caillé (2008) diskutieren die von Mauss für den Gabentausch herausgestellten und einander scheinbar widersprechenden Charakteristika der Freiwilligkeit und Spontaneität auf der einen Seite und des sozialen Verpflichtungscharakters auf der anderen Seite. Freiwillig ist die Gabe deshalb, weil sie nicht erzwungen oder eingefordert werden kann, verpflichtend deshalb, weil die Verletzung der Gegenseitigkeitsnorm soziale Sanktionen nach sich ziehen kann. Eine Gabenbeziehung enthält irreduzibel Unsicherheit, Indeterminiertheit und Risiko; sie tendiert dazu, in einem Zustand struktureller Unsicherheit zu verbleiben, so dass Vertrauen auf diese Weise generiert werden kann. Da sie auf Nicht-Äquivalenz, Spontaneität und Verschuldung beruht, ist eine Gabenbeziehung weder durch den individuell utilitaristischen noch den normativ-holistischen Ansatz erklärbar. Als radikale Alternative zum *homo oeconomicus* bietet Godbout (1998) das Modell des *homo donator* an. Auf der psychologischen Ebene, so behauptet er, gibt es so etwas wie eine »Verlockung der Gabe«, die eine Alternative zur »Profitgier« darstellt. Damit will er die Möglichkeit benennen, dass Menschen nicht nur den »natürlichen Drang« haben zu nehmen und zu erhalten, sondern dass es ebenfalls einen Drang zu geben gibt. Für Godbout ist deshalb Reziprozität gegenüber der Gabe sekundär.

Alain Caillé (2008) stellt zu Recht heraus, dass sich Jacques Derrida und Pierre Bourdieu, so sehr sie sich zunächst auch unterscheiden, in einem Punkt ähnlich sind: Die Gabe muss beiden Autoren zufolge auf der Abwesenheit von Kalkulation und Zirkulation beruhen. Ist dies nicht der Fall, ist die Gabe eigentlich keine Gabe, sondern Tausch. Caillé führt die theoretischen Missverständnisse, die normalerweise mit der Gabe verbunden sind, darauf zurück, dass handlungstheoretisch nicht zwischen einem »Interesse an« und einem »Interesse für« unterschieden wird. Das »Interesse an etwas« ist das utilitaristische Interesse, das einem bestimmten Gegenstand einen Wert bzw. Nutzen zuspricht, den es zu erreichen gilt. Das »Interesse für« dagegen korrespondiert mit dem Begriff des Spiels, der Zuneigung für andere (*aimance*) und des Vergnügens. Hier ist eine Tätigkeit quasi Selbstzweck.

Der moralischen Pflicht (im Sinne Immanuel Kants), etwas zu tun, steht wiederum der Aspekt der Freiwilligkeit und Spontaneität gegenüber. Caillé sieht die Gabe nun aufgespannt in diesem Viereck aus »Interesse an« und »Interesse für«, Pflicht und Spontaneität. Nähert sie sich asymptotisch einem oder zweien dieser vier Pole des Handelns an, transformiert sich die Gabenbeziehung zum ökonomischen Tausch (Interesse an), zur reinen Liebe (Interesse für) oder zur Pflichtethik (Pflicht). Im nicht ausdifferenzierten Zustand ist die Gabenbeziehung ein Grundmodus sozialer Interaktion, der nicht auf einen der Pole zu reduzieren ist. Gaben, Reziprozität und Vertrauen sind mithin fundamental bedeutsam für die Kooperation von Handelnden und die Herstellung von sozialer Ordnung überhaupt, und sie können es nur deshalb sein, da sie paradoxerweise obligatorisch und frei, eigennützig und uneigennützig sind. Gaben stellen für Caillé eine Hilfe ohne Erwartung einer bestimmten Erwiderung dar, aber mit der Absicht, eine soziale Beziehung aufzubauen. Gaben sind in diesem Sinne Zeichen und Manifestationen des Verlangens nach Bindung als Selbstzweck. Für Caillé spielt sich das Geben in einem solchen spannungsgeladenen »Viereck« ab. Dies wird mittlerweile auch von anderen Autoren so gesehen, etwa wenn Marcel Hénaff (2009, 2014) betont, dass die Maussche zeremonielle Gabe nicht mit einer ökonomischen Gabe, aber auch nicht mit einer altruistisch-moralischen Gabe verwechselt werden darf. Das Geben beinhaltet immer auch das Risiko, dass der Bindungsversuch fehlschlägt. Gesellschaft und Gemeinschaft kommen also größtenteils nur dadurch zustande, dass Gabenbeziehungen sowohl auf der Ebene von Mikrointeraktionen als auch auf der gesellschaftlichen Meso- und Makroebene wirksam werden.

Caillés Gabentheorie zielt auf einen Anti-Utilitarismus ab, der vor allem als eine Kritik an der ökonomischen Theorie aufzufassen ist, die zugleich reduktionistisch und expansiv verfährt. Reduktionistisch, weil alle Handlungen analytisch dem utilitaristischen Kalkül und Mittel-Zweck-Schema unterworfen werden, und expansiv, weil alle Bereiche der Gesellschaft

(Politik, Familie, Kunst, Zivilgesellschaft etc.) auf der Grundlage dieses Schemas untersucht werden und nicht nur die Wirtschaft. Das enge Modell des *homo oeconomicus* wurde seit den 1960er Jahren – beginnend etwa mit den Arbeiten von Gary Becker, der unter anderem den ökonomischen Nutzen von Kindern für ihre Eltern untersuchte und die Theorie des Humankapitals entwickelte – auf mehr und mehr gesellschaftliche Felder ausgeweitet. Negativ formuliert tritt Caillés Kritik also zunächst als Kritik des dominanten Marktmodells auf, als Kritik des Utilitarismus und Eigennutzes sowie als Kritik einer eindimensionalen, instrumentellen Vernunft. Jegliches Handeln wird in Zeiten des Neoliberalismus mittlerweile kalkuliert, strategisch und eigennützig aufgefasst, wobei die vermeintlich neutralen Sozialwissenschaften den Deutungen der Laien Vorschub leisten. Wenn man unterstellt, Menschen würden eigennützig agieren, hat diese soziale Fiktion durchaus reale Konsequenzen. Die französischen Soziologen Michel Callon (1998) und Philippe Steiner (2016) haben herausgearbeitet, wie ökonomische Sachverhalte ihren Ursprung nicht nur in ökonomischen Aktivitäten, sondern auch in der Anwendung ökonomischer Theorie haben. Die Wirtschaft wird von der ökonomischen Theorie nicht nur beschrieben, sondern performativ hervorgebracht. Diese performative Wirklichkeitsbildung durch die Theorie erfolgt auf zwei Weisen: über die Unterrichtung und Sozialisation von Menschen in das ökonomische Denken sowie über Einschreibung der Theorie in Apparaturen und die Institutionalisierung von spezifischen Märkten (etwa die Schaffung von Derivaten auf Finanzmärkten). Über diese beiden Mechanismen folgen Menschen den Vorgaben der ökonomischen Theorie und stellen die Wirklichkeit erst her, von der die Ökonomen meinen, dass sie unabhängig von ihrer Theorie existiert.

Caillés positiver Anti-Utilitarismus will diesem Modell etwas entgegensetzen und fordert dazu auf, mit einer neuen soziologischen Grundlagenforschung einzusetzen. Er will mit dem Versuch einer Identifizierung von Gabenelementen in allen Schichten menschlichen Handelns und Denkens tief ansetzen und einen Neuanfang in den Sozialwissenschaften einleiten, um zu zeigen, dass zentrale Dimensionen menschlichen Handelns nicht utilitaristisch zu erklären sind. Den sichtbarsten und öffentlichkeitswirksamsten Ausdruck stellt in letzter Zeit das konvivialistische Manifest dar. Dieses wurde maßgeblich von Caillé vorformuliert und stellt eine Intervention von 64 französischsprachigen Wissenschaftlern und Intellektuellen in den öffentlichen Raum dar, mit dem Ziel, neue Formen des Zusammenlebens angesichts von Neoliberalismus, steigender sozialer Ungleichheit und globaler Erderwärmung einzufordern.

Caillé hat in den letzten Jahren betont, dass die Anerkennungstheorie, wie sie von Hegel formuliert und in Deutschland vor allem durch Axel Honneth (1992) fortentwickelt wurde, mit der Theorie der Gabe verknüpft werden kann. Doch solange man Anerkennung zuallererst und primär als Forderung egos nach Anerkennung durch alter ego begreift (wie dies Hegel und Honneth tun), entkommt man nicht dem utilitaristischen Gedanken des Eigennutzes. Anerkennung beruht vor allem darauf, sich wechselseitig und freiwillig Anerkennung zu *geben* (Caillé 2009) – und nicht darauf, Anerkennung von anderen *einzufordern* und zu *erhalten*. Anerkennung erfährt der, dem vom Empfänger einer Gabe Dankbarkeit entgegengebracht wird: Menschen wollen als Geber/innen anerkannt werden (Caillé 2014). Man wird durch die erfahrene Dankbarkeit in seiner Eigenschaft als Geber von wertvollen Dingen anerkannt. Zeigt der Empfänger jedoch keine Dankbarkeit, wird weder die Gabe als Gabe noch die Geberin als Geberin anerkannt. Anerkennung erfährt die, die sich anderen gegenüber in Freiwilligkeit und Großzügigkeit gebend öffnet und wenn dies von den anderen durch Annahme der Gabe und Dank validiert wird. Der Überschuss der Freiheit über Verpflichtung und Eigeninteresse macht den Wert der Gabe und der Geberin aus.

Eine instruktive Deutung der agonistischen Gabe im Kontext des Anerkennungsdiskurses hat Thomas Bedorf (2010) entwickelt. In der riskanten und agonistischen Seite der Gabe liegt eine Herausforderung, der man sich nicht entziehen kann. Denn auch eine Nicht-Erwiderung ist eine Art der Erwiderung, wenn auch eine negative. In der Gabe liegt deswegen eine soziale Herausforderung: entweder auf das Beziehungsangebot einzugehen oder es abzulehnen. Das Gaberitual kann als ein Verfahren der agonistischen Anerkennung gelten. In der Gabe liegt eine Art Test: Wer gibt, bekommt unausweichlich eine Antwort. Jemandem etwas zu geben ist als erster Schritt des Erkennens des Anderen als eines Menschen und im zweiten als eine Form von Anerkennung zu deuten. Interaktionsmöglichkeiten mit anderen werden so eruiert und der Andere wird gezwungen zu antworten. Dabei dient die Gabe, also das, was gegeben wird, als *Medium* der Anerkennung. Über das *Gelingen* der Anerkennung kann jedoch nicht der Geber entscheiden, sondern nur diejenige, der Anerkennung gegeben wird. Erst wenn die Empfängerin einer Gabe sich dankbar erweist und dadurch wiederum Anerkennung ausdrückt, wird bezeugt, dass es sich um eine Gabe und somit um eine Anerkennung handelte.

Die Vorstellung, dass Gaben ein Moment der Freiwilligkeit und Unbedingtheit zeigen, dass sie nicht aufs Engste mit Reziprozität verknüpft sind oder sein müssen, ist erst in den letzten Jahren auch von kultur- und wirtschaftsanthropologischer Seite ernsthafter in den Blick genommen worden. Niemand hat dabei so konsequent versucht, das Konzept nichtagonistischer Gaben anthropologisch herauszuarbeiten wie der amerikanische Anthropologe und anarchistische Aktivist David Graeber. Nicht der Tausch von Dingen gegen Dinge ist für ihn das ursprüngliche Modell des Wirtschaftens: Graeber (2012a) weist nach, dass der Tausch gar kein besonders altes Phänomen ist, sondern sich erst spät verbreitet hat. Die weitaus häufigste Form des Wirtschaftens gründet auf dem Prinzip des Kommunismus, wie Graeber nicht ganz ohne Provokation betont. Innerhalb einer kommunistischen Gemeinschaft wird nach dem Prinzip »jeder nach seinen Fähigkeiten, jedem nach seinen Bedürfnissen« gehandelt.[2] Nach diesem Prinzip kann niemals eine Gesellschaft als Ganzes organisiert werden; allerdings sind viele vormoderne Gesellschaften in ihrer Wirtschaftsweise stark von diesem Prinzip gekennzeichnet. Doch selbst moderne (kapitalistische) Gesellschaften sind auf der Grundlage kommunistischer Beziehungen gebaut: »*Kommunismus ist das Fundament menschlichen Zusammenlebens*« (ebd.: 102, Hervorh. im Orig.). Familiäre und freundschaftliche Beziehungen, spontane Kooperationen, Kollegialität, freundliche Gesten und Konversationen – all dies sind für Graeber Beispiele einer kommunistischen Alltagsmoral, die von utilitaristischen wie normativistischen Sozialtheorien nicht adäquat erfasst wird. Immer dort, wo nicht Buch über den erfolgten Austausch geführt wird, haben wir es mit Formen des Gebens, Vertrauens, Gemeinsinns, der Hingabe und Liebe zu tun, die auf spezifische Weise vom Prinzip der Reziprozität entkoppelt sind. Im Grunde tun die hieran beteiligten Akteure so, als würden sie ewig leben. Man weiß, der oder die andere würde das Gleiche für mich tun, auch wenn sich faktisch nie die Frage stellt, ob er oder sie Besagtes tatsächlich tun wird. Dies impliziert zwar auch eine Form der Reziprozität, aber eine sehr offene und weite. Beim Tausch gründet alles auf dem Prinzip, dass Beziehung und Austausch jederzeit beendet werden können, was auch impliziert, dass man seine Schulden begleichen kann und dann quitt ist. Schulden resultieren somit aus einem nicht zu Ende gebrachten Tausch zwischen prinzipiell isolierbaren Individuen. Die kommunistische Gabe kennt in diesem Sinne keine ökonomische(n) Schuld(en), weil nicht genau festgehalten wird, was man wem zu welchem Zeitpunkt schuldet. Dies bedeutet zugleich, dass Kommunismus einen Zustand dauerhafter wechselseitiger sozialer Verschuldung darstellt, der nicht annulliert werden kann, da ja unklar ist, was genau man wem schuldet (Godbout/Charbonneau 1993). Nicht das liberale Ideal des autonomen Individuums, das frei von wechselseitigen Abhängigkeiten ist, liegt Graebers Idee von Kommunismus zugrunde, sondern ein Beziehungsgeflecht von wechselseitigen Abhängigkeiten, das dazu führt, dass man gibt und nimmt, wie es die Bedürfnisse und Fähigkeiten nahelegen.

Nicht zufällig lautet denn auch der Untertitel des konvivialistischen Manifests »Déclaration d'interdépendance« (Erklärung der wechselseitigen Abhängigkeit).

Die Gabe ist also zuallererst ein einseitiger Transfer, der eventuell einen Gegentransfer hervorruft, welcher jedoch nicht erfolgen muss. Nur der Tausch erfordert notwendig einen Gegentransfer. Die Erwiderung der Gabe ist nicht in einem zwingenden Sinne verpflichtend wie beim Tausch oder Kredit. Es zeigt sich hier abermals, dass wir fortan zwischen nichtagonistischen Gaben, die auf *mutualité*, Sharing, Kommunismus und schwacher Reziprozität beruhen, und agonistischen Gaben unterscheiden sollten, die auf Rivalität und starke Reziprozität abzielen. Letztere sind vor allem ein interkulturelles Phänomen. Sofern sich Gruppen (oder auch Individuen) als Fremde gegenüberstehen, dient die Gabe als Test und Herausforderung, die auf die Frage abzielt: Bündnis oder Feindschaft?

Mauss' Essay blickt auf die weite Verbreitung der agonistischen Gabe, die politische Bündnisse zwischen Gruppen hervorbringen kann. Die nichtagonistische Gabe gibt es dem Anthropologen Philippe Descola zufolge aber auch in jeder Gesellschaft. Natürlich ist das nichtagonistische Gabenkonzept historisch und kulturell nicht überall gleich stark entwickelt. Doch die Tatsache, dass Mauss in seinem Essay komplett darauf verzichtet hat, über nichtagonistische Gaben zu sprechen, hat das Gabenkonzept in der Folge zu eng an Rivalität und Wettkampf gekoppelt und zu den Konfusionen geführt, die wir schon kennengelernt haben.

Wird die Gabe nicht deutlich von Tausch und Reziprozität getrennt, unterliegt man einer »kinematischen Illusion« (Descola). Die Konsequenz einer Gabe, nämlich eine Gegengabe und damit das Schließen des Kreises der Reziprozität, wird dann zum konstitutiven Bestandteil und zur Definition der Gabe selbst erklärt. Die Bewegung der Gabe ergibt sich jedoch zunächst aus ihrer Einseitigkeit und Asymmetrie. Die Gabe ist genauso wenig wie der Raub intrinsisch mit der Erwiderung und Reziprozität verknüpft. Bei Gabe und Raub findet eine asymmetrische Bewegung eines Wertes statt – positive Asymmetrie bei der Gabe, negative Asymmetrie beim Raub. Nur der Tausch ist strikt symmetrisch (Descola 2011).

Fassen wir unsere Mauss-Interpretation zusammen: Menschen sind einander zugewandt und geben einander eine Vielzahl von Dingen. Auf der alltäglichen, nichtagonistischen Ebene helfen sie sich gegenseitig, hören einander zu, sie schenken einander Dinge, Zuwendung, Anerkennung und Zuspruch. Diesen alltäglichen Handlungen stehen größere, häufig agonistische Gaben gegenüber: Man verzeiht einander, man gibt etwas Ungewöhnliches und Unerwartetes etwa in Form einer außeralltäglichen Hilfe. Es gibt mithin eine Neigung des Menschen zur Gabe, die sich nicht normativistisch und utilitaristisch erklären lässt. Gaben enthalten Momente des Überschusses und der Unbedingtheit, die konstitutiv sind für das Hervorbringen von Sozialität. Am Grund des Sozialen liegen damit Nicht-Äquivalenzen und Asymmetrien. Gabe, Risiko und Vertrauen sind fundamentale Voraussetzungen für Kooperationsbeziehungen, und zwar besonders immer dann, wenn man nicht von einer schon geteilten gemeinsamen Kultur ausgehen kann. Nicht zufällig handelt *Die Gabe* vom intertribalen oder man könnte auch sagen: »internationalen« Austausch zwischen Gruppen, die sich nicht schon auf ein gemeinsames Set von Werten und Normen verlassen können.

4.
Eine andere Anthropologie: der ›homo donator‹

Gibt es eine Neigung des Menschen zum Egoismus? Oder im Gegenteil zum uneigennützigen Geben? Worauf beruht Kooperation? Wie können sich Menschen in konkreten Interaktionen verständigen? Auf diese Fragen sind schon unzählige Antworten gegeben worden, die je nach Disziplin und Menschenbild sehr unterschiedlich ausfallen. Im Folgenden soll eine These vertreten werden, die unterhalb des sprachlich-reflexiven Kommunizierens ansetzt und eine zugleich natürlich und kulturell bedingte Tendenz des Menschen zum Geben und Teilen postuliert. Es gibt einen unterhalb von expliziter Moral liegenden Bereich menschlicher Pro-Sozialität, der in der »Natur« menschlicher Interaktion selbst begründet liegt. Diese Tendenz zum Geben, Vertrauen und sich Entäußern soll mit verschiedenen Mitteln sichtbar gemacht werden. Dabei wird auf Erkenntnisse der Emotionsforschung, Evolutionsbiologie, der Kleinkindforschung, der Neurowissenschaften, aber vor allem auch auf den klassischen philosophischen Pragmatismus von John Dewey (1859–1952) und George Herbert Mead (1863–1931) zurückzugreifen sein. Es wird darum gehen, ein Feld jenseits von naturalistischen und kulturalistischen Klischees zu bestellen, was zugleich mit einer Kritik des cartesianischen Dualismus von Subjekt und Objekt verbunden ist. Diese pragmatistische Anthropologie soll Marcel Mauss' anthropologischen Analysen zur Seite gestellt werden, nicht als ein Fundament, aber doch als Stützpfeiler für die in diesem Buch vertretene These vom Primat der Gabe im menschlichen Handeln.

Ein pragmatistisches Handlungs- und Emotionsmodell

Mit Pragmatismus bezeichnet man eine Theoriebewegung, der die Philosophen Charles Sanders Peirce, William James, John Dewey und George Herbert Mead zuzuordnen sind, und die in den Jahren von 1890 bis zum Beginn des Zweiten Weltkriegs die bestimmende intellektuelle Kraft in den USA war. Ihr Wirken fiel in eine Periode heftiger Umbrüche in Gesellschaft, Wirtschaft und Politik Amerikas: Prozesse der Urbanisierung, Industrialisierung, Bürokratisierung und eine umfangreiche nichtprotestantische Einwanderung setzten ein und leiteten damit das Ende der Überschaubarkeit des agrarisch geprägten Amerikas ein. Diese Entwicklungen wurden begleitet von vielfältigen politischen Reformanstrengungen, die sich unter dem Dach des *Progressive Movement* versammelten. Den amerikanischen Intellektuellen ging es in dieser Zeit um eine Neujustierung des Verhältnisses von Eigennutz – der durch die freigesetzte Marktökonomie überzuborden schien – und Gemeinwohl sowie um die Einführung sozialstaatlicher Interventionen.

Die politische Philosophie des Pragmatismus ist getragen von der Vorstellung, dass nicht die rein individuelle geistige Konfrontation eines Subjekts mit einem Objekt zum Erkennen der Wahrheit führt, sondern dass Wahrheitssuche kooperativ zur Bewältigung realer Handlungsprobleme zu vollziehen sei. Die uneingeschränkte Kommunikation von Wissenschaftlern, die sich kooperativ auf die Wahrheitssuche begeben, dient ihnen auch als Modell für die Lösung von sozialen und politischen Problemen. George Herbert Mead und John Dewey versuchen, dem cartesianischen Dualismus von erkennendem Subjekt und zu erkennender und manipulierender Welt zu entkommen, und betonen die zumeist vorbewusste Natur unseres Handelns: Wir handeln zumeist nicht, indem wir klaren vorgefassten Absichten folgen, sondern in der Regel routiniert. Mead und Dewey kritisieren dementsprechend die Redeweise von der zielgerichteten Intentionalität und Zweckrationalität von Subjekten. Diese reproduziert nur die bewusstseinsphilosophische Dichotomie von Subjekt und Objekt, von einem Zwecke setzenden Bewusstsein und der zu manipulierenden Welt (vgl. Joas 1992). Nach pragmatistischer Auffassung ist unser Handeln eingebettet in situative Kontexte, in denen zunächst und zumeist keine Trennung von Subjekt und Objekt, Geist und Körper, Innen und Außen existiert. Vielmehr sind diese Aspekte im Handlungsvollzug in der unmittelbaren bzw. primären Erfahrung vereint. Eine Situation wird als Ganzheit unmittelbar erlebt, ohne dass wir ein reflexives Bewusstsein von ihr haben. Handeln ist immer Handeln in konkreten Situationen, die häufig vorreflexiv, körperlich und ganzheitlich gedeutet werden und in denen das Verhalten auf Gewohnheiten beruht (Dewey 2007). Wir bewegen uns routiniert durch den Alltag, kochen uns morgens schlaftrunken einen Kaffee, mit ein paar gewohnheitsmäßigen Handgriffen wird das Frühstück zubereitet, später wenden wir einige Grußformeln im Büro an, checken routiniert die E-Mails und nehmen in solchen Situationen nicht einzelne Intentionen, Mittel oder Handlungsziele wahr. In den meisten konkreten Situationen befindet sich das Handeln ohne hohen Reflexionsbedarf im Fluss.

Gewohnheiten gewährleisten den Umgang mit unterschiedlichen Situationen. Sie stellen ein Reservoir an Verhaltensmustern dar, das es dem Menschen ermöglicht, sich in unterschiedlichen Zusammenhängen zurechtzufinden. Ohne Gewohnheiten könnten wir uns in der Welt nicht orientieren, sie verbürgen erst unser ›In-der-Welt-sein‹ (Heidegger), das vorbewusste Vertrautsein mit der Welt, vor dessen Hintergrund eine bewusste Auseinandersetzung mit bestimmten problematisch gewordenen Aspekten dieser Welt erst möglich wird. Eine problematische Situation tritt ein, wenn die Routine durch unerwartete Ereignisse gestört wird. In derartigen Momenten kommt es zu einer Blockierung des Handlungsablaufs und in der Folge zur Trennung von Subjekt und Objekt im Sinne einer reflexiven Bewusstwerdung der Situation und ihrer Komponenten wie Subjekt, Objekt, Mittel, Widerstände und Zwecke.

Plötzlich wird der Handlungsfluss unterbrochen – ein Kollege übertritt z.|B. eine bisher gültige Grenze und gesteht Persönliches ein, massive Schwierigkeiten im Beruf und seine Depression. Ziel des dann einsetzenden Reflexionsprozesses, den Dewey als sekundäre Erfahrung bezeichnet, ist die Fortsetzung des Handlungsablaufs. Situierte Reflexion und ein suchendes, problemorientiertes Handeln kreieren neue Handlungsmöglichkeiten und brechen überholte Routinen auf. Die Beziehung zwischen den Kollegen kann auf eine neue Ebene gehoben werden.

In diesem Prozess darf die Rolle von Emotionen nicht unterschätzt werden. Emotionen stellen eine Art von Urteil dar, das nicht explizit, bewusst oder durchdacht vorliegen muss – es handelt sich um ein »Urteil des Körpers«. Emotionen unterscheiden sich von bewussten Urteilen, sie verschränken Wahrnehmung und Urteil in einer unmittelbaren und gefühlten Weise miteinander (Solomon 2009). Ebenso wenig sind Emotionen bloße Wahrnehmungen von Vorgängen im eigenen Körper, denn sie beziehen sich auf etwas in der Welt: Sie drücken ein Sich-an-der-Welt-Beteiligen aus (Nussbaum 2001). Wir fühlen körperlich unsere Beteiligung an der Welt; es geht um Dinge, mit denen wir zu tun haben, in denen wir aufgehen oder in denen wir angesprochen sind. Es drückt sich in ihnen unmittelbar und schnell eine binäre Wertung aus: Man fühlt sich angezogen oder abgestoßen, wertet positiv oder negativ. Alle einfachen Emotionen lassen sich zunächst danach beschreiben, ob man etwas mag oder nicht mag (Ben-Ze'ev 2009).

Doch wozu ist dies gut, was ist die Funktion von Emotionen für soziales Handeln? Eine Emotion kommt über uns, sie bricht herein. Entweder unterbricht die über uns kommende Emotion den bisherigen Handlungsfluss, oder sie rückt einige Aspekte der Handlungssituation in den Fokus und lässt andere in den Hintergrund treten. Eine Emotion setzt uns über etwas Negatives oder auch Positives in Kenntnis; sie macht machtvoll darauf aufmerksam, dass sich in der Handlungssituation etwas signifikant verändert hat. Emotionen haben somit einen wertenden und reflexiven Charakter, doch ist die emotionale

Selbstreflexion nicht primär kognitiv-symbolisch, sondern körperlich verankert. Eine Emotion hebt uns aus der selbstverständlichen Verschränkung unseres Selbst mit der Welt heraus. Im emotionalen Zustand von Angst, Wut oder Trauer reißt uns der eigene Körper wie eine fremde Kraft aus der alltäglichen Routine. Die körperlich verankerte Verschränkung von Selbst und Welt gerät so temporär aus den Fugen.

Nun können wir Emotionen theoretisch besser verorten: Pragmatistisch formuliert machen sich Emotionen in problematischen Situationen bemerkbar, in denen Handlungsmuster und Gewohnheiten entweder nicht fortgesetzt werden können oder mit einer besonderen Intensität wahrgenommen werden – in Form einer unmittelbaren Gefühlsqualität. Dabei können sowohl negative Gefühle von Wut und Angst als auch positive Gefühle von Glück und Euphorie die Rolle einer Störung des Handlungsflusses spielen. Sie tauchen auf, wenn eine Handlung unerwarteterweise entweder scheitert oder wenn sie besonders gut gelingt. Woher rühren nun aber entwicklungspsychologisch Emotionen als (Wert-)Urteile des Körpers? Wie subjektiv ist unsere körperlich verankerte, wertende Emotionalität verfasst? Oder empfinden wir alle ähnlich und können uns auf der Basis von Emotionen sogar verstehen?

Die frühkindliche Entwicklung: Verkörperte primäre und sekundäre Intersubjektivität

Schon vor 30 Jahren hat der Biologe Francisco Varela (1988) gefordert, in den Kognitionswissenschaften einen handlungsbezogenen Ansatz zu vertreten. Seitdem hat sich diese Perspektive rund um den sogenannten Enaktivismus weiterentwickelt, der davon ausgeht, dass sich intelligentes Verhalten aus Interaktionen entwickelt. Neurowissenschaftler und Philosophen (vgl. Noë 2010) unterstreichen die Rolle des Körpers und der Umwelt für kognitive Prozesse und führen damit Einsichten von Dewey, Heidegger und Merleau-Ponty mit Hilfe heutiger empirischer Forschungsergebnisse zum Beispiel aus der Wahrnehmungsforschung weiter. Man kann das menschliche Gehirn nicht isoliert, sondern nur im Kontext von Körper und Umwelt betrachten. Ein Subjekt ist immer an seinen Körper gebunden und mit diesem auch mit der natürlichen und sozialen Umwelt verbunden (Fuchs 2008).

Diese Sichtweise war besonders produktiv in der Erforschung frühkindlicher Interaktionen und hat unsere Sicht auf Neugeborene, Babys und Kleinkinder revolutioniert. Wegweisend sind diesbezüglich unter anderem die Beiträge von Shaun Gallagher (2005), der von einer frühkindlichen sozialen und verkörperten Kognition spricht. Die Idee des »asozialen Neugeborenen«, also einem Baby, das zunächst von seiner sozialen Umwelt getrennt ist und erst langsam zu interagieren beginnt, hat in den letzten 30 Jahren komplett ihre wissenschaftliche Evidenz verloren.

In der Entwicklung des Kindes kann man von einer Phase der primären Intersubjektivität ausgehen, die die ersten Lebensmonate des Neugeborenen umfasst. Diese Phase beruht darauf, dass Interaktionen auf der Basis sensomotorischer Verschränkungen stattfinden. Die Verkopplung von Blickrichtungen, das Verstehen der Expressionen von Mutter oder Vater und ihre gestische und mimische Imitation sind hier entscheidend. Neugeborene sind von Anfang an empfänglich für die feinen Regungen und Ausdrucksformen der »Caregiver«, also für Blickrichtung, Klang der Stimme, Berührungen, das Niveau der Erregung etc., und nehmen aktiv an diesem emotionalen Austausch teil. Da schon Neugeborene zwischen unbelebten Objekten und Menschen unterscheiden und Gesichtsausdrücke imitieren, kann man davon ausgehen, dass sie über ein entwickeltes Körperschema verfügen. Wahrscheinlich spielen Spiegelneuronen bei dieser Art der Imitation eine wichtige Rolle. Spiegelneuronen zeigen beim Betrachten einer Aktivität das gleiche Erregungsmuster wie bei der eigenen Ausführung der Aktivität. Ein gesehener Gesichtsausdruck muss nicht erst intern simuliert oder verstanden werden, die Simulation findet schon im eigenen Gesicht über Nachahmung statt, da sich der Körper wahrnehmend und imitierend im intersubjektiven Austausch mit dem des Erwachsenen befindet. So passen sich Neugeborene automatisch und mimetisch dem Gesichtsausdruck eines Erwachsenen an. Der Erwachsene öffnet den Mund, das Neugeborene tut dies auch.

In den meisten Situationen haben wir nach Gallagher und Hutto (2008) somit ein direktes auf Wahrnehmung beruhendes Verständnis des Anderen, das nicht darauf angewiesen ist, auf verborgene mentale Zustände zu schließen. Man kann also von einer angeborenen Interaktionsfähigkeit ausgehen, von einem alle Sinne umfassenden System, das auf die Handlungen und Gesten anderer Personen eingestimmt ist. Zwischen Neugeborenem und Caregiver findet ein permanentes Geben und Nehmen statt, ein engagierter Austausch von Bewegungen, Blicken und Tönen, die einander ein Wohlgefühl bereiten (Varga/Gallagher 2011).

Der auf primärer Intersubjektivität beruhende Modus des Verstehens geht mit zunehmendem Alter nicht verloren und wird nicht durch höhere kognitive Leistungen verdrängt. Die ab etwa 9 bis 14 Monaten einsetzende Phase der sekundären Intersubjektivität führt zum Verständnis von Intentionen Anderer und ermöglicht dem Kind, in die Welt gemeinsamer Aufmerksamkeit und Situationen einzutauchen. Diese Befähigung erwächst aus dem geteilten Erleben von Situationen zwischen dem Kind und einem Erwachsenen (vgl. Tomasello 2010). Dieses gemeinsame Erleben beruht beispielsweise darauf, dass das Kind lernt, auf einen gemeinten Gegenstand und nicht länger auf den Finger zu schauen, wenn der Erwachsene auf etwas zeigt. Indem auf einen Gegenstand gezeigt oder dieser gemeinsam benutzt wird, entsteht zwischen Erwachsenem und Kind ein gemeinsamer Aufmerksamkeitsfokus. Zugleich werden nicht nur Wahrnehmungen (auf etwas zeigen), sondern auch Affekte miteinander geteilt. Insbesondere die Arbeiten des Psychoanalytikers und Säuglingsforschers Daniel Stern (1985) haben beschrieben, wie zwischen Mutter und Kind über Rhythmus und Intensität des Affektausdrucks Intersubjektivität hergestellt wird, wie sie also eine Affektabstimmung betreiben. Der Austausch affektiver Signale wie Lachen, Gurren, Lallen, Blinzeln, rhythmische Bewegungen oder Wegschauen ist dabei sehr rasch. Studien zeigen, dass die Reaktionszeit nur eine drittel oder viertel Sekunde beträgt (Downing 2006). Gelingen Synchronisierung und Matching, entsteht eine Gemeinsamkeit im Erleben von Gefühlen. Hier geht es nur ums Teilen von Affekten, ums Gemeinsame, also um Lust an der Intersubjektivität. Zugleich ist das Kind von diesen intersubjektiven Bezügen abhängig, um sich selbst zu erkennen und wahrzunehmen. Über die Spiegelung der eigenen Gefühle lernt es sich selbst kennen. Werden jedoch vom Erwachsenen die Gefühle nicht oder falsch zurückgespiegelt, kommt es zu Irritationen und verzerrten Selbstwahrnehmungen des Kindes.

Gefühle sind nicht als innere mentale Zustände misszuverstehen, sondern bilden einen Raum der Interaffektivität – Affekte bilden und bewegen sich zwischen den Individuen und liegen nicht im Inneren der Menschen verborgen. Die Präsenz des Anderen und ihre bzw. seine affektiven Reaktionen auf die eigene Affektlage ermöglichen erst die affektive Selbstwahrnehmung. Kinder lernen so, wie sie Andere durch ihre Äußerungen beeinflussen können und machen Erfahrungen von Selbstwirksamkeit. Dabei gehen Versuche der Interaktionsregulation nicht nur vom Caregiver aus. Schon Säuglinge zeigen selbstregulatorische Fähigkeiten, indem sie über Blickkontakte entweder Interaktionsangebote vollziehen oder diese über das Wegblicken verweigern (Dornes 1993). Sie regulieren damit Nähe und Distanz und verfügen damit schon früh über affektive Körperpraktiken, die Bindung und Nähe oder Distanz und Differenzierung herstellen (Downing 2005). Man kann diesen Prozess auch als ein Geben und Nehmen oder ein Verweigern und Ablehnen von Aufmerksamkeit beschreiben. Schon früh werden Kinder also in die affektive Logik der Gabe eingebunden.

Über Wiederholungen solcher Interaktionen entwickelt sich eine spezifische Interaktionsgeschichte und ein Beziehungswissen, eine Art Gedächtnis für den Rhythmus, die Dynamik und die affektiven Konnotationen der Interaktionen mit anderen.[3] Gelingen die Affektabstimmungen, kann man von einer vergemeinschaftenden Abstimmung sprechen, die als solche fast unbemerkt bleibt. Die Beiträge der Interaktionspartner passen einfach zueinander und es kommen keine Dissonanzen auf. Eine maximal mögliche Gemeinsamkeit im Erleben von Gefühlen ist so möglich. Fallen jedoch die Antworten des Caregivers auf die Interaktionsofferten und Expressionen des Kindes zu stark oder schwach aus, gelingt die Abstimmung nicht, was wiederum negative Konsequenzen für die Affektentwicklung des Kindes haben kann. Wenn freudige Affektäußerungen des Kindes immer wieder ignoriert oder heruntergedimmt werden, wird dies zur Abschattung des kindlichen Gefühlslebens führen. Wenn der Enthusiasmus des Kindes dagegen immer eine übertriebene Resonanz erfährt, legt man den Grundstein für narzisstische Störungen (Dornes 1993).

Der soziale Raum gemeinsamer Affekte, Bedeutungen und Intentionen ist also handlungsbasiert und stellt, obwohl selbst noch vorsprachlich und präsymbolisch, die Voraussetzung des Spracherwerbs dar. Auch als Erwachsene kommunizieren wir Intentionen und Gefühle nicht allein symbolisch, sondern gleichermaßen über unsere Körper – über Stimme, Haltung, Gesichtsausdruck, Gesten und Bewegungen. Erwachsene tendieren ebenfalls dazu, Affekte zu synchronisieren und Verhaltensweisen unmittelbar miteinander abzustimmen. Bisher ist diese Einsicht in der Soziologie zu wenig fruchtbar gemacht worden. Als Ausnahme sticht dabei Randall Collins (2004) heraus, der in seiner Theorie der Interaktionsrituale auf diese Prozesse abhebt. In seinem Werk *Dynamik von Gewalt* versucht Collins (2011), eine Interaktionstheorie von Gewalthandlungen zu entwickeln. Er stellt heraus, dass Gewaltsituationen von Konfrontationsanspannung und Angst umlagert sind. Nur wenn beide überwunden und in emotionale Energie verwandelt werden können, kann Gewalt zustande kommen und »Erfolg« haben. Dem steht aber gegenüber, dass Gewalthandlungen normalen Interaktionsritualen zuwiderlaufen: Die Neigung, sich mit dem Rhythmus und den Emotionen eines anderen zu verbinden, erschwert es, Interaktionen antagonistisch zu gestalten. Versucht man es, entstehen in der Regel Anspannung und Angst. Dies liegt nach Collins daran – und damit bewegt er sich auf derselben Linie wie die hier vorgestellten Untersuchungen zur primären und sekundären Intersubjektivität –, dass die Evolution beim Menschen zu einer starken Empfänglichkeit für die interaktiven Signale von anderen Menschen geführt hat. Menschen neigen zur Synchronisierung ihres Verhaltens und zu Gemeinschaftsgefühlen. Wir sind emotional auf Solidarität gepolt – deshalb fällt direkte Gewalt mit einem menschlichen Gegenüber verhältnismäßig schwer.

Prosoziale Primaten?

Zunehmend blicken Philosophen, Sozialwissenschaftler/innen, Ökonomen und die interessierte Öffentlichkeit auf die Ethnologie und Evolutionsbiologie, um die Frage zu klären, wie egoistisch oder altruistisch der Mensch eigentlich im Vergleich zu anderen Tieren, insbesondere den Menschenaffen ist. Dabei zeichnet sich in der Biologie einerseits der Konsens ab, dass Menschen ultrasoziale Wesen sind, andererseits gibt es einen Dissens zwischen den Protagonisten einer interessanten Debatte. Der Primatenforscher Frans de Waal sieht eine große Kontinuität zwischen Menschen und anderen Primaten. Empathie und Prosozialität sind für ihn schon im Tierreich verankert, während der Anthropologe und Primatenforscher Michael Tomasello diese Eigenschaften allein den Menschen zuspricht.

De Waal beschreibt Tiere und Menschen als das Produkt evolutionärer Kräfte, was nicht impliziert, dass sich nur egoistische Tendenzen durchsetzen konnten. Die Evolution schließt im Gegenteil altruistische und empathische Verhaltensantriebe nicht aus. So berichtet de Waal in vielen Untersuchungen (de Waal 2011), dass es eine verblüffende Kontinuität zwischen Menschen und anderen sozialen Tieren gibt. Insbesondere das Nachvollziehen der Gefühle anderer – so stark, dass man von ihnen ergriffen wird – ist nach de Waal bei vielen sozialen Tieren beobachtet worden. Menschenaffen zeigen ihm zufolge nicht nur emotionale Verbundenheit, sondern entwickeln teilweise auch ein Verständnis für die Situation des anderen, in gewisser Hinsicht seien sie sogar in der Lage, die Perspektive anderer einzunehmen. So ist beispielsweise unter Schimpansen beobachtet worden, dass Unbeteiligte den Verlierer eines Kampfes trösten, was ihnen keinen eigeninteressierten Vorteil einbringt (de Waal/Suchak 2010). Empathie und Reziprozität unter Primaten stellen für de Waal die Bausteine auch für die menschliche Moral dar.

Nicht die Empathie an sich macht dabei einen Unterschied zwischen Menschenaffen und Menschen aus, sondern zusätzliche spezifische kognitive Fähigkeiten, die nur dem Menschen innewohnen. De Waal postuliert dementsprechend ein mehrstufiges Empathiemodell. Im Zentrum liegt ein Wahrnehmungs-Handlungs-Mechanismus: Wenn ein Subjekt seine Aufmerksamkeit auf den Zustand eines anderen Subjekts richtet, werden neuronale Repräsentationen ähnlicher Zustände angeregt. So werden motorische und autonome Reaktionen aktiviert, die denen des beobachteten Subjekts gleichen (etwa Pulsfrequenz, Hautwiderstand, Gesichtsausdruck, Körperhaltung). Diese These de Waals passt zu der mittlerweile häufig vertretenen Spiegelneuronenhypothese, nach der es beim Beobachter zur imitativen körperlichen Synchronisierung mit dem Verhalten des Beobachteten kommen kann. Es findet hierbei eine nachahmende emotionale Ansteckung statt. Auf dieser Basis fest verdrahteter Empathie bauen für de Waal zwei weitere Ebenen auf: kognitive Empathie (der Nachvollzug von Gründen für die Gefühle anderer) und mitfühlende Sorge (etwa in Form des oben schon erwähnten Tröstens) einerseits und andererseits die Fähigkeit zur Perspektivübernahme (de Waal 2011). Aus diesen Beobachtungen und theoretischen Überlegungen folgert de Waal, dass Menschen stark von einem entwicklungsgeschichtlichen Erbe gekennzeichnet sind, welches sie mit anderen sozialen Tieren und insbesondere den Primaten teilen. Moral ist für de Waal in der evolutionär ausgebildeten Fähigkeit zur Empathie verankert. Auch die abstrakteste menschliche Empathieleistung löst sich für de Waal niemals von diesen einfachen Prozessen. Er betrachtet die menschliche Empathie als durchaus außergewöhnlich, doch hat sie für ihn Vorläufer im Tierreich. So ist herauszustellen, dass Empathie aus evolutionsbiologischer Sicht für die prosoziale Koordination menschlicher Handlungen von einer nicht zu unterschätzenden Bedeutung ist.

Michael Tomasello (2002) sieht den Ausgangspunkt seiner Forschung in folgender Frage: Wie kommt es, dass der moderne Mensch und seine nahen biologischen Verwandten, die Schimpansen, ca. 99 Prozent ihres genetischen Materials teilen und beide Gattungen am Ende doch so verschieden sind? Denn der heutige Mensch (*homo sapiens*), dessen biologische Vorfahren vor ungefähr 200.000 Jahren auf den Plan traten, zeichnet sich nicht nur durch andere Körpereigenschaften aus, etwa deutlich größere Gehirne im Vergleich zu anderen Menschenaffen, sondern vor allem durch neue kognitive Fertigkeiten, die intensive Kooperation ermöglichen, und nicht zuletzt durch die Fähigkeit zum gezielten Einsatz und zur Herstellung von Werkzeugen. Tomasello betont im Unterschied zu de Waal also gerade die Differenzen zwischen Menschen und Primaten.

Zu den wichtigsten Unterschieden zählt Tomasello auch die besondere Fähigkeit von Menschen zur Verwendung von Symbolen zu Zwecken der Kommunikation und Koordination, bis hin zur Erfindung aufwändiger Kommunikationsmedien wie Schrift, Geld, mathematischer Notationen sowie die Befähigung zur Formierung und Tradierung komplexer sozialer Praktiken, Organisationen und formaler Institutionen. Tomasello sieht hier primär einen biologischen Mechanismus am Werk, der diese Unterschiede über eine aus evolutionsbiologischer Sicht relativ kurze Zeitspanne erklären könnte: die biologisch angelegte Fähigkeit zur kulturellen Weitergabe von Wissen und insbesondere die Fähigkeit zur kumulativen kulturellen Evolution, die ähnlich wie ein Wagenheber dazu beiträgt, kulturelle Lernprozesse zu stabilisieren und von Generation zu Generation weiterzureichen. Diese besondere soziokulturelle Konstellation sieht Tomasello schließlich auch bei der Entwicklung der menschlichen Kognition am Werk. Sie entwickelt sich nicht unabhängig und losgelöst von den Mitmenschen und der sozialen Umwelt, sondern ist ganz im Gegenteil konstitutiv auf das Mitwirken der Mitmenschen, auf die Übernahme und individuelle Aneignung von kulturellen Wissensbeständen angewiesen. Voraussetzung für die Herausbildung der spezifisch menschlichen Kognitionsleistungen und des menschlichen (Selbst-)Bewusstseins ist nach Tomasello demnach nicht die besondere biologische Konstitution des Menschen *per se*, sondern der biologisch angelegte Zwang zur individuellen Aneignung kollektiv geteilter Wissensbestände und zur Sozialisation: Wir alle sind in eine Welt hineingeboren worden, die uns in Form von Sprache, Regeln und Institutionen zunächst äußerlich und vorgegeben war und die wir uns aneignen mussten. Dies wiederholt sich von Generation zu Generation.

Dabei spielt nach Tomasello vor allem auch die Fähigkeit zur Perspektivenübernahme eine entscheidende Rolle, das heißt die Fähigkeit, sich in andere hineinzuversetzen und die Intentionen von anderen zu erkennen und interpretieren zu können – eine Fähigkeit, die den Menschen nach Ansicht von Tomasello von allen anderen sozialen Tieren und Menschenaffen prinzipiell unterscheidet. Der wesentliche Unterschied zwischen Menschen und Menschenaffen liegt darin, dass Menschen viel stärker in der Lage sind, die Intentionen anderer Menschen zu verstehen und sich in die Perspektive eines anderen zu versetzen (Tomasello 2002). Wir verfügen auf diese Weise über ein großes Vermögen zur Empathie. Daraus resultieren sogenannte geteilte Intentionen, das heißt wir verfolgen mit anderen zusammen

Unternehmungen in gemeinsamer Absicht. Die Fähigkeit von Menschen, gemeinsam spazieren zu gehen, ist keine Trivialität, sondern setzt eine gemeinsame Absicht voraus. Und dies erklärt wohl auch unseren größeren Sinn für Kooperation und Normen wie Fairness und Gerechtigkeit ,als ihn Menschenaffen in Experimenten und freier Wildbahn zeigen. Menschen agieren miteinander häufig im Modus der Wir-Intentionalität, indem sie gemeinsam ein Ziel verfolgen, Menschenaffen sind dagegen dem Ich-Modus verhaftet. Selbst geteilte Wahrnehmungen (also das Wissen darum, dass ein anderer wahrnimmt, was ich wahrnehme) kann laut Tomasello bei Primaten nicht nachgewiesen werden.

So ist denn auch die Forschung zum Altruismus in den letzten Jahren von Studien aus der evolutionären Anthropologie und Primatenforschung bereichert worden. Dabei stellt sich heraus, dass Geschenke (von Nahrung etwa), die der Empfänger nicht erbeten hat und die der Geberin keinen Gewinn einbringen, bei den Menschenaffen nicht vorfindbar sind, obwohl es viele Handlungsweisen bei Schimpansen gibt, die dem Modell recht nahe kommen. Doch letztlich finden wir hier zumeist nur die Verhaltensform des reziproken Altruismus, der beiden involvierten Parteien nützt. Im Unterschied dazu zeigen Menschen eine natürliche Neigung zu Hilfestellungen, die nicht darauf beruht, im Gegenzug etwas dafür zu erhalten. Menschlicher Altruismus ist kein reziproker Altruismus. Michael Tomasello spricht gar von einer natürlichen (also biologischen) menschlichen Neigung des Menschen zum Altruismus. In Experimenten zeigte sich, dass noch wenig sozialisierte Kleinkinder im Alter von ca. ein bis drei Jahren sich sehr hilfsbereit und kooperativ zeigen (im Unterschied zu Schimpansen etwa, die über ähnliche kognitive Fähigkeiten verfügen wie Dreijährige), und zwar aus intrinsischer Motivation (Tomasello 2014). Sie helfen Erwachsenen bei einer Vielzahl von Problemen, etwa ihnen Gegenstände zu geben, die sich außer Reichweite befinden oder Türen zu öffnen, wenn diese einen Stapel Bücher tragen. Belohnungen gab es für dieses Verhalten nicht. Wiederholte

Belohnungen für Hilfeleistungen unterminieren diese sogar, da ab einem gewissen Punkt dann nur noch für den Erhalt extrinsischer Belohnungen geholfen wird. Diese nahezu uneingeschränkte Kooperationsbereitschaft verändert sich im Laufe der weiteren Sozialisation und verschiebt sich hin zu erwarteten Gegenleistungen für Hilfe oder hin zu einer Orientierung an internen Gruppennormen. Tomasello geht also davon aus, dass die heute bei Kleinkindern beobachtbaren Kooperationsformen die frühesten kollektiven Aktivitäten der Menschheitsgeschichte (wie das Jagen von Großwild oder das Sammeln von Früchten) widerspiegeln. Die im Verlauf der individuellen Entwicklung zunehmende Orientierung an Gruppennormen und -kulturen ist wiederum typisch für Menschen. Sie zeigen eine große Neigung zur Gruppenkonformität, setzen Normen gegeneinander durch und verinnerlichen diese (Menschenaffen kennen weder Schuld noch Scham). Daraus resultiert aber auch eine Spannung zwischen Ingroup- und Outgroup-Mitgliedern, die sich stärker als bei den nichtmenschlichen Primaten in Aggressionen gegen fremde Gruppen zeigt (Bowles 2006). Solidarität und Konformität im Innern von Gruppen gehen also in der Menschheitsgeschichte bisher häufig Hand in Hand mit gelegentlichen kriegerischen Auseinandersetzungen mit Fremden.

Den Ursprung menschlicher Pro-Sozialität sieht Tomasello in der Abhängigkeit menschlicher Gruppenmitglieder voneinander. Nahrungssuche und Jagd machten Kooperation unerlässlich; auch teilten sich die menschlichen Vorfahren ihre Nahrung, während die anderen Primaten hauptsächlich miteinander um Nahrung konkurrieren. Dadurch, dass man auf die anderen im Zuge der Nahrungssuche und Jagd angewiesen war, wurden die Partner wertvoll und man kümmerte sich umeinander. So schließt Tomasello daraus denn auch kurz und bündig: Aus gegenseitiger Abhängigkeit – also Interdependenz – erwächst Altruismus (Tomasello 2014: 192).

Doch ist Interdependenz nicht nur im Bereich der Nahrungssuche zu beobachten. Sarah Blaffer Hrdy (2010) hat in einer berühmten Studie gezeigt, wie zentral das kooperative Aufziehen der Kinder für die Herausbildung von Empathie und Pro-Sozialität war. Mit Ausnahme des Menschen ziehen bei allen Menschenaffenarten die Mütter ihren Nachwuchs fast ausschließlich alleine auf. In menschlichen Gesellschaften werden die Mütter hingegen von Dritten (Vätern, Großeltern, Geschwistern und auch Nicht-Verwandten) bei der Aufzucht ihrer ungewöhnlich langsam heranreifenden Kinder unterstützt. Kompetenzen des Verstehens, Teilens und der Fürsorge sind aus dieser spezifischen Kooperationsform erwachsen. Denn die Erwachsenen mussten lernen, die Gefühle, Bedürfnisse und Intentionen der Kinder zu verstehen, und umgekehrt versuchen die Kinder, die Intentionen der Mutter und deren Helfer zu verstehen und zu bewerten. Mit einem Wort: Beide Seiten mussten im Verlauf der Evolution lernen, Intentionen und Verhalten aufeinander abzustimmen. Gelang dies nicht, verringerten sich unter dem starken Selektionsdruck die Überlebenschancen der Kinder. Feinfühligkeit und Affektabstimmung zahlten sich evolutionär gesehen also aus.

Die divergierenden Einschätzungen de Waals und Tomasellos zur Kontinuität oder Divergenz von Empathiefähigkeiten zwischen Primaten und Menschen können hier nicht entschieden werden. Zentral ist in unserem Zusammenhang denn auch primär das von beiden geteilte Argument, dass Menschen ultrasoziale Wesen sind, die geradezu auf Kooperation gepolt sind. Die Meinungsverschiedenheiten zwischen den beiden Forschern sind allerdings auch auf einen unterschiedlichen Fokus zurückzuführen. De Waal interessiert sich stärker für die basale emotionale Seite der Empathie, die kaum von emotionaler Ansteckung abgrenzbar ist. Tomasello thematisiert hingegen höhere Formen sozialer Kognition, insbesondere geteilte Intentionen. Die Kontinuität im Tierreich bezieht sich so gesehen auf die basale Empathie bzw. emotionale Ansteckung, während offenbar komplexe Formen der Empathie und sozialer Kognition dem Menschen vorbehalten sind.

In welchem Verhältnis stehen nun die oben diskutierten Themen von prä-reflexiven Gewohnheiten, unmittelbaren emotionalen Erfahrungen, pro-sozialen Neigungen, Altruismus, Empathie und affektiv verschränkter Intersubjektivität zu denen von Reflexion, Intelligenz sowie intendiertem und gesteuertem sozialem Wandel? Dewey und Mead ging es ja nicht primär und alleinig darum aufzuzeigen, wie stark Menschen von diesen vorsymbolischen und nichtkognitiven Dimensionen des Handelns und der Handlungskoordination geprägt sind. Sie interessierten sich vielmehr dafür, wie diese Kompetenzen aufs Engste mit der Kreativität des Handelns und den Möglichkeiten einer radikaldemokratischen Umgestaltung von Gesellschaft zusammenhängen können.

John Deweys politische Philosophie ist ja getragen von der pragmatistischen Vorstellung, dass nicht die rein individuelle geistige Konfrontation eines Subjekts mit einem Objekt zur Erkenntnis der Wahrheit führt, sondern dass Wahrheitssuche kooperativ vollzogen werden muss und der Bewältigung realer Handlungsprobleme dient. Die uneingeschränkte kooperative Kommunikation von Wissenschaftler/innen dient Dewey als Modell für die Lösung von sozialen und politischen Problemen, was eine interessante Parallele zu dem evolutionären Kooperationsmodell Tomasellos darstellt. John Dewey gilt dabei als *der* Philosoph der Demokratie (Bernstein 2010). Man könnte in Abwandlung einer Redeweise von Jürgen Habermas auch sagen, dass Dewey zufolge Demokratie der menschlichen Lebensform als Telos innewohnt. Prägnant hat er dies in *Die Öffentlichkeit und ihre Probleme* (1996: 129) formuliert: »Als Idee betrachtet, ist die Demokratie nicht eine Alternative zu anderen Prinzipien assoziierten Lebens. Sie ist die Idee des Gemeinschaftslebens selbst. Sie ist ein Ideal im einzig verständigen Sinn eines Ideals: nämlich die bis zu ihrer äußersten Grenze getriebene, als vollendet und vollkommen betrachtete Tendenz und Bewegung einer bestehenden Sache.« Dewey begreift demokratische

Werte als etwas, das nicht gegen die »menschliche Natur« durchgesetzt werden muss, sondern den kooperativen Neigungen des Menschen entspricht. Deweys Glaube an die Demokratie beruht auf einem Glauben an die Möglichkeiten, die in der menschlichen Natur liegen. So wie die Natur des Menschen nicht determiniert ist, so ist auch die Demokratie konstitutiv indeterminiert (vgl. Chanial 2002). Dewey hat somit kein fixiertes Verständnis der »menschlichen Natur«, auch begeht er keinen naturalistischen Fehlschluss – aus dem Sein das Sollen abzuleiten liegt ihm fern.

Dass eine aktuelle Weiterführung dieser Programmatik nicht in einen naturalistischen Reduktionismus führen muss, zeigen Arbeiten des Philosophen Philip Kitcher (2011, 2012). Unter dem Label »pragmatischer Naturalismus« betrachtet er Altruismus und moralische Normen als evolutionär entstandene Mechanismen der Handlungskoordination. Dabei zielen seine Überlegungen vornehmlich auf die moraltheoretischen Konsequenzen eines pragmatistisch verstandenen Naturalismus. Hieran anschließend lässt sich die These formulieren, dass soziale Kooperation und Demokratie nicht nur evolutionär entstandene, sondern auch normativ wertvolle Potenziale des Menschen darstellen. Dies bedeutet nicht, dass sich die Moral direkt aus unserem evolutionären Erbe der Ultrasozialität ableiten ließe. Aber letztere legt einige Verhaltensweisen motivational näher als andere. Denn wie Dewey und Tufts (1932) herausstellen, erwachsen moralische Konzepte und Prozesse natürlich aus den Bedingungen des menschlichen Lebens. So machen de Waal und Collins zu Recht darauf aufmerksam, dass die Neigung zur Empathie und emotionalen Synchronisierung das Töten von anderen Menschen erschwert.

Doch zur Moral wird menschliches Handeln erst dann, wenn ein Verständnis von Zukunft vorhanden ist, wenn man sich gegenüber den eigenen Wünschen reflexiv verhalten kann, wenn Gründe (und nicht nur Wünsche, Instinkte oder Emotionen) das Handeln anleiten können. Dies war natürlich schon Immanuel Kants zentrale Forderung: Man soll das Gute nicht nur tun, wenn es einem leichtfällt und Freude bereitet; man soll auch seine moralische Pflicht erfüllen, wenn das moralisch Geforderte schwerfällt und den eigenen Neigungen widerspricht. Es kommt also nicht nur darauf an, friedliche Absichten zu haben oder friedlich zu handeln, sondern die eigenen Absichten und Handlungen zu bewerten, sich reflexiv zu ihnen zu verhalten, sich ihnen auch teilweise zu widersetzen und in diesem Sinne (nach Kant) normative Selbstbestimmung auszuüben. Der evolutionär entstandene Hang zum psychologischen Altruismus ist damit zwar notwendig für die Herausbildung menschlicher Moral, jedoch nicht hinreichend (Kitcher 2011). Diese Neigung ist noch prä-ethisch, da sie nicht auf regelgeleitetem Handeln beruht. Es braucht unparteiische Beobachter (Adam Smith) oder generalisierte Andere (George Herbert Mead), aus deren Warte wir zu schwache altruistische Neigungen korrigieren können oder widerstreitende altruistische Impulse einer Entscheidung zuführen können. Erst wenn man sich aufgrund einer moralischen Regel gegen die Umsetzung eines Handlungswunsches entscheiden kann, betritt man den Raum der Ethik (Kitcher 2012).

So lässt sich zusammenfassen, dass die »menschliche Natur« (ultra-)sozial ist und die Wurzeln menschlicher Ethik in eben diesen sozialen Eigenschaften und Verhaltensweisen liegen (die wir auch zum Teil mit den Primaten teilen). Doch leitet sich eine Ethik der Unparteilichkeit, also die Fähigkeit, die eigenen Handlungen aus der moralischen Perspektive der anderen zu bewerten und zu fragen, ob sie auf verallgemeinerbaren Regeln beruhen, nicht von unserer sozialen Natur ab (Singer 2011). Es gibt keine evolutionär angelegte Neigung des Menschen zur Unparteilichkeit, die uns etwa veranlassen würde, die Interessen fremder Gruppen mit zu berücksichtigen. Doch gibt es ebenso wenig eine starke Neigung zu Egoismus oder Amoralität. Der Mensch ist eben nicht dem Menschen ein Wolf (Hobbes). Die anthropologisch bedingten Möglichkeiten und Grenzen der Moral zu identifizieren, ist aus der Sicht von Deweys Naturalismus nicht belanglos: Moralische und politische

Probleme lassen sich ohne Kenntnis der natürlichen wie sozialen Tatsachen nicht adäquat beschreiben oder lösen. Zwar ist die Sein-Sollen-Dichotomie nicht aufzulösen, doch fließen in jede Beschreibung des Sollens auch empirische Beschreibungen ein.

Doch Deweys Naturalismus hat eine weitere Stoßrichtung, die in der umgekehrten These besteht, dass in jede empirische Beschreibung von Fakten auch normative Annahmen und Wertungen einfließen. Es gibt für Dewey keine wertneutrale Beschreibung der Welt. Dieser Deutung hat sich auch der amerikanische Philosoph Hilary Putnam angeschlossen: Für ihn durchdringen Werte und Normativität alle Formen der Erfahrung (Putnam 2002). Die Verschränkung von Tatsachen und Werten ist der Grund dafür, dass es für Dewey und Putnam keine neutralen Konzepte von Wissenschaft und Rationalität geben kann. Dem Pragmatismus zufolge ist Wissenschaft mithin eine menschliche Handlungsweise, die auf die Überwindung problematischer Situationen zielt und daher immer und notwendig an sozialen Zielen und Werten orientiert ist. Damit wird der Dualismus von Fakten und Normen auch aus anderer Richtung hinterfragt: Wissenschaftliche Erkenntnisse sind immer an soziale Praktiken und die damit verbundenen Wertvorstellungen geknüpft, und das Sein kann nicht unabhängig vom Sollen beschrieben werden.

Was heißt dies nun konkreter? Deweys Arbeiten sind von einem Demokratieideal durchzogen, das auch seine empirischen Analysen durchtränkt. Hier gibt die Natur also nicht das Sollen vor (dies kann unter nachmetaphysischen Bedingungen des Philosophierens auch nicht gerechtfertigt werden), sondern die eigenen Praktiken und Wertungen leiten die analytische Begriffsbildung und empirische Forschung an. Deweys Arbeiten sind also von einem ethischen Ideal durchzogen, das einerseits bestimmte Fakten überhaupt erst sichtbar macht, das aber zum anderen nie der Kontroverse enthoben werden kann. In diesem Sinne ist auch das vorliegende Buch zu verstehen: Es geht um eine Archäologie der Gabe, die die Gabe immer schon in den modernen normativen Rahmen von Freiheit, Gleichheit und Brüderlichkeit stellt. Es geht um eine Theorie der Gabe im Kontext radikaler Demokratievorstellungen.

Dewey gewinnt seine Vorstellungen radikaler Demokratie aus der Interpretation des wissenschaftlichen Forschungsprozesses. Nur kooperative Interaktion sowie inklusive und transparente Diskurse ermöglichen wissenschaftlichen Fortschritt, da nur so die Kreativität, die Meinungen, das Problembewusstsein und das Experimentieren vieler Personen auf eine Weise integriert werden können, dass neue Erkenntnisse entstehen. Daraus ist in der politischen Philosophie immer wieder der Versuch abgeleitet worden, nicht nur das Prinzip der Kooperation im Bereich der Wissenschaft epistemisch zu begründen, sondern auch die Kooperation im Rahmen der Demokratie. Ein freies Sammeln unterschiedlicher Meinungen würde im Sinne einer kollektiven Wahrheitssuche auch die besten politischen Entscheidungen und Ergebnisse mit sich bringen. So hat Hilary Putnam (1992) den Deweyschen Gedanken, dass Demokratie nicht nur eine Lebensform neben anderen ist, damit begründet, dass nur durch demokratische Verfahren das menschliche Vermögen zur Problemlösung voll entfaltet werden kann. Hier ist nicht der Ort, die Stichhaltigkeit einer epistemischen Begründung der Demokratie zu überprüfen. Als zentral erachte ich es herauszustellen, wieso Dewey in diese Richtung argumentiert: Von den Konsequenzen her gesehen sind demokratische Problemlösungsprozesse geeignet, gute Entscheidungen zu produzieren. Ethisch gesehen verschränken sich in der demokratischen Problembearbeitung die Steigerung sowohl individueller als auch kollektiver Problemlösungskapazitäten. Für Dewey können wir alle davon profitieren – als Individuen wie als Kollektiv –, wenn wir kooperieren. Individuelle und kollektive Kreativität bedingen sich für ihn wechselseitig. Und um dieses ethische Ideal von individuellem wie auch kollektivem Wachstum geht es Dewey schließlich, so dass aus dem epistemischen Ideal wiederum ein ethisches erwächst. Individuelle Selbstverwirklichung ist für Dewey nur im Rahmen demokratischer

Partizipation zu denken. Individuelle Identitätsentwicklung und Selbstverwirklichung beruhen auf sozialen Interaktionsprozessen. Und wir werden sehen, dass sich dieses Argument sogar auf die Interaktion mit nichtmenschlichem Leben ausdehnen lässt bzw. dass man diese Ausweitung sogar vornehmen muss, um ein Überleben auf der Erde zu sichern (siehe Kapitel 9).

Wir befinden uns immer schon in Assoziation miteinander, das nichtsoziale Wesen Mensch ist eine bloße Fiktion. Allerdings gilt es, sich die Assoziation anzueignen und zu einem individuellen Mitglied einer Gemeinschaft zu werden, das die Beiträge anderer zur Kooperation schätzt und dessen Beiträge reziprok von den anderen wertgeschätzt werden. Ein wechselseitiges Geben und Nehmen verleiht den Individuen einerseits einen Sinn für die Gemeinschaft und andererseits für die individuellen Beiträge zum Gelingen des Gemeinschaftslebens. Und den Begriff der Gemeinschaft gilt es, immer weiter auszudehnen: universalistisch alle Menschen umfassend sowie zunehmend auch das nichtmenschliche Leben in die Assoziationen einbeziehend.

Kooperation ist bei Dewey nicht scharf von anderen Formen des Handeln abgetrennt. Jürgen Habermas (1981) zieht bekanntlich eine klare Trennlinie zwischen dem instrumentellen oder strategischen Handeln einerseits und dem kommunikativen Handeln andererseits. Eine ähnliche Differenzierung gibt es in Hannah Arendts Buch *Vita Activa*, in dem sie den Typus des genuin politischen Handelns herausarbeitet. Dewey markiert hingegen einen Unterschied, der im technischen oder instrumentellen Handeln selbst liegt: Es gibt Handlungen, die auf vorgefertigten Zwecken beruhen, so dass es nur noch darauf ankommt, die passenden und effizienten Mittel gegenüber den vorher entworfenen Zielen zu finden. Und es gibt Handlungsweisen, in denen Ziele in Sichtweite (*ends-in-view*) verfolgt werden (Dewey 2004a; Hartmann 2003). Dabei stehen die Handlungszwecke nicht schon von Vornherein fest, sondern entwickeln und modifizieren sich im Handlungsvollzug und in der Auseinandersetzung mit den Handlungsbedingungen. Erst im praktischen Vollzug nehmen sie eine konkrete Gestalt an, das heißt, dass Zwecke und Mittel sich wechselseitig bestimmen. Das Einkaufen und Kochen nach einem vorgegebenen Rezept im Unterschied zum spontan-kreativen Kochen mit den Zutaten, die man gerade im Haus hat, verdeutlicht den Unterschied.

Mit der Unterscheidung der beiden Varianten des instrumentellen Handelns geht bei Dewey eine unterschiedliche normative Bewertung einher: Dem Modell der vorgängigen Zwecke entspricht die von ihm kritisierte Zuschauertheorie des Wissens. Diese Zuschauertheorie geht auf die griechische Philosophie zurück und beruht auf einem Dualismus von Erkenntnis des Seins und einer niederen Ebene des Handelns und Tuns. Mit diesem ontologischen Dualismus korrespondiert eine Hierarchisierung der Welt: einerseits die Wesensschau der Philosophie, andererseits die »niedrigen« Tätigkeiten wie Kochen, Handwerk und Landwirtschaft. Aus dieser Suche nach Gewissheit entspringt auch die Suche nach ewigen Wahrheiten, nach einem festen Handlungsgrund, nach einer Erkenntnis, die sich aus der Welt des ungewissen Handelns heraushebt. Fixierte Zwecksetzungen haben ihre Wurzel in dieser abendländischen Wahrheits- und Gewissheitssuche. In ihrer Vorgängigkeit und Starrheit sind einmal aufgestellte Zwecke nicht mehr offen für neue Erfahrungen. Ihre vermeintlich metaphysische Verwurzelung prädestiniert sie vielmehr dazu, politisch instrumentalisiert zu werden, getreu dem Motto: Der Zweck heiligt die Mittel. Das Konzept der Ziele in Sichtweite bleibt hingegen erfahrungsoffen. Sich verändernde Bedingungen des Handelns können erkannt werden, und der Strom des Handelns kann sich diesen immer wieder aufs Neue anpassen. Kooperationen, die auf der Basis von Zielen in Sichtweite erfolgen, bleiben erfahrungsoffen und sind von den Beteiligten steuerbar: Alle beteiligten Parteien können sich als Beiträger zu einer Praxis verstehen und auf die Abläufe Einfluss nehmen. Durch die Beteiligung aller an den Zwecksetzungsprozessen ist Deweys Handlungs- und Technikverständnis intrinsisch demokratisch strukturiert. Darauf werden wir zurückkommen, wenn wir nach den Möglichkeiten konvivialer Technik fragen werden (vgl. Kapitel 8).

Gelingt die Kooperation, bekommen die Handlungsakte nicht nur eine Bedeutung, sondern auch eine Bedeutsamkeit. Dewey stellt heraus, dass wir lernen, uns reflexiv in den Blick zu nehmen, wenn wir mit anderen konfrontiert sind, die auf uns reagieren. Während sich der Sozialpsychologe George Herbert Mead dieses Modell eher konflikthaft denkt (seine Beispiele kommen häufig aus dem Boxsport), betrachtet Dewey das Glücken von Kooperation. Es geht ihm um eine gemeinsame Tätigkeit, in der sich eine Erfüllung einstellt, die auf der Übereinstimmung beider Interaktionspartner beruht. Man erfährt Teilhabe und geht in einem Ganzen auf. Die Erfahrung einer glückenden Kooperation ist für Dewey nicht nur instrumentell von Bedeutung, sie ist auch ein Ziel und geradezu ein Selbstzweck. Kooperation ist für Dewey nicht einfach neutral bestimmbar, sie hat für die Handelnden eine positive Bedeutung, einen ästhetischen und ethischen Wert. Im Vergleich zu Habermas lässt sich also sagen, dass das Glücken oder Misslingen von Interaktionen weniger darin besteht, ob man sich sprachlich verständigt, als in der Frage, ob das Zusammenhandeln gelingt oder scheitert. Ein Missverständnis ist für Dewey denn auch weniger ein sprachliches Phänomen als eine Nicht-Übereinstimmung im Handeln. Für Dewey gibt es also eindeutig einen Primat der Praxis vor der sprachlichen Verständigung und einen Primat gelingender Kooperation gegenüber einem »wertneutralen« Konzept von Interaktion.

Zwar können wir jemanden verstehen, ohne dass wir mit ihm kooperieren wollen, doch beruht die sprachliche Verständigung für Dewey letztlich auf der Übereinstimmung im Handeln. So verweisen gemeinsame Bedeutungen immer schon implizit auf die Kooperationswilligkeit von Akteuren. Deweys Bedeutungstheorie ist damit zugleich eine Theorie der Bedeutsamkeit, und sie impliziert einen Vorgriff auf die Kooperationswilligkeit der kommunizierenden Akteure. Die Bereitschaft, an kooperativen

Problemlösungsprozessen (oder anders gesagt: an demokratischen Prozessen) teilzunehmen, beruht darauf, die Kooperationsbereitschaft anderer zu antizipieren, auf diese imaginativ vorzugreifen, also darauf zu vertrauen, dass die anderen ebenfalls kooperieren werden (Hartmann 2003). Vertrauen und mehr noch: die Bereitschaft zu gegenseitiger Unterstützung sind bei Dewey intrinsisch mit dem Kooperationsgedanken verbunden. Ohne die »Vorleistung« des Vertrauens (in meiner Sprache: ohne die Gabe) sind viele Kooperationsformen nicht möglich. Diese ethisch gefärbte Einsicht erinnert stark an die Mausssche Logik der Gabe, wenngleich Dewey zu diesem Themenfeld niemals Verbindungen herstellte.

Riskantes Vertrauen ermöglicht also Kooperationsformen, die ohne diese Form des »Glaubens« nie zustande kämen. Wir vertrauen dem anderen, wissen aber nicht, ob er oder sie das Vertrauen erwidern oder missbrauchen wird. Vertrauen hat so eine welterschließende und -transformative Kraft, die in ähnlicher Weise schon der eher psychologisch orientierte Pragmatist William James (1842–1910) in seinem berühmten Text »Der Wille zum Glauben« (1897) beschrieben hat. James spricht vom Glauben und versteht darunter eine Neigung zum Handeln. Ein lebendiger Glaube liegt erst dann vor, wenn man bereit ist, unwiderruflich zu handeln, und zwar in Bezug auf Dinge von Bedeutsamkeit. Es geht also eine motivationale und affektive Kraft vom Glauben aus. (Man möge hier versuchsweise »Glaube« durch Deweys »Vertrauen« oder Mauss' »Gabe« ersetzen.) Und diese Kraft richtet sich auf ungewisse Dinge, Akteure oder Handlungen. Doch der Glaube vermag das, woran geglaubt wird, überhaupt erst hervorzubringen. Er hat also im Vorgriff auf die Zukunft eine performative Kraft, diese Zukunft wirklich werden zu lassen. Das beste Beispiel ist die Liebe: Wollte man erst lieben, wenn es eine objektive Evidenz der Liebe des anderen gibt, wird diese Liebe wohl niemals eintreten – auf keiner der beiden Seiten. Glaube, Vertrauen und Gabe, sie konstituieren eine als-ob-Beziehung zu einem Anderen, der das Als-ob möglich macht und wirklich werden lassen kann. Das heißt auch, dass die wertvollsten Bindungen und Güter nur entstehen können, wenn man einen Sprung ins Ungewisse wagt und existenzielle Bindungen eingeht, ohne den Beweis zu haben, dass sich das eingegangene Risiko lohnt.

Kommen wir zum Abschluss noch mal auf Deweys Konzept der Primärerfahrung zurück. Diese stellt ja ein holistisches Ganzes dar, erst in der Reflexion lässt sich die Erfahrung in verschiedene Komponenten (Wahrnehmung, Bewertung, Kognition etc.) zerlegen. In der Primärwahrnehmung sind Erkennen und Bewerten aufs Engste miteinander verzahnt. Axel Honneth (2003), in den letzten Jahrzehnten einer der prominentesten Vertreter der Frankfurter Schule, hat diesem Phänomen eine weiterführende Wendung gegeben. Er interpretiert die Säuglingsforschung von Stern als Beleg für die These, dass sowohl der Säugling als auch der Caregiver im Modus der Affektkoordination den Gestiken und Mimiken von Liebe und Fürsorge eine besondere Bedeutung beimessen: Man erkennt sich wechselseitig als menschliche Wesen und erkennt sich zugleich an. Man erkennt nicht erst kognitiv den Säugling in seiner Hilflosigkeit und wendet sich ihm dann fürsorglich zu. Erkennen, Anerkennung und Fürsorge werden zugleich und in einem Akt vollzogen. Die befürwortenden Äußerungen der Eltern stellen symbolisch verkürzt Handlungsvollzüge von Fürsorge dar und stimulieren den Säugling zu reziproken Reaktionen. Honneth will damit zeigen, dass entwicklungspsychologisch das identifizierende Erkennen einer Person nicht dem Anerkennen einer Person vorausgeht. Beim Säugling ist es geradezu umgekehrt: Der Säugling erschließt sich zuerst die werthaften Expressionen im Gesicht und in der Stimme des Caregivers, bevor er später in seiner Entwicklung zu einem distanzierten kognitiven Erfassen der Umwelt in der Lage ist.

Nicht nur entwicklungsgeschichtlich, auch begrifflich gibt es für Honneth einen Vorrang des Anerkennens gegenüber dem Erkennen, denn die Entstehungsbedingungen des kindlichen Anerkennens und Erkennens behalten ihre Relevanz auch für die Welt des Erwachsenen. Wenn wir davon ausgehen, dass

Subjekte existenziell in ihre Umwelt eingebunden sind, dann bedeutet das Verstehen des Anderen nicht ein abstraktes Wissen über dessen Gedanken, sondern Verstehen bedeutet Anteil nehmen (Honneth 2005). Die Empfindungen anderer zu verstehen gelingt nur, wenn man die Verhaltensäußerungen der anderen Person als Aufforderungen an die eigene Person betrachtet. Sie erbittet etwas von mir, fordert mich zu etwas auf. Erst wenn ich dies wahrnehme, kann ich den Anderen empathisch verstehen, und zugleich erkenne ich ihn dadurch an. Diese Form der existenziellen Anerkennung geht den gehaltvolleren Anerkennungsformen (jemanden für etwas Bestimmtes wertschätzen) voraus. Das begriffliche Denken steht dabei nicht in einem strikten Gegensatz zur Anteilnahme, doch wenn es sich von der Anteilnahme komplett ablöst, betrachtet man den Anderen nur noch als empfindungsloses Objekt – damit verdinglicht man sie oder ihn. Auf diese Weise geht ein Verlust einher, nämlich die Äußerungen des Anderen als Aufforderungen, Fragen, Gaben und Herausforderungen zu sehen. Man kann die Andere zwar kognitiv erfassen, wird aber nicht durch sie affiziert, die Verbundenheit fehlt. Der Primärerfahrung der Anderen (Dewey) liegt konstitutiv eine Form von Anerkennung zugrunde, oder mit Dewey ausgedrückt: eine Wertung, die über sich hinaus auf eine mögliche Kooperation zwischen den beiden Personen weist.

Wir haben also ein Modell menschlichen Handelns gefunden, das davon ausgeht, dass Handlungen zumeist eine präreflexive und gewohnheitsmäßige Basis haben und Reflexion in problematischen Handlungsphasen auftritt. Dies wurde mit einer Theorie der Affektivität verbunden: Wir befinden uns nie in einem affektneutralen Raum; Wahrnehmen und Handeln haben immer eine wertende Seite, die uns durch Emotionen machtvoll vor Augen geführt wird. Dabei sind wir auf der Ebene von Handlungen permanent in eine affektive Logik der Gabe eingebunden. Jegliche Situation ist beschreibbar als eine Konstellation des Gebens und Nehmens von Aufmerksamkeit,

Ressourcen, Zuwendungen etc., und zwar in einem positiven oder in einem negativen Sinne. Gaben können verankert in Gewohnheiten vorliegen, und damit präreflexiv unter dem Radar der Aufmerksamkeit liegen, oder sie können deutlich sichtbar vorliegen. Dies ist besonders immer dann der Fall, wenn Situationen Reflexion und Problemlösungen erfordern.

In unserer Neigung zum Geben manifestiert sich eine Kooperationswilligkeit, die wir (mit Dewey) als demokratische Tendenz zur kooperativen Problemlösung normativ auszeichnen können. Dabei gibt es eine ursprüngliche menschliche Neigung zum Geben, die auch auf unserem phylo- und ontogenetischen Erbe gründet, auf Ultrasozialität und Kooperation gepolt zu sein – der Mensch ist ein *homo donator*. Wir sind bereit, Risiken auf uns zu nehmen, denn die Gabe hat immer eine unsichere Seite und in ihr drückt sich aus, dass wir so tun, als hätten wir schon eine verlässliche Kooperationsbasis, die doch erst geschaffen werden muss. Dabei stellt die Gabe performativ überhaupt erst Kooperationsmöglichkeiten her – sie fingiert soziale Ordnung, um sie wirklich werden zu lassen. Wir können aus meiner Sicht auch so weit gehen zu behaupten, dass in jeder Interaktionssituation mögliche zukünftige Kooperationen ausgelotet werden. Andere erkennen wir nicht nur als Andere, wir haben eine aus unserer menschheitsgeschichtlichen Herkunft und frühkindlichen Sozialisation herrührende ursprüngliche Tendenz, sie dadurch zugleich anzuerkennen und uns ihnen gegenüber zu öffnen – und dies heißt, wir geben ihnen im Modus primärer Intersubjektivität Anerkennung und setzen implizit auf Vertrauen und Kooperation.

5. Die Register der Gabe

Bis hierher wurde die These vertreten, dass es eine menschliche Neigung zur Gabe gibt, die sich nicht normativistisch und utilitaristisch erklären lässt. Gaben enthalten Momente des Überschusses und der Unbedingtheit, die konstitutiv sind für das Hervorbringen von Sozialität. Am Grund des Sozialen liegen damit Nicht-Äquivalenzen und Asymmetrien. Denn Geben ist nicht auf den Tausch von äquivalenten Werten zurückführbar. Außerdem sind die Alternativen Geben vs. Nehmen und Anerkennen vs. Missachten nicht gleichwertig und gleichursprünglich. Menschliche Handlungsweisen zeigen einen Primat gelingender Kooperation. Es besteht eine unmittelbare Neigung zu Kooperation, Anerkennung und Gabe – ohne eine solche käme keine Sozialität zustande. So ist die Spontanität von Akteuren komplett vereinbar mit einer prosozialen Impulsivität. Menschen zeigen nicht nur egoistische spontane Handlungsimpulse. Gaben können also innerhalb von Gemeinschaften und zwischen Gemeinschaften in Form von nichtagonistischen und agonistischen Gaben für Kooperation sorgen. Die Kooperation verlässt sich dabei in konkreten Praktiken auf sich selbst. Es soll nun eine wichtige Unterscheidung eingeführt werden, die auf die Diskussion von nichtagonistischen und agonistischen Gaben zurückzuführen ist. Ich differenziere zwischen alltäglichen und außeralltäglichen Gaben. Letztere spielen in Situationen des Konflikts und der Interkulturalität eine besondere Rolle.

Alltägliche und außeralltägliche Gaben

Alltägliche Gaben werden häufig gar nicht als Gaben betrachtet. Sie laufen in Interaktionen implizit mit, bleiben im Hintergrund und werden von den beteiligten Akteuren auch nicht als Gaben benannt und gerahmt. Sie beruhen auf praktischem Können und implizitem Wissen (vgl. Adloff/Kaldewey/Gerund 2015). Nur wenn die Routinen nicht greifen, wird das zuvor Implizite expliziert. Zu denken ist hier an die Vielzahl von Praktiken und Routinen, die in einer gemeinsam geteilten Kultur alltäglich vorkommen. Wir grüßen uns, betreiben *turn taking* in Gesprächen, tun uns gegenseitig kleine Gefallen, helfen bei Störungen des Alltags aus, achten darauf, dass der Andere sein Gesicht wahren kann, übersehen Missgeschicke, helfen einander in vielerlei Weise aus. Die Wertschätzungen, die man einander gibt, die gemeinsame Aufmerksamkeit, die Synchronisierungen von Gesprächen und Körperbewegungen bleiben zwar im Hintergrund der Aufmerksamkeit, sind aber als Gabe aufzufassen. Diese impliziten und alltäglichen Gaben tragen ebenfalls ein Risikomoment in sich und sind von einem Moment der Unbedingtheit gekennzeichnet, was häufig übersehen wird.

Höflichkeiten, Grüße und andere Zeichen der Aufmerksamkeit werden eben nicht (im engeren Sinne) *ausgetauscht*. Diese Praktiken folgen der Logik der Gabe. Denn es ist nicht möglich, jemanden zu grüßen unter der Bedingung, dass der oder die andere auch grüßt. Nur ein abgesprochener oder vertraglicher Tausch kann unter der Bedingung stattfinden, dass die andere Person etwas erwidert. Die oben genannten Alltagspraktiken sind allesamt dadurch gekennzeichnet, dass sie nicht ausschließlich konditional erfolgen können. Jemanden anzulächeln unter der Bedingung, dass diese Person auch lächelt, führt nur dazu, dass keiner von beiden lächelt. Auch unser Alltag ist von Ungewissheit gekennzeichnet – wir geben nicht unter der Bedingung, dass die andere auch verspricht, etwas zu geben. Alltägliches Geben kennt das Moment der Bedingungslosigkeit, auch wenn es normalerweise den Akteuren nicht zu Bewusstsein kommt.

Dass bei alltäglichen Gaben der Zeitraum zwischen Gabe und Erwiderung extrem kurz sein kann (etwa beim Grüßen oder beim *turn taking* in Gesprächen) annulliert nicht den Gabencharakter dieser Praktiken, da das Risiko durch die Kürze des Zeitraums nicht eliminiert wird. Man sollte diese alltäglichen Praktiken tatsächlich als Gabe begreifen und nicht einfach nur relativ unbestimmt von Interaktion, Reziprozität oder Wechselwirkung sprechen. Für Georg Simmel bilden die Blicke zweier Personen die Wechselwirkung *par excellence*: Ich blicke jemanden an und bemerke zugleich, wie ich dadurch angeblickt werde. Das Geben und das Empfangen eines Blicks konzentriert sich auf ein- und denselben Zeitpunkt. Diese Wechselwirkung wird zur zeitlich zusammengezurrten Reziprozität auf Basis der Gabe, sofern beide Akteure im selben normativen Register bleiben. Also: Gutes gegen Gutes oder Schlechtes gegen Schlechtes geben. Bei Reziprozität (im Unterschied zur Wechselwirkung) sind solche normativen und affektiven Bewertungen innerhalb desselben Registers zentral. Affektneutralität, wie sie der Begriff der Wechselwirkung impliziert, existiert für Subjekte nicht. Mit dem Geben und Nehmen ist immer eine Wertung verbunden. Gabepraktiken wie sporadische Hilfeleistungen oder das Schenken ziehen dieses punktuelle Geschehen des Blickens zeitlich auseinander, so dass die drei Komponenten von Geben, Annehmen und Erwidern klar sichtbar werden. Auf diese Weise werden Bindungswirkungen über einen längeren Zeitraum entfaltet, so wie Simmel sie für die Dankbarkeit beschrieben hat (Simmel 1992).

Gaben können also implizit gegeben werden, sie beinhalten immer das Geben einer positiven oder negativen Sache (aus Sicht des Gebers und der Empfängerin), und es liegt ihnen ein Moment des Risikos und der Unbedingtheit zugrunde, das sie vom Tausch klar abgrenzt. Auf habitualisierte und präreflexive Weise können so Kooperationen und Bindungen zwischen Interaktionspartnern hergestellt werden. Nur im Moment des

Stockens des Handlungsflusses, also in einer problematischen Handlungssituation, widmet man sich diesen Phänomenen reflexiv. Dann erst fragt man sich: etwas geben oder nicht geben, Gutes oder Schlechtes geben?

Die Situation verschärft sich, wenn aus einer problematischen Situation eine Handlungs- und Interaktionskrise erwächst (vgl. Adloff/Antony/Sebald 2016). Wenn in Situationen von Fremdheit, fehlender Intersubjektivität, von Interkulturalität, gravierenden Konflikten, Misstrauen, fehlenden gemeinsamen Normen und Werten oder von Missverständnissen eine gemeinsame Handlungsbasis wiederhergestellt werden soll, können Akteure dies durch das Überreichen einer außeralltäglichen Gabe bewirken. Außeralltägliche Gaben fungieren als Eröffnungsgaben, die versuchen wollen, wieder eine gemeinsame Welt herzustellen. Ganz so wie Mauss sie beschrieben hat, liegt ihnen ein Test, eine Herausforderung und eine Rivalität zugrunde. Hier ist der Ort der agonistischen Gabe, die eine Antwort auf die Frage provozieren will: Krieg oder Frieden? Außeralltägliche Gaben sind eindeutig für die beteiligten Akteure als Gaben gerahmt, und ihr Risiko ist allen Beteiligten bewusst. Darin liegt denn auch ihre »Größe« begründet. Man geht bewusst das Risiko ein, eine Gabe zu geben, ohne dass klar wäre, ob sie positiv erwidert werden wird. In dieser Art von Herausforderung zeigt sich der Versuch, das »Spiel« der Kooperation wieder aufzunehmen. Dabei liegt die Herausforderung objektiv in Form einer gegebenen Sache vor, es wird *etwas* gegeben, das die Aufmerksamkeit beider Parteien als ein Drittes auf sich zieht. In diesem Sinn schafft die herausfordernde Gabe wenigstens für diesen einen Moment der gemeinsamen Aufmerksamkeit auf die Gabe eine gemeinsame Welt, auch wenn alter ego die Gabe natürlich auch ablehnen kann.

Vertrauen, Kooperationsmöglichkeiten und gegenseitige Verstehbarkeit sollen auf diese Weise anvisiert und wieder hergestellt werden. Außeralltägliche Gaben versuchen, Bindungen und Verpflichtungen zu schaffen, die nicht einfach vorausgesetzt werden können. Sie sind normativierend und simulieren eine kooperative Sozialität, ohne sie schon als garantiert voraussetzen zu können, mit dem Ziel, sie dadurch aufzubauen. In der außeralltäglichen Gabe wird so getan, als ob man sich aufeinander verlassen könnte. Es wird eine Vorleistung geliefert, die auf eine mögliche kooperative und gemeinsame Ordnung abzielt und vom Anderen allerdings noch anerkannt und ratifiziert werden muss. In dieser Gabe transportiert der Geber seine Freiheit – er könnte ja auch misstrauisch auf die Eröffnungsgabe verzichten. Damit transzendiert diese Gabe bestehende Verpflichtungen, transportiert die Freiheit und Größe des Gebers, fordert die Andere heraus. Sie kann das Angebot annehmen oder ablehnen – es ist eine Beziehung zweier Freiheiten.

Solch eine Gabe transportiert die Person und Fremdheit der Geberin und gibt Ausblick auf eine gemeinsame Welt der Kooperation, die zustande kommt, wenn die Gabe entgegengenommen und erwidert wird. Die Freiheit der außeralltäglichen Gabe bindet den Anderen. Damit gleicht diese symbolische Handlung dem zwanglosen Zwang des besseren Arguments bei Habermas, der ja postuliert, dass Verständigung der Sprache als Bindungswirkung innewohnt. Die Gabe schafft Vertrauen, indem etwas riskiert und das Vertrauen des Anderen herausgefordert und geprüft wird. Dieses anomale Geben überschreitet die existierende Ordnung und zeigt einen Überschuss des Gebens über das bisher Gegebene (vgl. Waldenfels 1997). Die außeralltägliche Gabe kommt damit einem Ereignis gleich. Können solche rivalisierenden Gaben im weiteren Handlungsprozess eine gemeinsame Praxis des alltäglichen Gebens etablieren, gelingt es, sie (mit Ricœur gesprochen) in den Friedenszustand oder (mit Graeber gesprochen) in den des nichtagonistischen, kommunistischen Gebens zu überführen. Bei außeralltäglichen Gaben steht die Beziehung auf dem Spiel, es soll eine Vertrauens- und Kooperationsbasis zuallererst kreiert werden, die im Friedenszustand der alltäglichen Gaben schon eine stabile habitualisierte Basis hat. Die Übergänge zwischen beiden Ordnungen der Gabe sind dabei als fließend anzusehen.

Alltägliche Gaben erfolgen im Rahmen eines »Spiels«, das zwischen den Akteuren bereits etabliert ist. Dabei kann man sich darauf verlassen, dass die Teilnehmer/innen das Spiel erstens kennen und zweitens auch den Regeln des Spiels (wenigstens meistens) folgen. Bricht jemand die Regeln punktuell, muss diese Person damit rechnen, sanktioniert zu werden. Die anderen erwidern den Regelbruch mit negativen Reaktionen. Damit wird die Geltung des Spiels jedoch nicht in Frage gestellt. Ein Regelbruch stellt einen Bruch mit regulativen Normen dar, ein fundamentaler Bruch mit der Logik eines Spiels liegt jedoch vor, wenn sich die Akteure nicht an den konstitutiven Regeln des Spiels orientieren. Die Unterscheidung zwischen normativen und regulativen Regeln ist in der Philosophie von Autoren wie Ludwig Wittgenstein, John Austin, John Rawls oder John Searle schon häufiger diskutiert worden (vgl. Rawls 2012). Das Schachspiel wird in diesem Zusammenhang gern zur Illustration herangezogen. Wenn eine Person den Springer absichtlich falsch zieht, um sich einen Vorteil zu erschleichen (sofern der Spielpartner den falschen Zug nicht bemerkt), handelt es sich um einen Bruch mit den regulativen Regeln des Spiels. Ist man jedoch nicht in der Lage, überhaupt Schach zu spielen und verrückt willkürlich die Schachfiguren auf dem Schachbrett, kennt man die regulativen oder konstitutiven Regeln des Schachspiels nicht. Kennt man die konstitutiven Regeln einer spezifischen Praktik (wie die der Wettervorhersage, des Backens, des Marathonlaufs etc.) nicht, ergeben die beobachtbaren Handlungsabläufe keinen Sinn und man kann auch nicht an ihnen partizipieren. Orientiert man sich nicht an den konstitutiven Regeln einer spezifischen Interaktion, werden die Handlungen für die Interaktionspartner/innen unerkennbar und Verstehbarkeit kann nicht hergestellt werden. Kooperation kommt dann nicht zustande. Sofern man eine Regel brechen kann, ohne dass die gemeinsamen Bedeutungen zwischen den Interaktionspartnern und damit die Praktiken insgesamt kollabieren, kann man nicht vom Bruch mit konstitutiven Regeln sprechen. Deshalb sind konstitutive Regeln grundlegender als regulative Regeln. Konstitutive Regeln konstituieren den gemeinsamen Sinn einer Praktik.

Die Bedeutung konstitutiver Regeln für die Etablierung gemeinsamer Praktiken und für das Funktionieren von Kooperation ist in der Soziologie von Harold Garfinkel aufs Eindringlichste vor Augen geführt worden. Garfinkels (1967) Ethnomethodologie arbeitet heraus, wie Kooperation auf dem koordinierten Bezug aller Interaktionsteilnehmer auf konstitutive Regeln beruht. Deshalb spricht Garfinkel häufig auch von Basisregeln, die unterhalb der Ebene von Normen (regulativen Regeln) liegen. Gegen Talcott Parsons' Modell von Wert- und Normenintegration gerichtet zeigt Garfinkel, dass Normen nur als Oberflächenregeln anzusehen sind und man stattdessen nach den Basisregeln des Sozialen suchen sollte. Diese impliziten Basisregeln ermöglichen Handelnden erst einen freien Umgang mit Normen, sie ermöglichen Spiel- und Freiheitsräume sowie Reflexionsprozesse. Um die Basisregeln des Sozialen aufzudecken, wandte Garfinkel bekanntlich seine berühmten Krisenexperimente an. So entwickelte er mit seinen Studierenden Alltagsexperimente, die die tief liegenden Selbstverständlichkeiten alltäglicher Interaktionen aufdecken sollten. Studierende nahmen z.|B. alles wörtlich, verlangten Erläuterungen von Aktivitäten, die allen anderen selbstverständlich vorkamen, verhielten sich in ihren Familien wie Fremde oder unterliefen im Fahrstuhl oder der U-Bahn den gebotenen Körperabstand zu ihren Mitmenschen. Solche Krisenexperimente decken die konstitutiven Regeln von Praktiken auf, gehen also hinab auf die Ebene von Erwartungsstrukturen, die noch unterhalb der Ebene von Normen liegt.

Die amerikanische Soziologin Anne Rawls vertritt die Auffassung, dass Praktiken, die auf konstitutiven Regeln beruhen, in den zeitgenössischen Gesellschaften wichtiger werden, da man sich immer weniger auf geteilte Gemeinsamkeiten wie Kultur, Religion, Nation, Sprache usw. verlassen kann.

Wichtiger wird es stattdessen, dass Akteure in der Lage sind, an Praktiken teilzunehmen, die spezifische implizite Kenntnisse und geteilte Aufmerksamkeiten voraussetzen. Diesen Praktiken liegt Rawls zufolge eine Egalität der Teilnehmer/innen zugrunde, die zu situativen Solidaritäten führen kann. Konstitutive Praktiken kollidieren für sie mit Top-down-Anweisungen und autoritären institutionellen Strukturen, da sie eine moralische und praktische Bindung an wechselseitige Aufmerksamkeiten und Reziprozitätserfordernisse voraussetzen. Die Stabilität sozialer Ordnungen in modernen Gesellschaften ist zunehmend von dieser Bindung an egalitäre Situationserfordernisse abhängig (Rawls 2012).

In früheren Publikationen spricht Rawls (1987, 1990) von einer Interaktionsordnung *sui generis*, die impliziert, dass Face-to-face-Interaktionen zu wechselseitiger Akzeptanz und Rücksichtnahme tendieren. Die auf körperlicher Kopräsenz beruhende Interaktionsordnung beschreibt Rawls als einen Ort der Selbstorganisation und -verpflichtungen, der sich abgrenzt von anderen, stärker institutionalisierten Orten. Die Interaktionsordnung ist für Rawls nicht primär eine normative Ordnung, sondern sie produziert aus sich heraus eine Bindung an Ideale der Reziprozität und Egalität. Die Interaktion erfordert von den Teilnehmern eine thematische Fokussierung und ein Engagement für die Interaktion und die in ihr aufkommenden Themen, sonst bricht sie zusammen oder zumindest fühlen sich die Interaktionsteilnehmer sehr unwohl.

In *Asyle. Über die soziale Situation psychiatrischer Patienten und anderer Insassen* diskutiert Erving Goffman (1973) totale Institutionen wie Psychiatrien oder Gefängnisse und deren systematische und institutionalisierte Angriffe auf das Selbst der Insassen etwa durch Degradierungen und Demütigungen. Dabei kann er zeigen, dass die Insassen alle Möglichkeiten nutzen, ihr Selbst in konkreten Interaktionsordnungen zu verteidigen. Sie versuchen, die Spielräume der Selbstdarstellung aufrechtzuerhalten, persönliche Gegenstände zu behalten, Rückzugsräume zu etablieren, ihr Selbst zu schützen und gegen die

Institution zu verteidigen, die wiederum versucht, die Kontrolle über alle alltäglichen Handlungen auszuüben. Goffman zeigt, »wie schwierig es ist, das Drama des Unterschieds von Personen aufrechtzuerhalten, die in vielen Fällen ihre Rollen vertauschen und auf der anderen Seite mitspielen könnten« (ebd.: 112). Selbst totalen Institutionen fällt es offenbar schwer, die zur Egalität tendierende Interaktionsordnung komplett umzudefinieren. Im konkreten Alltag fällt es den Insassen und dem Aufsichtspersonal teilweise schwer, den von der Institution vorgegebenen unterschiedlichen ungleichen Wert der beiden Personengruppen aufrechtzuerhalten. Dafür braucht es ausgeklügelte institutionalisierte Verfahren, die die Differenz zwischen beiden Gruppen immer wieder aufs Neue festschreiben, denn sonst stellen sich über die Logik der alltäglichen Interaktion Fraternisierungen zwischen Personal und Insassen ein.

Rawls hat zudem eine äußerst interessante empirische Studie vorgelegt, die zeigt, wie Teilnehmer/innen an einer lokalen Praktik partizipieren können, ohne sich auf vorgängige kulturelle Gemeinsamkeiten zu verlassen (Rawls/David 2005). Die Studie beruht auf einer mehrjährigen ethnographischen Studie in einem kleinen Lebensmittelladen in Detroit. In dem Stadtteil wohnen sehr viele verschiedene Ethnien, so dass kulturelle Spannungen vorprogrammiert zu sein scheinen. Interessanterweise kommt es an dem untersuchten Ort fast nie zu Spannungen oder größeren Auseinandersetzungen, da sich der Inhaber wie auch die Kunden auf die Logik des Kaufs und Verkaufs von Dingen des täglichen Bedarfs konzentrieren. Sie zeigen eine starke Bindung an eine spezifische situative Praktik. Es kommt nur zu Konflikten, wenn diese situative Praktik verlassen wird und kulturelle Narrative oder Stereotype über den kulturell jeweils Anderen in die Situation »importiert« werden. Dann kommt es zu gegenseitigen stereotypen Zuschreibungen, die ihren Ursprung außerhalb der konkreten Situation haben und dann auch die Kooperationsbasis unterminieren. In Rawls' Studie kam es bspw. vereinzelt zu rassistischen Stereotypisierungen. Gelingt hingegen die Interaktion, stellt sich eine situative

Solidarität her. Differenzen werden durch das Herstellen gemeinsamer Aufmerksamkeiten und Bedeutungen sowie durch eine gelingende Reziprozität überwunden. Dabei baut sich Vertrauen auf, das allerdings sofort wieder zerstört wird, wenn ein kultureller Attributionsprozess des *othering* einsetzt. Dieses für Interaktionen notwendige Vertrauen wurde schon von Garfinkel als Bedingung von Kooperation erkannt. Wenn Menschen einander vertrauen, sind sie in der Lage, auch komplexe Situationen und Kommunikationsschwierigkeiten zu managen.

Rawls stellt deshalb heraus, dass im Kontext von sozial differenzierten Gesellschaften und Globalisierung Situationen geschaffen werden müssten, die auf konkreten Praktiken des Austausches beruhen, und die nicht primär davon abhängig sind, dass Menschen den gleichen kulturellen Hintergrund teilen. Es sind dann nicht gemeinsame Werte und Normen, sondern die Erfordernisse der Interaktionsordnung selbst, die die Teilnehmer/innen aneinander bindet. Dabei sorgt insbesondere die Reflexivität und Sequenzialität der Interaktion dafür, dass die Praktiken gelingen, da sich alle Redebeiträge aufeinander beziehen müssen. Ob der eigene Redebeitrag verstanden und das Beziehungsangebot angenommen wurde, erkennt man an der Reaktion des Anderen. Auf diese Reaktion kann man wieder reagieren, so dass der Andere erfassen kann, ob er verstanden wurde usw. usf. So beziehen sich in der Sequenzialität der Redebeiträge alle Beiträge reflexiv aufeinander und können zu wechselseitigen Klärungen des jeweils Gemeinten führen. Wechseln sich die Beiträge nicht ab und redet eine Person zu lange, wird ein zu großer Bedeutungsraum geschaffen, der nicht mehr interaktiv eingeengt werden kann. Missverständnisse liegen dann nahe.

Setzt man obendrein noch starke und normativ aufgeladene Narrative – etwa von unterschiedlichen kollektiven Identitäten und ihrem Wert – ein, ist die Gefahr groß, dass man die eigentliche Interaktionssituation gleichsam verlässt und den anderen mit gruppen- und kulturspezifischen Interpretationen konfrontiert, die – in einer interkulturellen Situation – nicht geteilt oder verstanden werden können. Verlässt man auf diese Weise die gemeinsame lokale Praxis, droht schnell ein Clash der Narrative. Die schlimmsten Feinde jeder friedlichen Form des Zusammenlebens – nehmen wir: europäische Rassisten oder die islamistischen Gotteskrieger, die im Nahen Osten Jagd auf ganze Bevölkerungsgruppen machen – stützen sich auf dehumanisierende Ideologien. Man muss die eigenständige Logik und Wirkmächtigkeit solcher Ideologien und Weltbilder ernst nehmen: Dehumanisierende Typisierungen (Abwertungen von Frauen, Juden, Ungläubigen, Schwarzen, Behinderten usw.) sind Ausdruck einer Anerkennungsvergessenheit (Honneth 2005), die zur Verdinglichung und Missachtung anderer Menschen führt, mit dem Ziel, sich selbst aufzuwerten. Solche starken Typisierungen bergen die Gefahr in sich, die Qualität der eigentlichen Interaktionserfahrung zu ignorieren und die Typisierungen der Interaktion geradezu von außen überzustülpen. In Konsequenz verlässt man die anerkennende Haltung gegenüber dem Anderen und betrachtet ihn nur noch wie ein empfindungsloses Objekt. Zwar sehen wir noch die Expressionen der Anderen, doch – wie Honneth (ebd.: 70) betont – »uns fehlt gewissermaßen das Verbundenheitsgefühl, das erforderlich wäre, um von dem Wahrgenommenen auch affiziert zu werden«. Der Umgang des Rechtspopulismus mit Flüchtlingen und Muslimen zeigt aktuell wieder einmal deutlich, wie dehumanisierende Stereotypisierungen Missachtungen anderer hervorbringen und dazu genutzt werden, Ängste zu mobilisieren, die eigene Anhängerschaft zusammenzuschweißen und sich selbst zu erhöhen.

Die Bedeutung, die Rawls den Phänomenen von Vertrauen und Reziprozität in Interaktionen zumisst, ist für unseren Kontext daher sehr wichtig. Rawls hat dabei einen wichtigen Punkt erkannt, sieht aber nicht deutlich genug, dass die von ihr beschriebenen Face-to-Face-Interaktionen von der Bereitschaft der Teilnehmer/innen abhängen, sich selbst in die Situation und die sozialen Beziehungen einzubringen, also eine Gabe darzubieten. Ihr Konzept der Reziprozität übersieht, dass die gemeinsam hervorgebrachten Praktiken zur Bedingung haben, dass die involvierten Akteure ganz selbstverständlich und permanent füreinander Hilfestellungen und Reparaturen anbieten. Diese Kooperationsbereitschaft ist die Bedingung der Kooperation.

Zunächst ist jedoch festzuhalten, dass in gewöhnlichen Situationen von geringer Fremdheit und von gemeinsam geteilten Wissensvorräten die Akteure ganz selbstverständlich die konstitutiven Regeln des »Spiels der Gabe« kennen und anwenden. Darüber gelagert können sich zudem konkrete normative Regeln herausbilden, die bspw. Erwiderungen erwartbar machen und auch sanktionsbewehrt sind. In diesem Sinne kann Alvin Gouldner (1984) von der »Norm der Reziprozität« sprechen. Man weiß, dass man sich aufeinander verlassen kann; wenn die Norm gebrochen wird, folgen Sanktionen, die aber nicht das »Spiel« als Ganzes in Frage stellen. Die außeralltägliche Gabe, die Eröffnungsgabe wird hingegen in einer krisenhaften Situation vollzogen. Sie hat das Ziel, den gemeinsamen Kooperationsraum (wieder)herzustellen. Dabei lässt man sich auf ein Risiko ein, doch verlässt sich zugleich darauf, dass die Interaktionspartnerin die konstitutiven Regeln des »Spiels der Gabe« schon kennt. Dadurch kann eine situative gemeinsame Praktik etabliert werden, die darauf beruht, dass beide sich auf die konstitutiven Regeln eingelassen haben. Konstitutive Regeln sind also nicht normativ, sondern *normativierend* – sie ermöglichen einen Prozess der Normbildung. Das heißt, sie können als Basisregeln in Anschlag gebracht werden, die dazu führen, dass eine Normativierung der Situation und eine gemeinsame Praktik einsetzen. Wechselseitige Erwartungen werden miteinander abgeglichen und bilden sich so prozesshaft heraus, die zuvor nicht bestanden oder vorausgesetzt werden konnten. So wird das Spiel etabliert, indem man sich auf das Risiko der Gabe einlässt und so tut, als ob bereits eine gemeinsame Praktik besteht. Diese herausfordernden Gaben sollen Vertrauen und Verstehbarkeit (wieder)herstellen.

Außeralltägliche Gaben können (man denke an Ricœur) von

Seiten eines Geschädigten durch Ver*geben* ausgedrückt werden, oder die Schädigerin bietet eine Kompensation an und bittet um Entschuldigung. Diese beiden Möglichkeiten beruhen in einem interkulturellen Kontext darauf, dass man unterstellt, dass alle die konstitutiven Regeln von Reparaturritualen kennen. In diesem Sinne möchte ich die These vertreten, dass Gabepraktiken universell in allen Kulturen bekannt sind und ein Mittel darstellen können, Fremdheit zu überbrücken, Intersubjektivität herzustellen und eine Kooperationsbasis zu erschaffen. Außeralltägliche Gaben oder Eröffnungsgaben können so im interkulturellen Kontext die Funktion übernehmen, eine gemeinsame Kooperationsbasis aufzubauen. Aber auch die kleinen Gaben alltäglicher Interaktion unter Fremdheitsbedingungen übernehmen diese Funktion, wie die Studie von Rawls belegt. Ohne Gaben, so lässt sich das Argument in der Umkehrung noch schärfer formulieren, kann es keine gemeinsame Welt und keine Kooperation geben.

Dieser Punkt wird sehr anschaulich durch Unni Wikans (2012) anthropologische Studie *Resonance* bestätigt. Sie vertritt in dem Buch die Ansicht, dass es eine Form des interkulturellen Verstehens »jenseits von Worten« gibt. Dies sagt sie als ehemalige Kulturrelativistin, die durch Erfahrungen in der Feldforschung eines Besseren belehrt wurde. Wikan beschreibt eine konkrete Begebenheit, bei der es zu einer erstaunlichen interkulturellen Konvergenz kam. Sie ging mit einer muslimischen Freundin zu einem traditionellen Hindu-Heiler. Die Freundin hatte sich dagegen zunächst stark gewehrt, da sie nicht nach fremden religiösen Vorschriften der Hindu behandelt werden wollte. Sie wurde von dem hinduistischen Heiler freundlich aufgenommen. Dieser rief übernatürliche Geister an und erklärte Wikans Freundin, dass ihr Problem damit zu tun habe, dass die Vorfahren ihres Ehemannes ein Versprechen gegenüber ihren muslimischen Göttern (sic!) gebrochen hätten. Wikan sah in diesem Moment ihre schlimmsten Befürchtungen eines interreligiösen und -kulturellen Konflikts bestätigt, doch ihre Freundin war sehr erleichtert, voller Hoffnung und nahm sich vor, die Fehler der Vorfahren wiedergutzumachen. Sie sagte zu Wikan, dass alles das Gleiche sei, ob nun hinduistisches Karma oder muslimisches Schicksal, dies sei gleichgültig. Wikan hat zunächst aus dieser Begebenheit keinen Sinn machen können und führt erst Jahre später in ihrem Buch aus, dass sich ihre Freundin offenbar durch den Heiler verstanden und angenommen gefühlt hat. Er vollzog eine Gabehandlung ihr gegenüber, die ihr trotz aller theologischen Differenzen Hilfe und Linderung versprach. Wikan spricht von Resonanz, die zwischen beiden Akteuren möglich wurde. Die Freundin erkannte des Heilers tiefere Intention, ihr nämlich tatsächlich helfen zu wollen. Wikans Resümee bestätigt die hier vertretene Sicht auf das interkulturelle Potenzial der Gabe: Resonanzerfahrungen öffnen einen Raum gemeinsamer menschlicher Erfahrungen von dem, was Menschen über Orte und Zeiten hinweg teilen. Wo die Kultur trennt, baut Resonanz Brücken (ebd.: 77).

Wir können diese Beobachtungen und Einschätzungen auch so zusammenfassen: Wir unterstellen ein auch interkulturell wirksames Bedürfnis zu geben (Godbout) als anthropologisches Grundprinzip. Gäbe es nur eigennütziges Handeln einerseits und ein durch Normierung sozialisiertes und antrainiertes Handeln andererseits, würden wir nur dem Eigennutz den Status eines Handelns einräumen, das wie von allein abläuft und nicht auf komplexe Weise erlernt werden muss. Deshalb wird hier die These vertreten, dass sich unsere Fähigkeit, Risikobereitschaft und Motivation, anderen etwas zu geben, in Interaktionen spontan zeigt.

Mikro/Meso/Makro: Wo ist die Gabe?

Es stellt sich nun die Frage, ob die Logik der Gabe nicht auf den kleinen Bereich persönlicher Beziehungen oder auf Face-to-Face-Interaktionen begrenzt ist. Die Ansicht ist verbreitet, dass die Gabe zwar im persönlichen Nah- und Privatraum immer noch eine zentrale Rolle spielen mag, dass aber größere strukturelle Phänomene, also soziale Makrophänomene, außerhalb des Einflussbereichs der Gabe liegen. Nun hängt an dieser Stelle allerdings alles davon ab, was man unter Mikro- und Makrophänomenen versteht.

Versteht man unter Makrophänomenen eine eigene gesellschaftliche Ebene *sui generis*, die nicht auf Mikrosituationen zurückzuführen ist, dann mag die Kritik am Gabetheorem zutreffend sein. Wenn man diese Sichtweise jedoch ablehnt und mit Theodore Schatzki (2015) und Bruno Latour (2007) von einer flachen Ontologie des Sozialen ausgeht, also die Unterstellung einer seinsmäßigen Schichtung der sozialen Welt in verschiedene Ebenen ablehnt, ohne zugleich dem methodologischen Individualismus zu folgen, verändert sich der Blickwinkel deutlich. Dann stehen Makrophänomene wie »der Kapitalismus« oder »der Staat« nicht mehr »über« den Mikrosituationen, sondern sind aus spezifischen sozialen Situationen zu rekonstruieren, die auf einer gleichen sozialontologischen Ebene angesiedelt sind wie die Interaktion zwischen zwei Kindern auf dem Spielplatz oder das Gespräch zwischen einer Professorin und einer Studentin. Hier ist nicht der Ort, ausführlich die Debatte um den Mikro-Makro-Link zu rekonstruieren. Stattdessen folge ich der Idee der flachen Ontologie und frage nun, wo die Logik der Gabe zum Tragen kommen kann und wo nicht (vgl. Adloff 2016a: 113ff., auch Hirschauer 2014).

Die Besonderheit vieler Interaktionssituationen besteht heute darin, dass sie nicht mehr alleinig als Face-to-Face-Interaktionen funktionieren. Schon das Schreiben von Briefen oder im 20. Jahrhundert das Telefon haben Interaktionen entweder zeitlich auseinandergezogen oder auf das Auditive beschränkt. Aktuell erleben wir eine Vielzahl von computergestützten Interaktionen, die nicht mehr auf die physische Kopräsenz von Interaktionspartnern angewiesen sind. Es entstehen neuartige Situationen, die über Bildschirme arrangiert werden und große räumliche Dimensionen umspannen können (vgl. Knorr Cetina 2009). Wechselseitige umfassende Beobachtungen des Ausdruckshandelns der Akteure sind dann zumeist nicht mehr möglich, weil man einander schreibt oder weil man über Grafiken, Tabellen, Kennziffern etc. miteinander kommuniziert. In den weltumspannenden Kommunikationsnetzen wird körperliche Kopräsenz abgelöst durch zeitliche Kopräsenz – »response presence« statt »embodied presence«. Dennoch existieren diese »Globalstrukturen« nur in konkreten Situationen. Damit befinden sich Mikro- und Makrophänomene nicht auf qualitativ unterschiedlichen Ebenen, es handelt sich um graduelle, also quantitative Unterschiede: Und zwar kann man mit Randall Collins (1981) davon ausgehen, dass Makrophänomene mehr Personen erfassen, sich räumlich weiter ausdehnen und eine größere zeitliche Dauer als Mikrophänomene haben.

Die Gabenlogik der Interaktionsordnung beruht weitgehend darauf, dass sich die Interaktionsteilnehmer auf die Logik der Situation wirklich einlassen. Eine institutionell stärker vorstrukturierte Situation wirkt dagegen so, als seien die beteiligten Akteure »ferngesteuert«, sie folgen Rollenskripten und weniger den Erfordernissen der Situation. Situationen, in denen ein spezifiziertes Rollenhandeln dominiert, reduzieren das egalitäre und kooperative Potenzial von Interaktionen, das auf der Logik der Gabe beruht. Wir können also Interaktionen danach unterscheiden, inwieweit sie die dort eigentlich inhärente Logik der Gabe zur Geltung bringen können oder nicht. Insoweit ist es sinnvoll, die Interaktionsordnung von einer institutionellen und unpersönlichen Ordnung zu unterscheiden.

Persönliche Beziehungen lassen es zu, dass die Interaktionspartner sich auf die Interaktion einlassen, dass sie Rücksichten aufeinander nehmen und ihre Handlungen wechselseitig koordinieren. Sie lassen sich auf das Spiel der Gabe ein. Unpersönliche Beziehungen werden zumeist durch Organisationsmitgliedschaften bestimmt. Sie beruhen darauf, dass Person A nicht mehr frei und direkt mit Person B im Austausch steht, sondern dass A in einem Tauschverhältnis zu Dritten steht, nämlich der eigenen Organisation. Interagiert man mit einem Organisationsmitglied, ist dieses durch die Organisation gebunden, es folgt den durch die Organisation vorgegebenen Interaktionsregeln, ohne dabei viel über die eigene Person zu verraten. Man kann sich dann nicht mehr der lokalen Entwicklungsdynamik der Interaktion überlassen, sondern interagiert im Schatten der Organisationsmitgliedschaft. Man nimmt nicht mehr Rücksicht aufeinander, sondern auf die Erwartungen der jeweiligen Organisationen. Die Logik von Gabe und Reziprozität wird dabei häufig ausgehebelt. So ist es der Polizistin etwa nicht erlaubt, mit dem Verkehrssünder Gefälligkeiten auszutauschen, oder Lehrern ist es aus pädagogischen Gründen untersagt, sich von der Zuneigung durch einzelne Schüler/innen abhängig zu machen.

Diese Interdependenzunterbrechungen sind nur dadurch möglich, dass Organisationen ihren Mitgliedern entweder Gratifikationen anbieten oder Sanktionen durchsetzen können. Das heißt, dass die Logik von Gabe und Reziprozität zwar nicht mehr zwischen Mitgliedern verschiedener Organisationen besteht, aber dass sie wohl im Innern von Organisationen vorzufinden ist. Normalerweise wird hier vom Tausch gesprochen: Man tauscht als Organisationsmitglied seine Handlungsfreiheit gegen ein Gehalt ein. Der Tausch mit einer Organisation impliziert zugleich, dass man nicht mehr mit anderen Personen außerhalb der Organisation beliebig tauscht. Dies erklärt den versachlichenden und verdinglichenden Charakter einer Interaktion mit Organisationsmitgliedern, denn diese werden ja gerade für die Versachlichung entlohnt. Organisationen können damit als Hauptverantwortliche für die Entsolidarisierung von Interaktionssituationen gelten. Auf diese Weise können jedoch unpersönliche Gleichheits- und Gerechtigkeitsansprüche eingehalten werden, da z.B. eine staatliche Bürokratie ja alle Bürger/innen gleich behandeln muss oder zumindest sollte. Es gilt im Gespräch mit einer Behördenvertreterin dann nicht mehr das Prinzip, dass eine Hand die andere wäscht. Gaben schaffen zwar solidarische Austauschbeziehungen, neigen aber natürlich auch zu Korruption als Austauschform, die in vielen modernen Gesellschaften versucht wird zu eliminieren.

Ermöglicht wird dieser Prozess normativ durch die Vorstellung, dass die Entsolidarisierung des Alltags auf einer anderen Ebene überkompensiert wird. Denn durch die moderne Arbeitsteilung profitieren wiederum alle von der Rechtspflege, der Eigenlogik von Administrationen und Bürokratien, von der Handlungslogik der Unternehmen usw. Der reziproke Austausch findet so gesehen nicht mehr zwischen Personen statt, sondern auf der Ebene der sozialen Arbeitsteilung (Durkheim 1988) in modernen Gesellschaften. Peter Blau (1964) spricht in diesem Zusammenhang vom sekundären Austausch, in dem direkte Austauschverhältnisse durch indirekte ersetzt werden.

Im Inneren von Organisationen werden vielfältige Mittel angewandt, um die Mitglieder zu einwilligender Mitarbeit zu bewegen (vgl. Kühl 2014). Diese Mittel sind allerdings nicht allein utilitaristisch oder normativistisch zu deuten. Zwang ist nur in staatlichen Gewaltorganisationen wie Armeen ein probates Motivationsmittel. Häufiger werden Mitgliedern attraktive Handlungsziele angeboten: Man motiviert zur Leistung, indem man Ziele anbietet, mit denen sich die Organisationsmitglieder identifizieren können. Auch werden Mitgliedschaftsbindungen über Kollegialität hergestellt. Man übernimmt bereitwillig Aufgaben, weil es sonst die Kollegen machen müssten. Hier zeigt sich deutlich, wie die Logik von Gabe und Reziprozität im Innern von Organisationen zum Tragen kommt. Die Eigenlogik von Interaktionen greift dann zwar nicht mehr zwischen Vertreter/innen unterschiedlicher Organisationen, aber zwischen Mitgliedern der gleichen Organisation. Des Weiteren bietet man Organisationsmitgliedern eine Bezahlung in Form von Geld an. Und schließlich versuchen Organisationen, auch die auszuführenden Handlungen möglichst attraktiv zu gestalten.

Auf diese fünf Weisen stellen Organisationen sicher, dass Mitglieder bei Eintritt in eine Organisation darauf verzichten, ihre Tätigkeiten im Vorfeld genau festzulegen. Es bleibt ein Spielraum der Indifferenz, über den die Organisation frei verfügen kann. Die Mitglieder stellen ihrer Organisation damit so etwas wie einen Blankoscheck aus. Sie verkaufen ihre Arbeitskraft und ihr Engagement in sehr generalisierter Weise. Man gelobt eine Art Generalgehorsam gegenüber den Anliegen der Organisation. Von einem Tausch im engeren Sinne lässt sich hier also gar nicht sprechen, denn zu unspezifisch sind die Erwartungen der Organisation. Und trotzdem sind Organisationsmitglieder bereit, sich auf diesen »Deal« einzulassen. Dies erklärt sich daraus, dass Organisationen auf dem Bedürfnis der Menschen, etwas und sich zu geben, aufsitzen. Marxistisch formuliert kann man auch sagen, dass sie die Neigung des Menschen zur Gabe ausbeuten. Im Schatten des Tauschs bilden sich in Organisationen immer informelle Beziehungen heraus, die auf der Gabenlogik beruhen und ohne die eine Organisation nicht überleben könnte. Ohne das intrinsische Engagement der Organisationsmitglieder, etwas für die Kollegen oder das Ganze der Organisation zu geben, ohne die Kreativität der Mitglieder, ohne informelle Reparaturen von formalen Abläufen, ohne Kollegialität und ohne die Neigung, als Geber anerkannt werden zu wollen, kann keine Organisation auskommen (vgl. Hodson 1991).

Aber auch zwischen Organisationen kann die Logik von Gabe und Reziprozität zum Tragen kommen. Unter dem Stichwort der sozialen Einbettung von Wirtschaftsprozessen gibt es mittlerweile eine lange sozialwissenschaftliche Tradition, die belegt, dass Netzwerke über Organisationsgrenzen hinweg für die Prosperität von Unternehmen und ganzen Branchen essenziell sind. So zeigen etwa die Studien von Brian Uzzi (1997, 1999), dass Unternehmen bessere Kreditbedingungen erhalten, wenn sie in Netzwerke von Banken eingebunden sind, oder dass die ökonomische Leistungsfähigkeit steigt, wenn Unternehmen in organisationalen Netzwerken integriert sind.

Diese Diskussion kann an dieser Stelle nicht vertieft werden, geht es doch nur darum, Folgendes herauszustellen: Die pauschale Redeweise von einer ausschließlichen Anwendbarkeit der Gabentheorie im sozialen Nahbereich und einer Eigengesetzlichkeit von Makrophänomenen, die sich komplett von Gabebeziehungen abgekoppelt haben, ist so nicht haltbar. Jedes

Makrophänomen wird situativ und lokal produziert. Es kommt vielmehr darauf an zu sehen, wo medienvermittelte »dünne« Interaktionssituationen die Logik der Gabe nur unvollständig zulassen und wo Organisationen mit ihren Mitgliedschaftserwartungen als Interdependenzunterbrecher ebenfalls die Kraft der Gabe einhegen. Dass dies niemals vollständig geschieht, zeigt das Beispiel der interorganisatorischen Netzwerke. Es kommt also darauf an, empirisch danach zu suchen, wo die Gabe an institutionelle Grenzen stößt und wo sie zugelassen und benötigt wird (innerhalb von Organisationen etwa).

Viele aktuelle Problemlagen sozialer oder ökologischer Art beruhen darauf, dass negative Externalitäten gegenüber Dritten produziert werden und mit diesen Dritten keine Netzwerke des Gebens und Erwiderns existieren. Dort, wo dann stattdessen Misstrauen vorherrscht, greift die Logik utilitaristischen Kalküls. Nehmen wir das Beispiel der stagnierenden internationalen Kooperation im Bereich des Klimawandels: Hier käme es darauf an, die Verhandlungsarenen, in denen Vertreter unterschiedlicher kollektiver Akteure (Staaten, Unternehmen, NGOs etc.) zusammenkommen, so zu gestalten, dass die Teilnehmer/innen sich auf die gemeinsame Interaktionssituation einlassen und in den situativen Sog von Gabe und Gegengabe hineingeraten können. Dies gelingt nicht, solange sie von ihren Organisationen oder Staaten auf starres Rollenhandeln festgelegt sind und wie ferngesteuert agieren müssen. Die organisatorische Logik unterdrückt dann die interpersonelle Logik (vgl. Messner et al. 2013: 27ff.).

Auch zu viel »Kultur« kann der Kooperation schaden. Das Beispiel rechtspopulistischer oder rassistischer Ideologien hat dies gezeigt. Wenn Menschen sich sehr stark auf vorgängige Überzeugungen und Weltbilder verlassen und sich nicht auf die konkrete Interaktion mit Fremden vor Ort einlassen, kann die Logik der Gabe auch kaum zum Tragen kommen. Starke Kategorisierungen, kulturelle Ideen und Organisationsvorgaben wirken wie Interdependenzunterbrecher in die Interaktionslogik hinein und können die Logik der Gabe unterminieren.

Motive der Gabe

Kommen wir nun zu einem theoretischen Problem, das schon alle Kapitel implizit begleitet hat, aber bisher nicht diskutiert wurde. Welche Motive oder welche Motivation haben Akteure in sozialen Situationen des Gebens, Annehmens und Erwiderns eigentlich? Was motiviert diese Handlungen, was treibt uns an? Wir haben schon gehört, dass das utilitaristische Forschungsprogramm von eigennützigen Zielen ausgeht, das normativistische Programm das Motiv der Normenkonformität postuliert und dass Autoren wie Caillé die Widersprüchlichkeit von Motiven des Gebens betonen und diese nicht auf die beiden genannten Paradigmen zurückführen.

Zunächst ist es wichtig, zwei Ebenen zu unterscheiden: Motivationen und Motive. Bei Motivationen geht es um die grundlegende sozialtheoretische, psychologische und anthropologische Frage nach den prinzipiellen Antrieben menschlichen Handelns und In-der-Welt-Seins. Manche Theorien, etwa Freuds Psychoanalyse oder das utilitaristische Paradigma, haben eine explizite Theorie menschlicher Motivation, andere – etwa die meisten soziologischen Handlungstheorien – weisen eher implizite Annahmen zu dieser Frage auf. Hier ist nicht der Ort, widerstreitende Theorien menschlicher Motivation ausführlich zu diskutieren. Stattdessen möchte ich auf die überzeugende theoretische Synthese zurückgreifen, die der amerikanische Soziologe Jonathan H. Turner (1987, 2002) entwickelt hat. Turner geht von vier Grundbedürfnissen aus, die Menschen antreiben und die erfüllt sein müssen. Sind sie es nicht, sehen Menschen sich einem hohen Niveau an diffuser existenzieller Angst ausgesetzt. Menschen streben erstens nach einer Bestätigung des Selbst, das heißt, man strebt danach, dass andere das Bild, das man von sich selbst hat, bezeugen. Zweitens streben Menschen nach profitablen Austauschformen, was bedeutet, dass sie nach Gewinnen streben und Kosten vermeiden wollen. Drittens geht es uns um die Integration in eine Gruppe. Viertens sucht man nach Anzeichen dafür, dass man anderen Personen vertrauen kann. Schließlich geht Turner davon aus, dass wir uns soziale Zustände der Faktizität wünschen. Wir suchen Anzeichen und Gewissheit dafür, dass die anderen die gleiche Welt wahrnehmen und erfahren, dass die Situation so ist, wie sie erscheint, und dass die Realität einen persistenten und unabhängigen Charakter hat. Turner ordnet die Dimension der Faktizität als fünften Punkt den anderen vier Grundbedürfnissen zu. Aus meiner Sicht ist die Faktizität einer gemeinsamen Welt jedoch den anderen vier Bedürfnissen vorgeordnet. Ihr Vollzug stellt geradezu die Bedingung der Möglichkeit der Erfüllung der vier Grundbedürfnisse dar.

Ich möchte nun das Motivationsmodell Turners um Alain Caillés Modell der Motive der Gabe erweitern. Denn es gibt eine interessante Parallelität zwischen den beiden Modellen. Es finden sich zwei Grundbedürfnisse, die eher dem Pol des Individuums und seiner Selbstbekräftigung zugeordnet werden können, und es gibt zwei Bedürfnisse, die eher auf Gruppenintegration und eine Hinwendung zum Anderen hinauslaufen. Auf der einen Seite des vierpoligen Koordinatensystems stehen das Streben nach Bestätigung des Selbst (Turner) sowie Freiheit und Kreativität (Caillé). Dem steht die Einordnung in eine Gemeinschaft gegenüber (Turner: Gruppenintegration, Caillé: Pflicht/Norm). Die zweite Polarität besteht zwischen Gewinnen (Turner) und Interesse an (Caillé) einerseits und Vertrauen (Turner), Interesse für bzw. *aimance* (Caillé) andererseits. Bei diesem letzten Pol zeigt sich eine wichtige Differenz zwischen Turner und Caillé. Turners Konzept des Vertrauens ist eine passive Erwartungshaltung gegenüber anderen. Caillés *aimance* ist hingegen eine aktive Handlungsweise des Zugehens auf den Anderen. Wie unsere Ausführungen zur Evolutionsbiologie, Säuglingsforschung und zur Philosophie John Deweys gezeigt haben, ist es zentral, diese aktive Dimension der liebevollen Zuwendung zum Anderen mit in den Blick zu nehmen.

Dies führt zu folgender Schlussfolgerung: a) Wenn Caillé die Gabe als paradoxe Verschränkung dieser vier Motivationen ansieht, zeigt dies, dass die Gabe alle vier Grundbedürfnisse des

Menschen bedient. Gelingt eine Gabenbeziehung, erfüllen sich in ihr menschliche Grundbedürfnisse. b) Wir haben herausgearbeitet, dass die außeralltägliche Gabe versucht, wieder Faktizität und eine gemeinsame Welt herzustellen. Sie dient dazu, Verstehbarkeit und Kooperationsgrundlagen zuallererst (wieder) zu befördern. Mit Blick auf die paradoxale Struktur der Gabe kann zudem c) behauptet werden, dass jede Interaktion durch die ihr innewohnende prinzipielle Offenheit und Spontanität immer auch ein kreativer Prozess ist.

Ich habe soeben versucht, ein Modell der Motivation menschlichen Handelns und spezieller der menschlichen Gabe zu plausibilisieren. Dies beantwortet allerdings noch nicht die Frage, welche Motive Personen in konkreten Situationen verfolgen. Motive bauen auf den vier Grundbedürfnissen auf, sind aber häufig nicht mit ihnen identisch. Sie können vielfältiger und ausdifferenzierter vorliegen, sie verändern sich zugleich mit dem Wandel von Kultur und Gesellschaft. Dabei ist in der Soziologie der Begriff des Motivs aufs Engste mit dem der Handlung verknüpft. Der klassische Handlungsbegriff (den man beispielsweise bei Max Weber und Alfred Schütz findet) geht davon aus, dass Handelnde ihrem Handeln einen subjektiven Sinn beimessen. Durch den subjektiven Sinn des Akteurs konstituiert sich eine Handlung, so dass in einem strikten Sinn auch nur der Handelnde selbst weiß, welchen Sinn seine Handlungen haben und welche Motive sich mit dem Handeln verbinden. Seinen Sinn bekommt das menschliche Verhalten dadurch, dass ein Akteur Verhaltensweisen vollzieht, die er sich zuvor als abgeschlossene Handlung in der Zukunft vorstellt, so Alfred Schütz (2003) in seiner Theorie der Handlungskonstitution. Der Sinn ergibt sich dadurch, dass man eine Handlung entwirft, die man sich im Futur II als abgeschlossen vorstellt.

So richtig es ist, dass sich Handlungen nur konstituieren können, wenn Menschen in der Lage sind, ihrem Handeln einen Sinn im Zuge eines Handlungsentwurfs zuzusprechen, so wenig war diese Antwort auf die Frage nach den Motiven des Handelns in der Geschichte der Soziologie befriedigend. Denn woher kann man denn wissen, welchen Handlungsentwurf jemand vollzieht? Man muss den Akteur fragen. Aber die Motive, die Menschen benennen, wenn sie nach ihren Motiven befragt werden, sagen wenig über ihre wahren Beweggründe aus. Sie sagen eher etwas darüber aus – so schon C. Wright Mills (1940) in einem mittlerweile klassischen Aufsatz –, welche sozialen Zwänge der Motivdarstellung in einer Kommunikationssituation herrschen, in der nach Motiven gefragt wird.

Die meisten Handlungen laufen ja auch so ab, dass wir nicht genötigt sind, über unsere Motive Auskunft zu geben. Routinehandlungen befragen wir zumeist nicht auf ihre Motivlage hin. Motive müssen gegenüber anderen in der Regel erst dann dargestellt werden, wenn eine problematische Situation eintritt, wenn es also unterschiedliche Erwartungen gibt oder eine Verhaltensweise als unverständlich erscheint. Man erklärt sich dann und bietet Gründe und Motive des Handelns an. Hinreichend sind Motive immer dann, wenn die Zuhörerin zufriedengestellt wurde, wenn sie die Motive für die fragliche Handlung als nachvollziehbar und plausibel erachtet. Doch variieren die hinreichenden Motive, je nachdem, wer die Frage stellt oder in welcher Situation man sich befindet. Je nach Situation stehen einem typische Motivvokabulare (Mills) zur Verfügung. Aus dieser Sicht sind Motive als Beschreibungen der inneren Antriebe nicht identisch mit diesen Antrieben, sondern sie erfüllen primär eine soziale Darstellungsfunktion. Man schreibt sich und anderen Motive zu. Und diese Motivzuschreibungen wandeln sich nicht nur situativ, sondern auch historisch: Mills geht bspw. in seinem Artikel aus dem Jahr 1940 davon aus, dass die Amerikaner zur Beschreibung ihrer Motive zunehmend auf das Vokabular des Hedonismus zurückgreifen. Handlungen kommen also im sozialen Raum dadurch zustande, dass Akteure sich gegenseitig Motive attribuieren. Aus typischen situativen Verhaltensweisen wird auf typische Handlungsmotive geschlossen. Und fragt man Akteure nach ihren Motiven, so greifen sie auf für die Situation passende Vokabulare zurück.

Was bedeutet dies nun für die Theorie der Gabe? Auf der Ebene tief liegender Bedürfnisse und Motivationen können wir sagen, dass Gaben Grundbedürfnisse erfüllen. Auf der Ebene von sozialer Bedeutungskonstitution ist es jedoch so, dass niemand in den anderen hineinsehen und Gedanken lesen kann. Motive werden also zwangsläufig Akteuren kommunikativ zugeschrieben. Hier eröffnet sich nun eine interessante Perspektive auf Caillés vierpoliges Modell der Gabenmotivation. Wenn Person A etwas B überreicht, wird Person B dieser Darreichung Motive zuschreiben (durchaus auch im Dialog mit Person A): Person B steht dann vor der Frage, ob sie A's Gabe Eigennutz, Fürsorge, Pflicht oder Spontanität zuschreiben sollte. Eine Gabe wird von einer Empfängerin nur als solche erkannt und anerkannt, wenn sie meint, dass sie von Person A nicht alleinig aus Eigennutz und nicht alleinig aus Pflicht gegeben wird. Denn wenn sie nur aus Eigennutz oder nur aus Pflicht gegeben wird, annulliert sich die Gabe. Wird sie alleinig aus Freiheit und Spontanität oder wird sie nur aus Nächstenliebe gegeben, haben wir es zwar mit Gaben zu tun, es handelt sich aber um Grenzfälle, die aus Sicht der beteiligten Akteure als unwahrscheinlich gelten müssen. Es liegt also nicht primär an den Motivlagen des Gebers, ob eine Gabe vorliegt oder nicht: Die Empfängerin entscheidet mittels ihrer Motivzuschreibung, ob sich die Gabe als Gabe qualifiziert, ob sie als Gabe anerkannt wird oder ob sie eher als eigennütziges Instrument oder als herzlose und konventionelle Pflichterfüllung erscheint. Erst das Annehmen und die Dankbarkeit machen die Gabe zur Gabe, durch das anerkennende Annehmen wird sie von der Empfängerin als Gabe ratifiziert. Dass unterschiedliche Motive regelmäßig als paradoxe Gemengelage in der Gabe vorliegen, ist so gesehen kein Zufall. Diese Gemengelage ist notwendig, da nur aus dieser Paradoxie die Gabe zum riskanten Operator des Bündnisses werden kann. Wir können uns Gaben schlichtweg nicht konsistent so vorstellen, dass sie nur ein Motiv der vierpoligen Motivkonstellation verfolgen.

Die Gabe als symbolisches Kommunikationsmedium

Worin besteht nun die besondere soziale Bindungswirkung der Gabe im Vergleich zu der der Sprache? Nur der Mensch hat ja eine entwickelte Sprache, die er zur Abstimmung von Kooperationsprozessen nutzen kann. Warum sollte das Geben einer Sache eine größere Bindungswirkung haben als das Miteinandersprechen? In der Soziologie gibt es, grob unterteilt, zwei Auffassungen zur Bindungswirkung von Sprache, wie sie paradigmatisch von Jürgen Habermas und Niklas Luhmann vertreten werden. Für Habermas (1981, 1992) liegt der Sprache ein Telos der Verständigung inne. Über den Austausch von Argumenten können wir uns über die objektive Welt der Dinge, über normative Fragen im Bereich des Sozialen und über Fragen der Wahrhaftigkeit im subjektiven Sinne verständigen, einigen und auch verpflichtende Bindungen eingehen.

Niklas Luhmann (1984, 1997) hat dagegen betont, dass Sprache vor allem ein Dissenspotenzial freisetzt. Sprache schafft Distanz zur Welt und produziert eher Dissonanzen als Konsens. Sprache ermöglicht es uns, aus dem Alltag des Selbstverständlichen herauszutreten und abstrakte Welten zu konstruieren, die nicht an die Erfahrungswelt des Handelns zurückgebunden sind. Je mehr expliziert wird, umso weniger bleibt selbstverständlich geteilt und umso stärker werden die Kommunikationsteilnehmer individualisiert. Deshalb bindet Sprache für Luhmann die beteiligten Akteure auch nicht aneinander, sondern vervielfältigt die Perspektiven und setzt eher Negationspotenzial frei. Darauf hat die moderne Gesellschaft mit der Herausbildung von symbolisch generalisierten Kommunikationsmedien wie Geld, Wahrheit und Macht reagiert. So besteht die symbolische Funktion des Geldes darin, sich mit den Bedürfnissen der Menschen symbiotisch zu verbinden und eine Präferenz und Motivation für das Besitzen von Geld auszubilden. In den Kommunikationsmedien wird die weltschaffende Dimension der Sprache mit Bindungswirkungen in Form von spezifischen Verhaltensbereitschaften verkoppelt. Sprache allein ist dagegen nicht auf die Übernahme von Handlungsverpflichtungen angelegt. Sprache ermöglicht zwar Kommunikation, kann aber aus sich heraus nicht den Erfolg einer Kommunikation garantieren.

Dieser Sichtweise hat sich auch Habermas (2012) in den letzten Jahren angenähert. Er schätzt die Bindungswirkung der Sprache nun schwächer ein als noch vor einigen Jahren. Für Habermas zeigt sich die größte Bindungswirkung der Sprache in der archaischen Verschränkung von Mythos und Ritus. Frühere religiöse Weltdeutungen beinhalteten schon die Kraft zur sprachlichen Welterschließung, wahrten aber eine enge Verbindung zum Ritus und bezogen daraus ihre Überzeugungskraft. Sprachliche Bindungskraft wurzelt dort also im Sakralen, welches sich den Menschen insbesondere in rituellen Praktiken zeigt und machtvoll aufdrängt. Riten stabilisieren den Gruppenzusammenhalt viel stärker als narrative Erklärungen dies im Medium der Sprache tun können. Denn mit der Evolution der Sprache zerreißen die engen Bezüge zwischen Wahrnehmungen von Zuständen in der Welt, Expressionen der eigenen Affekte und den damit einhergehenden Verhaltenserwartungen gegenüber anderen. Im Ruf »Feuer« sind diese drei Bezüge noch zu einem Syndrom verschmolzen: Hier liegen eine Zustandsbeschreibung, eine Expression und eine normative Aufforderung im gleichen Augenblick ineinander verschränkt vor. Komplexere Äußerungen reißen die propositionalen, expressiven und appellativen Bedeutungskomponenten dagegen auseinander und machen auf diese Weise eine Bindungswirkung unwahrscheinlicher.

Einen Weg zurück zu dieser archaischen Bindungswirkung der Sprache (die auf der Verzahnung von Mythos und Ritus beruht) sieht Habermas nicht. Die rationalisierte und verwissenschaftlichte Moderne muss ihm zufolge mit der schwachen Bindungswirkung der Sprache leben. Er sieht nur Restbestände der Bindungswirkung des sakralen Komplexes: Bei einigen Religionsgemeinschaften gäbe es die Fähigkeit, ihre Überlieferungen durch die Bindung an den Ritus lebendig und bindungswirksam zu halten.

Mit Mauss können wir dem Habermas'schen Modell nun die Bindungswirkung der Gabe zur Seite stellen. Sie beinhaltet eine rituelle Seite, die universell in jeder Kultur bekannt ist. Sie hat einen transzendierenden Charakter, indem sie eine affektive Bewertung sowie die Fremdheit und Freiheit des Gebers transportiert. In ihr liegen auf der Ebene der Gestenkommunikation, also im Grunde noch vor der grammatisch ausdifferenzierten Sprache, die drei von Habermas genannten Bindungswirkungen verschmolzen vor: Die Gabe transportiert das Angebot einer Situationsdefinition, sie enthält ein starkes Moment der Selbstexpression und sie wirkt appellativ und normierend. Objektive, subjektive und soziale Weltaspekte werden symbolisch zusammengefasst und mit Bindungswirkung versehen. Die Gabe kann damit ähnlich wie die symbolisch generalisierten Kommunikationsmedien Geld, Macht und Wahrheit als ein symbolischer Mechanismus zur Erhöhung der Annahmewahrscheinlichkeit von Kommunikationsangeboten gelten. Dabei handelt es sich um einen Mechanismus, der grundlegend in der symbolischen Gestenkommunikation (Mead) und im Ritus (Durkheim) verankert ist, aber auch in der modernen Gesellschaft Bindungswirkung zu entfalten vermag. Wenn die Gabe sprachliche Kommunikation begleitet, vermag sie – so meine These – die fehlende Bindungswirkung der Sprache zu kompensieren, die Distanzen und eine Vervielfältigung der Perspektiven schafft.

Die Gabe stellt einen Hintergrundmechanismus bereit, der alle Kommunikationen in modernen Gesellschaften begleiten kann. So wie andere Kommunikationsmedien reduziert er die Wahrscheinlichkeit, dass Kommunikationsangebote abgelehnt werden. Der entscheidende Unterschied zwischen der Sprache und symbolisch generalisierten Kommunikationsmedien besteht darin, dass letztere in weitaus stärkerem Maße intern mit Sanktionen verknüpft sind als die Sprache. Medien formalisieren und sanktionieren Kommunikationen und spitzen die Teilnahme an Interaktionen zu. Geld verringert die Ablehnungswahrscheinlichkeit einer Offerte und macht ihre Annahme im Vergleich zum Tausch wahrscheinlicher. Der amerikanische Sozialtheoretiker Talcott Parsons spricht von der positiven Sanktion des Geldes: Die Asymmetrie zwischen Geld und Ware motiviert dazu, Geld als allgemeines Äquivalent (Marx) anzunehmen.

Talcott Parsons hat jedoch noch etwas anderes in die Debatte eingebracht: Er geht davon aus, dass es in modernen Gesellschaften ein sehr viel generelleres Medium gibt, das Interaktionen stabilisiert, und zwar Affekte. Affekte sind für Parsons das Medium des sozialen Systems, also der Gesellschaft generell. Soziale Ordnung wird für den späten Parsons nicht länger durch die gemeinsame Orientierung an Werten und Normen garantiert, sondern der kommunikative Ausdruck von Affekten soll nun Ordnung ermöglichen. Emotionaler Ausdruck und generalisierte Affekte übernehmen nun eine Schlüsselfunktion beim Aufbau sozialer Bindungen. Abstimmungen und gemeinsames Handeln sollen dadurch zustande kommen, dass Zeichen und Symbole für die an einer Interaktion Beteiligten die gleiche emotionale Bedeutung haben. Man präsentiert sich wechselseitig die eigenen Affekte, Motive und Handlungsabsichten und stimmt sich ab.

Für Parsons können Affekte als Kommunikationsmedium historisch erst dann entstehen, wenn bestimmte gesellschaftliche Voraussetzungen vorliegen. Insbesondere Bindungen, die mit dem Status von bestimmten Personengruppen oder Positionen verbunden werden, müssen sich weitgehend aufgelöst haben. Wenn Affektivität fest an bestimmte Personen, Kollektive oder Institutionen gebunden ist, ist dies ein Hindernis für die Entfaltung von Affekten als Kommunikationsmedium (Parsons/Platt 1973). Man denke hier bspw. an die Verteilung von Werten und Gefühlen entlang einer Ständehierarchie, der Bauer schuldet dem Lehnsherrn eine seinem Stand entsprechende affektive Wertschätzung und sieht sich selbst als niedriger positioniert an. Erst wenn Zugehörigkeiten im Zuge von gesellschaftlichen Demokratisierungsprozessen frei wählbar werden, können Affekte die Funktion der sozialen Integration übernehmen. Eine Assoziationsfreiheit ist mithin entscheidend, d. h. die Freiheit, eine Bindung mit anderen einzugehen und diese auch wieder aufzulösen. Damit werden neue Spielräume für Interaktionen eröffnet, aber auch neue Unsicherheiten geschaffen. Parsons geht in den 1960er und 70er Jahren davon aus, dass es eine größere emotionale Intensität zwischen Säugling und dem Caregiver gibt als noch einige Jahrzehnte zuvor. Diese enge affektive Bindung ermöglicht dem Kind später ein hinreichendes Selbstvertrauen, um diffusen oder unstrukturierten Handlungssituationen erfolgreich begegnen zu können. Die wechselseitige Kommunikation von Affekten baut mittelfristig eine generalisierte Handlungskompetenz auf, und die Untersuchungen von Stern (vgl. Kapitel 4) zur Affektabstimmung illustrieren diese Prozesse sehr gut. Affektiv rigide Interaktionsformen in der Familie passen hingegen eher zu affektiv rigiden Gesellschaftsordnungen.

Für Parsons bringen nicht mehr kulturell tradierte Werte soziale Ordnung hervor, sondern diese muss situativ über die Bindung von Affekten an Praktiken, Objekte und Subjekte hergestellt werden. Unklar bleibt in Parsons' Theorie allerdings, was genau er unter dem Begriff des Affekts versteht. Geht es um Emotionen oder um Stimmungen, haben Affekte ein intentionales Objekt oder sind sie diffus? Um welche Affekte geht es denn überhaupt? Schließlich sind nicht alle Affekte sozial integrativ – Wut beispielsweise nicht, depressive Stimmungen auch nicht. Harald Wenzel (2001) hat gezeigt, dass Parsons hier zu unklar ist. Wenzel schlägt daher vor, den Begriff des Affekts durch den des Vertrauens zu ersetzen. Dabei stützt er sich auf die Kritik, die Harold Garfinkel schon früh an Parsons' Theorie übte. Dabei kam dem Begriff des Vertrauens eine zentrale Bedeutung zu. Für Garfinkel müssen Übereinstimmungen im Handeln aktiv hergestellt werden, dies geschieht auf der Basis von konstitutiven Regeln und dem Vertrauen, das sich die Akteure wechselseitig geben. Wir haben schon in der Diskussion von Garfinkel und Rawls herausgearbeitet, dass das Geben von

Vertrauen genuin als eine Gabe verstanden werden muss. Sie ist eine Anzeige von generalisierter Kooperationsbereitschaft, die Affekte der Bindung anbietet und aufruft, aber nicht mit spezifischen Emotionen identisch ist. Die Gabe ist die aktive Seite des Angebots von Kooperation, während der Begriff des Vertrauens zu sehr auf die rezeptive und passive Seite des Handlungsprozesses abzielt. Diese Perspektive ist wichtig für den paradigmatischen Fall des Handelns unter Fremden: Fremde können sich noch nicht auf eine gemeinsame soziale Ordnung verlassen, sondern müssen diese aktiv herstellen. Gaben, also riskante Vorleistungen, begleiten im Normalfall alle Interaktionen und stellen die Bedingung der Möglichkeit von Kooperation dar. Die Gabe als Hintergrundmechanismus für Kooperationen hat selbst kein normatives Fundament, kann nicht erzwungen oder durch Eigennutz abgesichert werden. Auch ist dieser Mechanismus nur informell wirksam, er liegt nicht institutionalisiert vor. Er braucht die Assoziationsfreiheit, so dass die Egalität der Interaktionssituation zum Tragen kommen kann. Gaben ermöglichen vielfältige und flexible Interaktionen, doch kann man diese nicht mit Garantien und Gewissheiten versehen. Gaben sind allgegenwärtig, ermöglichen Interaktionen und sind zugleich überaus fragil.

6.
Die Gabe zwischen Sozialismus und Kapitalismus

Mauss war nicht nur Wissenschaftler, er war ein sozialistischer Intellektueller, der sich parteipolitisch einmischte und als politischer Aktivist und Journalist tätig war. Allerdings hielt er die zwei Bereiche seines Engagements stets sehr klar getrennt. Nur in seinen »Schlussfolgerungen« am Ende des Essays über die Gabe vermischen sich die Ebenen: Hier argumentiert Mauss normativ und politisch und versucht, aus seinen Untersuchungen über die vormoderne Gabe Konsequenzen für die Gegenwart zu ziehen. Diese Trennung von Wissenschaft und Politik hat in der Rezeption des Gabe-Essays häufig zu großen Missverständnissen geführt (Hart 2014). Erstens wurde die sozialökonomische und zeitgenössische Dimension des Essays übersehen. So leugnet bspw. Marcel Hénaff (2009), ein wichtiger Vertreter des neueren Gabediskurses, diese Dimension geradezu. Und zweitens wurde durch diese Trennung der immer wieder verfochtenen Interpretation Vorschub geleistet, der Essay trenne zwischen »archaischen Gabeökonomien« und der modernen Marktökonomie (vgl. Gregory 1982). Drittens wurden Mauss' politische Ausführungen als unausgegoren, voreilig und deplatziert wahrgenommen – selbst sein engster Kollege und Freund Henri Hubert sah dies so (Fournier 2006: 244). Auch die berühmte Anthropologin Mary Douglas (1990: xv) urteilte, dass man die Theorie der Gabe nicht aus dem Kontext von »ausgebildeten Gabeökonomien« in eine moderne politische Realität übertragen könne. Dem ist deutlich zu widersprechen.

Mauss, der Sozialist

Ich werde im Folgenden auf Mauss' Aktivismus und seine journalistischen Beiträge eingehen, um die Frage zu beantworten, welche Gegenwartsbezüge Mauss mit seinem Text verband. Welche soziale, politische und ökonomische Vision von Sozialismus galt es aus seiner Sicht zu verfolgen und zu verwirklichen? Und schließlich sollen auf der Grundlage von Mauss' damaligen Überlegungen Konsequenzen für die Gegenwart gezogen werden. Kann Mauss auch heute noch als politisch und sozialökonomisch denkender Intellektueller zu uns sprechen? Ich werde die These vertreten, dass seine Version von Sozialismus heute aktueller denn je ist. Er verlässt sich weder allein auf den Markt noch auf den Staat, was enorm wichtig ist, wenn wir nur an deren Auswüchse in Form von Neoliberalismus und Staatssozialismus denken. Kombinationen von Staat und Markt reichen ebenfalls nicht hin, sondern Mauss betont das Moment der Selbstorganisation etwa in Form von Genossenschaften. Sein Anliegen lässt sich heute in die Vision eines zivilgesellschaftlichen, radikaldemokratischen und kooperativen Sozialismus übersetzen. Diese dritte Perspektive fokussiert denn auch weniger auf die Dichotomie von Privateigentum versus Staatseigentum, sondern nimmt die Möglichkeit eines dritten Prinzips, nämlich dem von Commons ernst. Wenn Ressourcen das sozialistische Eigentum aller sind, führt dies nicht zwangsläufig zum Staatseigentum, sondern kann auch in Form von kollektiven Besitzrechten, die Assoziationen von Menschen geltend machen, umgesetzt werden.

In den Jahren 1920 bis 1925 verfasste Mauss nicht nur sein einflussreichstes Werk *Die Gabe*, sondern war in dieser Zeit auch am stärksten politisch und journalistisch engagiert. Allein zwei Drittel seiner *Ecrits politiques* (Mauss 1997) fertigte er in jenen Jahren an. Doch schon während seines Studiums begeisterte Mauss sich für sozialistische Ideen. Früh lernte er den sozialistischen Politiker Jean Jaurès kennen, der ihn politisch stark beeinflusste. Mauss' politisches Engagement intensivierte sich in den Jahren der Dreyfus-Affäre, während der sich auch sein Onkel und Lehrer Durkheim für die Freilassung des jüdischen Hauptmanns stark machte und eine Menschenrechtsliga gründete. Mauss begann zusammen mit François Simiand und Paul Fauconnet an der École socialiste mitzuwirken, die die Arbeiterbildung zum Ziel hatte, und arbeitete bei der Zeitschrift *Le mouvement socialiste* mit, in der er 1899 seinen ersten politischen Text »L'action socialiste« publizierte.

Doch sein Hauptbetätigungsfeld lag in der Genossenschaftsbewegung. 1896 trat er in eine Konsumgenossenschaft ein und gründete im Jahr 1900 die Genossenschaft »La Boulangerie«, die jedoch in finanzielle Schwierigkeiten geriet, so dass Mauss eine Menge Geld verlor. Er schrieb Artikel über die internationale Genossenschaftsbewegung, die in Zeitschriften wie *Le mouvement socialiste*, *Notes critiques* und ab 1904 in *L'Humanité* erschienen. Als sich im Jahr 1905 der Wunsch verschiedener sozialistischer Bewegungen nach Einheit durch die Gründung der Section française de l'internationale ouvrière (SFIO) verwirklichte, trat er in die sozialistische Partei von Jean Jaurès ein. Er nahm intensiv an den sozialistischen Debatten teil und wurde zum Aktivisten.

Nach dem tödlichen Attentat auf Jaurès im Jahr 1914 und dem Kriegsbeginn erlosch Mauss' Engagement für einige Jahre, bis er es nach dem Krieg ab etwa 1920 wieder aufnahm. Er arbeitete an der Herausgabe der Schriften verstorbener Freunde, gründete die soziologische Fachzeitschrift *L'Année sociologique* und damit die Durkheim-Schule als kollektiven Arbeitszusammenhang neu und publizierte in diesen Jahren auch sehr viele politische Texte, etwa in *La Vie socialiste* oder in *L'action cooperative*. In diesen Jahren arbeitete er zudem an einem längeren Manuskript über die Nation, das er nie fertigstellte, und veröffentlichte mehrere Texte über den Bolschewismus. Außerdem verfasste er eine ganze Serie von Artikeln über das Problem der Wechselkurse und der Reparationszahlungen Deutschlands nach dem Ersten Weltkrieg. Die 1920er Jahre waren für Mauss untrennbar intellektuell und politisch, resümiert sein Biograf Marcel Fournier (2006: 189). Gegen Ende der 20er Jahre ging sein politisches Engagement deutlich zurück, obzwar er sich in den 1930er und 40er Jahren noch antifaschistisch engagierte. Nach dem Krieg verfiel Mauss jedoch in eine Zeit des Schweigens.

Es lohnt sich, einen genaueren Blick auf einige von Mauss' politischen Schriften zu werfen. Schon sein erster Text über die sozialistische Aktion von 1899 ist instruktiv (Mauss 1997: 72-82). Sozialismus ist für Mauss vornehmlich ein »mentales Phänomen«. So sind die Eigentumsrechte, das Recht oder Organisationsweisen keine materiellen Tatsachen, sondern soziale und damit auch mentale Tatsachen. Sozialistische Aktion ist vor allem ein bewusstes Handeln im Interesse eines Kollektivs, eine neue Gesellschaft braucht ein sozialistisches Bewusstsein. Die Welt wird für den Sozialisten Mauss also nicht materialistisch und nur ökonomisch konstituiert, sondern kulturell konstruiert. Und die soziale Frage ist für ihn eine totale Frage, die alle politischen, kulturellen, juristischen und moralischen Probleme tangiert. So sind für ihn Gewerkschaften und Genossenschaften keine rein ökonomischen Gebilde – sie schaffen ein neues sozialistisches Bewusstsein. Sie repräsentieren für ihn die Möglichkeit, schon hier und jetzt den Sozialismus umzusetzen und zu leben. Hier zeigt sich bei Mauss ein stark syndikalistisches Genossenschaftsmotiv: Man könne zwar Genossenschaftler sein, ohne Sozialist zu sein – Umgekehrtes gilt für Mauss allerdings nicht! Der Sozialismus repräsentiert für Mauss dabei nicht allein die Interessen der Arbeiterschaft, der Sozialismus muss vielmehr im Namen der ganzen Gesellschaft antreten.

Mauss setzt nicht – genauso wenig wie Jaurès – auf eine Revolution. Die neue Gesellschaft muss in der alten Gesellschaft heranwachsen und sie dann ablösen, und zwar mit gewaltfreien Mitteln. So verteidigt er auch Demokratie und Republikanismus. Den Genossenschaften kommt für Mauss eine Pionierrolle zu, da sie schon in der Gegenwart eine sozialistische Praxis einüben. Sie setzen schon experimentell um, was der Sozialismus lehrt – Sozialismus im Hier und Jetzt (Mauss

1997: 142ff.). Als einer der wenigen französischen Sozialisten ließ sich der anglophile Mauss von den Entwicklungen in Großbritannien inspirieren. So verfolgte er intensiv die Aktivitäten von Beatrice und Sidney Webb und der Fabian Society. Mauss kann zu seiner Zeit als einer der bedeutendsten Köpfe der französischen Genossenschaftsbewegung angesehen werden. Ihm ging es darum, konkrete und funktionierende Möglichkeiten zu finden, Lohnarbeit, Konkurrenz und Profit abzuschaffen, ohne dabei auf Märkte zu verzichten und auf eine staatssozialistische Linie einzuschwenken.

In seinen Schriften über die Nation in den 1920er Jahren zeigt sich Mauss als Internationalist. So wie es keine isolierten Personen geben kann, gibt es auch keine isolierten und selbstgenügsamen Gesellschaften. Wirtschaftliche Interdependenzen gab es schon immer, und Mauss stellt heraus, dass es auch immer schon intensiven Kontakt zwischen Gesellschaften gab – dabei borgt man Techniken, religiöse, ökonomische und ästhetische Technologien aus. Frieden zwischen Nationen kann es nach Mauss nur geben, wenn sie sich zu Föderationen zusammenschließen und in eine faire internationale Arbeitsteilung eintreten. So wie Durkheim die solidarisierende Wirkung einer fairen Arbeitsteilung für das Innere von Gesellschaften betonte, so hebt Mauss ihre befriedende Wirkung auf internationaler Ebene hervor.

Mauss' Internationalismus zeigt sich deutlich in einer Artikelserie in der Zeitschrift *Populaire*, die er ab Dezember 1922 bis zum Jahr 1924 dem Thema der Wechselkurskrise widmet. Mehrere Kabinette konnten Frankreichs Budget nicht ausgleichen und waren nicht in der Lage, den Franc zu stabilisieren. Zwar geht es in diesen Kolumnen um Fragen von nationalem Interesse, und die Maßnahmen, die er befürwortet (etwa, den Franc abzuwerten), behalten dieses Ziel klar im Auge. Doch schlägt er zugleich den Alliierten vor, Deutschland ein Moratorium einzuräumen und dessen Schulden auf ein vernünftiges handhabbares Maß zu reduzieren (Mauss 1997: 502). Hier bringt Mauss die Logik der Gabe in das Feld der internationalen Beziehungen ein, indem er betont, dass Frankreich den Deutschen eine größere Gabe darzubieten habe (vgl. Mallard 2011). Ein Moratorium für die Rückzahlung der Schulden hätte das soziale Band zwischen Frankreich und Deutschland wieder ein Stück weit reparieren können. Moratorium und Schuldenreduktion hätten eine außeralltägliche Gabe dargestellt, die die Beziehung beider Länder auf eine neue Ebene hätte heben können.[4] Dies wäre natürlich mit einer kompletten politischen Umorientierung der französischen Allianzen zusammengegangen, die bekanntlich nicht vollzogen wurde.

Ab dem Jahr 1923 erscheinen mehrere Artikel, in denen sich Mauss mit dem Bolschewismus auseinandersetzt. Zunächst geht es um das Problem der Gewalt, dann um die Frage, inwiefern der Bolschewismus ein sozialistisches Experiment darstellt. Mauss macht die Gewalt für das Scheitern der Bolschewiken verantwortlich. Denn weder mit Gewalt noch mit Gesetzen kann man eine sozialistische Gesellschaft herbeiführen, sondern nur durch eine Veränderung von Normen, Mentalitäten und Gewohnheiten. Die Diktatur des Proletariats war für ihn nichts anderes als die Diktatur der kommunistischen Partei, die katastrophalerweise alle politischen, ökonomischen und sozialen intermediären Institutionen zerschlug (Mauss 1997: 522, 544). Dies bedeutet nicht, dass der Sozialismus ohne massive Auseinandersetzungen entstehen könnte, doch Gewalt und Tyrannei verurteilte Mauss.

In seiner 1924 erschienenen soziologischen Würdigung des Bolschewismus (Mauss 1997: 537-566) untersucht er eingehend den Bolschewismus in seinem sozialistischen Potenzial und kommt zu einem radikalen und überaus hellsichtigen Urteil. Für ihn handelt es sich nicht um ein sozialistisches Experiment, denn der Sozialismus kann für Mauss nur Ausdruck eines Gemeinwillens (*volonté generale*) sein. Die Bolschewiken hält er für »naive Soziologen«, denn eine Minderheit könne kein neues politisches und gesellschaftliches System mit Gewalt aus dem Nichts herbeizwingen. Den Sozialismus muss man wollen – und zwar enthusiastisch.

Ein wichtiger Teil der Untersuchung kreist um die Frage, ob es klug war, den Markt abzuschaffen. Dies verneint Mauss vehement, denn es gehe darum, den Markt sozialistisch zu organisieren, anstatt ihn abzuschaffen. Eine Gesellschaft ohne Markt ist für Mauss nicht vorstellbar. Die Freiheit des Wirtschaftslebens – die freie Preisbildung durch Angebot und Nachfrage und das Recht, das kaufen zu können, was man möchte – sind unbedingt notwendige Voraussetzungen des Wirtschaftslebens. Ein staatlicher Kollektivismus stellt für Mauss keine Verwirklichung des sozialistischen Gedankens dar, nur die freie Assoziation vermag Kollektivismus, Individualismus und Freiheit miteinander zu vermitteln. Für ihn kann es niemals rein kapitalistische oder rein sozialistische Gesellschaften geben, stattdessen geht es immer um eine Mischung aus Kapitalismus, Etatismus, Verwaltung, freier Assoziation und Individualismus. Dies bedeutet auch, dass man ein ganzes Potpourri an verschiedenen Rechtsformen – und nicht nur Staatseigentum – zulassen sollte. Mauss betont, dass man entscheidende Rechtsformen wie das Erbrecht als gesamtgesellschaftliche Stellschrauben erkennen und nutzen müsse.

Fassen wir zusammen: Mauss visiert einen kooperativen Sozialismus an, der das Prinzip der freien Assoziation und Selbstorganisation gegen Staat und Markt behauptet. Seine ökonomische Vision ist strikt pluralistisch und experimentell gedacht: In vielen sozialen Experimenten gilt es auszuloten, welche Eigentumsformen und welche Steuerungsmechanismen (Planung oder Markt) an welcher Stelle verwirklicht werden sollten. Dabei kommt vielfach die Logik der Gabe zur Geltung. Sie allein kann zwar keine Gesellschaft und Ökonomie aufbauen, doch kommt sie in vielfältigen nichtagonistischen und agonistischen Formen zum Tragen. Nichtagonistisch kommt sie bspw. im Innern von Organisationen wie Genossenschaften, in der Wikipedia und anderen alternativen Projekten vor, die auf das Prinzip des Teilens (*sharing*) setzen (Belk 2009). Aber auch in der agonistischen Variante ist sie vorfindbar und unabdingbar: etwa im Bereich der internationalen Beziehungen.

Agonistische Gaben entfalten in Situationen der Konkurrenz und des Misstrauens ihre Bedeutung. Dadurch werden bestehende soziale Grenzen geöffnet – neue Bindungen entstehen. Keith Hart (2014: 40) hat die expansive Wirkung der agonistischen Gabe mit der Expansionslogik des Kapitals verglichen. Agonistische Gaben fordern heraus, testen so die Grenzen von Gemeinschaften aus und öffnen sie gegenüber anderen.

Mauss schätzt den Republikanismus hoch und verteidigt die Demokratie. Als Soziologe weiß er, dass die moderne Gesellschaft ein komplexes Gebilde ist, das auf sozialer Arbeitsteilung – heute spricht die Soziologie von funktionaler Differenzierung – beruht. Diese funktionale Differenzierung ist zwar nicht rückgängig zu machen, aber zu steuern. Sein Ideal ist eine Gesellschaft, der Instrumente der kollektiven Selbststeuerung zur Verfügung stehen. In diese Richtung argumentiert, wie wir sahen, auch John Dewey, der die Öffentlichkeit als Ort der gesellschaftlichen Selbstthematisierung und -steuerung beschreibt. Mauss' Sozialismus richtet sich nicht allein an die Arbeiterschaft, sondern an alle Bürgerinnen und Bürger eines Landes. Der Sozialismus muss also Attraktivität für alle sozialen Gruppen entfalten können. Sozialismus zielt auf eine soziale Freiheit ab, die in der Einsicht besteht, dass die individuelle Freiheit in wesentlichen Bereichen des Zusammenlebens nur im solidarischen Zusammenleben mit anderen zu verwirklichen ist (Honneth 2015). So gesehen würde die totale Durchsetzung des *homo œconomicus* uns in unseren Freiheitsmöglichkeiten drastisch einschränken. Mauss verweigert sich damit der Dichotomie von Freiheit, Markt, Utilitarismus und Individualismus einerseits und Kollektivismus, Staat, Solidarität und Bindung andererseits. In der freiwilligen Kooperation kommen Freiheit und Bindung zueinander. Und in sozialen Experimenten ist herauszufinden, wie die Idee der sozialen Freiheit unter wechselnden historischen Bedingungen am besten zu verwirklichen ist.

Im Unterschied zu den meisten sozialistischen Ideen des 19. und 20. Jahrhunderts ist dies eine weiterhin tragfähige sozialistische Vision. Denn Mauss' Sozialismus enthält nicht die typischen Fehler vieler sozialistischer Ideen, die in der Industriegesellschaft des 19. Jahrhunderts verwurzelt sind. Mauss gibt erstens nicht die Gewährung individueller Freiheitsrechte zugunsten eines Kollektivs auf. Zweitens richtet sich sein Sozialismus nicht alleinig und primär an eine revolutionsbereite Arbeiterschaft. Und drittens ist Mauss nicht der Meinung, dass es einen gesetzmäßigen Fortschritt in der Geschichte oder sozioökonomische Entwicklungsgesetze gibt. Diesen drei schwerwiegenden Fehleinschätzungen des historischen Sozialismus (vgl. Honneth 2015) unterliegt Mauss nicht, so dass sich seine Vision des Sozialismus relativ umstandslos in die Gegenwart extrapolieren lässt. Mauss stand mit seiner Vision des Sozialismus frühsozialistischen, syndikalistischen und libertär-anarchistischen Traditionen näher als dem »wissenschaftlichen Marxismus«. Also Proudhons *mutualité* und ökonomische Experimente statt Marx' Analyse von vorgeblich objektiven Entwicklungsgesetzen und einer Diktatur des Proletariats. Damit stand er in Frankreich bei weitem nicht allein, im Unterschied zur Situation in Deutschland, wo anarchistisch-syndikalistische Ideen in der Sozialdemokratie niemals so stark Fuß fassen konnten (vgl. Stowasser 2006).

Mauss' Weg in den Sozialismus nimmt besonders die zivilgesellschaftliche Handlungsmacht in den Blick, also die Fähigkeit zur sozialen Selbstorganisation. Mauss' Verständnis von Sozialismus nimmt Reformmotive von *empowerment* in sich auf, setzt auf eine soziale und solidarische Ökonomie und auf eine assoziative Demokratie. Dabei baut Mauss einerseits auf staatliche Reformen (und nicht auf Revolution im Sinne eines radikalen Bruchs), und zum anderen auf Transformationen in gesellschaftlichen Nischen. Der Kapitalismus soll dadurch erodieren, dass in den vorhandenen Zwischenräumen und Nischen alternative Formen des Wirtschaftens und Zusammenlebens aufgebaut werden, die verteidigt und ausgeweitet werden müssen. Der US-amerikanische Soziologe Erik Olin Wright (2017: 11) spricht in diesem Zusammenhang von »realen Utopien«, die »in der Welt, wie sie gegenwärtig beschaffen ist, entwickelt werden können, die dabei aber die Welt, wie sie sein könnte, vorwegnehmen und dazu beitragen, dass wir uns in dieser Richtung voranbewegen«. Mauss' reale Utopie knüpft an sehr konkrete frühsozialistische und anarchistische Ideen und Initiativen an, etwa an Proudhons Konzept von Arbeiterkooperativen, die auf Gegenseitigkeit beruhen und in der die Differenz zwischen Unternehmer und Arbeitern aufgehoben ist, da unter anderem der Gewinn untereinander geteilt wird.

Dies- und jenseits des Kapitalismus: Solidarische Ökonomie und Postwachstum

Im Folgenden werde ich Mauss' Perspektive aufgreifen und zeitgenössische Formen alternativer Ökonomie betrachten und fragen, welches nichtkapitalistische Reformpotenzial in ihnen liegt. Die leitende Frage wird dabei sein, inwieweit es sich bei der sozialen oder solidarischen Ökonomie, den digitalen Commons oder bei der Wiederbelebung des Genossenschaftsgedankens um zukunftsweisende Projekte handelt, die die Logik der Gabe wieder in die Wirtschaft einbetten wollen. Die aktuellen Konzepte sind teilweise kaum noch zu überblicken: Manche sprechen von sozialer oder solidarischer Ökonomie, andere von lokaler Wirtschaft, es finden sich neue Konzepte des direkten Tauschs von Waren oder Arbeitskraft, es gibt sog. Umsonstläden, wir finden selbstverwaltete Kommunen, Ökodörfer, lokale Komplementärwährungen, das Konzept der Commons oder in den Großstädten Urban Gardening. Wie auch immer man diese Entwicklungen begrifflich auf den Punkt bringen will, abstrakter gefasst kann man von Tendenzen der sozialmoralischen Wiedereinbettung der Ökonomie und von einer Verschränkung von Wirtschaft und Zivilgesellschaft sprechen (vgl. Adloff/Kocka 2016). Es geht nämlich bei allen oben genannten Initiativen um ein neues Verhältnis von Individual- und Kollektivinteressen, von Demokratie, Markt, Tausch und Gabe, um horizontale selbstorganisierte Wirtschaftsverhältnisse, in denen die Ökonomie menschlichen Bedürfnissen untergeordnet ist (und nicht umgekehrt wie im neoliberalen Kapitalismus).

Das Beispiel der Genossenschaften belegt dies. Genossenschaften stammen aus dem 19. Jahrhundert und reüssierten nicht nur im Umfeld der Sozialdemokratie. So gab und gibt es ebenso christlich-konservative, liberale wie auch anarchosyndikalistische Konzepte. In Deutschland entwickelte sich die Genossenschaftsbewegung mit Raiffeisen und Schulze-Delitzsch eher in eine konservativ-liberale Richtung, während in England und Frankreich über Robert Owen und Charles Fourier frühsozialistische Ideen in die Genossenschaften getragen wurden. Der sozialreformerische Flügel der Genossenschaftsbewegung blieb in Deutschland schwach ausgeprägt, und in den 1980er und 90er Jahren wurden Genossenschaften denn auch fast nur noch als eine konservative Einrichtung angesehen. Viele Genossenschaften änderten ihre Gesellschaftsform in eine Kapitalgesellschaft, und es wurden kaum neue Genossenschaften gegründet, unter anderem auch wegen der strengen Prüfvorschriften (Elsen/Walk 2016). Die Lage ändert sich aktuell und Genossenschaften werden zunehmend als tragfähiges Modell einer sozial-ökologischen Transformation betrachtet, was insbesondere mit der vermehrten Gründung von Energiegenossenschaften zu tun hat, die auf Erneuerbare Energien setzen und eine Alternative zu Privatisierungen in Form von demokratisch organisierter Selbsthilfe darstellen.

Weltweit gibt es Genossenschaften sowohl im Produktions- wie auch im Konsumbereich, und das Genossenschaftsprinzip findet heute noch und zum Teil gerade auch wieder eine breite Anwendung. Nicht nur im globalen Norden werden Genossenschaftsideen reaktiviert, diese spielen in verschiedenen Ländern des globalen Südens eine immens wichtige Rolle, aktuell beispielsweise im Transformationsprozess Kubas (Walk 2015). Unter Marktbedingungen versuchen Genossenschaften, Basisprinzipien des Kapitalismus abzuändern und mit anderen Koordinationsprinzipien zu kombinieren. Nicht die Kapitalverwertung, sondern die Befriedigung der Bedürfnisse der Mitglieder steht bei der Genossenschaft im Zentrum, hinzu kommen das Demokratieprinzip sowie Solidarität bzw. der sogenannte Genossenschaftsgeist.[5] Nicht-Gewinnorientierung, Gemeineigentum, wechselseitige Selbsthilfe, Werte und Freiwilligkeit werden individuellen Eigentumsrechten, der Trennung von Kapital und Arbeit sowie der reinen Profitorientierung gegenübergestellt.

Neue Anschlüsse an diese Tradition gibt es unter veränderten Vorzeichen seit den frühen 1970er Jahren in Form der Alternativökonomie in den linksalternativen Milieus der westlichen Gesellschaften (Reichardt 2014: 319ff.). Im Zuge der Finanzkrise von 2008 sowie von Diskussionen um eine Green Economy werden solche alternativ-ökonomischen Projekte häufiger gegründet, intensiver wahrgenommen und diskutiert. Hinzu kommen neue Formen der internetbasierten Ökonomie wie Peer-to-Peer-Netzwerke, Wikipedia, Linux, Creative Commons etc. Die Diskussion um Commons hat in den letzten Jahren deutlich an Fahrt aufgenommen, nachdem man die Sichtweise überwunden hatte, dass Gemeingüter zwangsläufig von eigennützigen Akteuren ausgebeutet und übernutzt werden. Man diskutiert derzeit über natürliche globale Commons wie das Klima, die Regenwälder oder die Weltmeere, oder es geht um digitale Commons, die darauf beruhen, dass freiwillig Wissen zusammengetragen wird, bei dem keine Rivalität im Konsum besteht.

Für den Ökonomen Jeremy Rifkin (2014) gehört den Commons gar komplett die Zukunft, da in den nächsten Jahren die Grenzkosten für die Produktion von Gütern drastisch sinken werden. Sie tendieren für Rifkin bald gegen Null, da im globalen internetgestützten Hightech-Kapitalismus Informationen (Baupläne bspw.) als Commons kursieren werden, die alle nutzen können. So werde die Allmendeproduktion die kapitalistische Wirtschaft in Nischen zurückdrängen. Der sozialistische Journalist Paul Mason (2016) spricht vom »Projekt Null«: Emissionsfreie Energieversorgung, die Erzeugung von Maschinen, Produkten und Dienstleistungen mit Null-Grenzkosten und eine weitgehende Beseitigung der Arbeit sind Bestandteile seiner Vision. Für Mason wie für Rifkin scheint es klar zu sein, dass eine Ökonomie, die primär auf Wissen beruht, »aufgrund ihrer Tendenz zu kostenlosen Produkten und schwachen Eigentumsrechten keine kapitalistische Volkswirtschaft mehr sein« kann (Mason 2016: 234). Es sei dahingestellt, ob diese überschwängliche Utopie einer Überwindung des Kapitalismus durch technologische Innovationen (gut marxistisch also durch den Stand der Produktivkräfte) den Realismus auf ihrer Seite hat. Aus meiner Sicht ist zunächst nur zu betonen, dass man Commons als ernstzunehmende und sinnvolle Ergänzung der kapitalistischen Wirtschaft zu verstehen hat. Friederike Habermann (2016) nennt vier Prinzipien, die Commons auszeichnen: Allmende können in Besitz genommen, also genutzt werden, aber sie stehen einem nicht als Eigentum zu. Allmende können also nicht verkauft werden. Nutzer/innen von Commons teilen zweitens ihr Wissen, ihre Kompetenzen und Fähigkeiten untereinander. Drittens tragen alle zu einem Gemeingut bei, sie tauschen keine Beiträge. Es wird also nicht ein quantifizierbarer Wert gegen einen anderen getauscht, sondern es findet ein Austausch ohne Tauschlogik statt. Wir haben es hier also mit Gaben par excellence zu tun, ohne dass die Vertreter/innen der Commons-Bewegung dies immer so klar benennen würden. Hinzu treten als viertes Prinzip die Freiwilligkeit und der freie Zugang zu den benötigten Ressourcen.

Die Wikipedia ist ein gutes Beispiel für digitale Commons. Sie beruht ausschließlich auf freiwilliger unbezahlter Arbeit, ist allen zugänglich, und unter Einhaltung einiger Regeln kann jede(r) zum Wissensbestand von Wikipedia beitragen – ein Paradebeispiel für Sharing im Sinne von nichtagonistischen Gaben. Wikipedia beweist, dass Gaben, die nicht auf Erwiderung abzielen, in der Lage sind, die beste Online-Enzyklopädie aufzubauen und dass eine dezentrale und diskursive Kooperation auf freiwilliger Basis möglich ist. Bei Wikipedia greifen Gabepraktiken und ein soziotechnisches System (die Wiki-Technologie) so ineinander, dass daraus das inspirierendste Beispiel einer auf Gaben beruhenden, globalen Allmende entstehen konnte.

Anders dagegen Plattformen wie Facebook oder Google, die ihre Dienste zwar auch unentgeltlich – als Gabe – allen anbieten, dafür aber im Gegenzug einen indirekten und ungleichen Tausch vollziehen. Sie sammeln die Daten der Nutzer/innen und verkaufen sie an Werbekunden (Big Data), was zu ethischen Diskussionen um Datenschutzfragen und gezielte Werbemanipulationen geführt hat. Googles und Facebooks Geschäftsmodell beruht auf der freien Bereitstellung von Diensten. Diese Gaben sind geladen mit Erwiderungen. Alle, die die Dienste solcher Plattformen in Anspruch nehmen, werden durch die im Hintergrund arbeitende Technologie dazu gebracht, den Unternehmen etwas in Form von relevanten Nutzerdaten zu erwidern. Dies ist weder ein expliziter Tausch noch eine freiwillige Erwiderung. Die Gabe ist hier technologisch und systematisch mit der Ware verwoben und ermöglicht immense Profite. Mit dem klassischen Begriff der Ausbeutung kommt man in der Analyse dieses Phänomens nicht weit (vgl. Elder-Vass 2018). Wir beobachten hier vielmehr eine Asymmetrie in der Kontrolle von Daten; Google und Facebook stehen denn auch in der Kritik, ihre Kontrolle über die Nutzerdaten zu missbrauchen.

Kritiker wie Jaron Lanier (2013) fordern, dass die Nutzer/innen des Internets zu direkten Tauschpartnern der großen Plattformen wie Facebook, Amazon und Google gemacht werden sollten. Wenn diese ihre Nutzer/innen durch Big Data finanziell massiv ausnutzen, da sie bereit sind, sich kommunikativ mit ihren Interessen zu offenbaren, dann sollten alle am Verdienst der großen Unternehmen ein wenig partizipieren dürfen: in Form von Mikrozahlungen im Tausch gegen die bereitgestellten Daten, so Lanier. Dagegen ist einzuwenden, dass marktliche Räume durch staatliche und zivilgesellschaftliche Räume flankiert werden müssten. Wenn eine Plattform wie Facebook primär der freien Kommunikation von Peers dient, warum sollte diese den Charakter von Ware, Instrumentalität und monetärem Tausch annehmen? So könnte man fragen, ob es sich bei der Kommunikationsplattform Facebook nicht mittlerweile um ein Gemeingut handelt, das allen zusteht? Dann müsste sich Facebook mit einer geringen monatlichen Nutzungsgebühr zufrieden geben und das eigentliche Geschäftsmodell – den Verkauf von Nutzerdaten – aufgeben. Allerwenigstens müsste es möglich sein, über Plattformgrenzen hinweg zu kommunizieren, so dass diejenigen, die mit Facebooks Datenpolitik unzufrieden sind, mit ihren Facebook-Freunden auch über Anbietergrenzen hinweg kommunizieren können. Wir sehen an diesen Beispielen, dass die gegenwärtige Ökonomie ein komplexes System von konkurrierenden ökonomischen Austauschprinzipien darstellt und insbesondere die digitale Ökonomie durch hybride Mischungen von kapitalistischen und Gabepraktiken gekennzeichnet ist. Dabei werden die Gabepraktiken zumeist für kapitalistische Profitzwecke instrumentalisiert.

Seit ein paar Jahren wird in den Debatten um die Zukunft des Kapitalismus die Frage intensiv diskutiert, ob wir aus ökologischen und sozialen Gründen Abschied von der Vorstellung immerwährenden Wirtschaftswachstums nehmen sollten. Die in Wissenschaft, Politik und großen Teilen der politischen Öffentlichkeit etablierte Sicht bestand ja jahrzehntelang darin, dass moderne Gesellschaften unbedingt ihr Wirtschaftswachstum fördern sollten. Wachstum und mit ihm verbundene »Fahrstuhleffekte« (Beck 1986) galten (und gelten oft noch) als Grundlage sozialer Stabilität, der Bindung von »Unterschichten« an eine demokratische Ordnung, der Integration von Zuwanderern in Arbeitsmärkte, wohlfahrtsstaatlicher Verteilungspolitiken und der Einhegung sozialer Ungleichheit. So plausibel und effektiv diese Antwort bis in das letzte Drittel des 20. Jahrhunderts vielleicht war, in der Gesellschaft der Gegenwart scheint sie in eine Krise geraten zu sein (Nachtwey 2016): Einerseits lassen sich die dazu erforderlichen Wachstumsraten seit Jahrzehnten nicht mehr realisieren, andererseits geraten zunehmend die für die Stabilität von Sozialordnungen bedrohlichen ökologischen Folgen von Wachstumsorientierung in den Blick der Diskussion. Vor dem Hintergrund erheblicher politischer Schwierigkeiten, den enormen Ressourcenverbrauch sowie die Emissionen kapitalistischer Ökonomien verbindlich einzuschränken, werden in den letzten Jahren verstärkt Debatten geführt, wie eine nicht wachstumsbasierte Sozialordnung aussehen könnte (Jackson 2011). Da nach heutigem Wissensstand der Wandel zu ökonomischer Stagnation und damit zu nicht wachstumsbasierten Sozialordnungen faktisch kommen wird und aus ökologischen Gründen auch kommen muss – entweder, um eine gelungene Formulierung Peter Victors aufzugreifen, gesteuert und geplant (»by design«) oder als Katastrophe, weil man sich nicht darauf vorbereitet hat (»by disaster«) –, scheint die Frage nach der Möglichkeit einer Gesellschaft nach der Wachstumsgesellschaft im Zentrum der gegenwärtigen Krisenkonstellation zu stehen. Inzwischen sprechen selbst neoklassische Ökonomen von Stagnation und der Heraufkunft einer Postwachstumsökonomie. Ohne eine praktikable Antwort wird die Stabilität westlicher Sozialordnungen längerfristig nicht zu sichern sein. Ohne neue Institutionen, Identitätsideale und Mentalitäten jenseits der Wachstumslogik wird die Postwachstumsgesellschaft nur einen verschärften Wettbewerb um sich verknappende Ressourcen in Form von Entsolidarisierungen und Grenzziehungen mit sich bringen (Muraca 2014; Blühdorn 2016). Diese neueren Debatten um eine Postwachstumsgesellschaft greifen insbesondere die Begriffe *degrowth* und *décroissance* auf (vgl. auch Kapitel 1).

Der französische Begriff der *décroissance* wurde von André Gorz im Jahre 1972 zum ersten Mal in die Debatte um Ökologie, Grenzen des Wachstums und Kapitalismus eingeführt. Eine Wachstumsrücknahme sieht er als notwendig an, um das ökologische Gleichgewicht der Erde zu erhalten. Diese Auseinandersetzung um eine neue politische Ökologie geriet dann für viele Jahre in Vergessenheit, und erst mit den 2000er Jahren begann eine neue Runde der Diskussion. Diesmal kam das Konzept der Entwicklung bzw. der nachhaltigen Entwicklung in die Kritik, und insbesondere Serge Latouche (2015) platzierte den Begriff der *décroissance* gegen die Vorstellung, dass es nur einen (nämlich den westlichen) Entwicklungsweg gäbe und dass dieser auf der Logik eines immer größeren Ressourcenverbrauchs und Güterkonsums beruhen müsse (vgl. Acosta 2015). Ausgehend von Frankreich, dann auch von Spanien und Italien, entwickelte sich hieraus eine fundamentale Kritik der Wachstumsidee, die in den letzten Jahren zur Kapitalismuskritik der westlichen Konsumgesellschaften ausgebaut wurde.

Dabei geht es um eine Suche nach Alternativen zur Wachstumsideologie, die sich etwa in Konzepten und Praktiken des Teilens, der Einfachheit, von Commons oder Fürsorge bzw. Care ausdrücken. Die daran anschließenden Debatten fokussieren ganz unterschiedliche Aspekte (Kallis/Demaria/D'Alisa 2015): etwa ökologische Fragen rund um die Themen CO_2-Ausstoß und Erderwärmung, Kritik des BIP als Kennziffer, Wachstums- und Beschleunigungskritik, kapitalismuskritische Analysen, Kritik der geschlechtsbezogenen Arbeitsteilung, Kritik an Entfremdung von Arbeit und Natur, Forderungen nach Arbeitszeitverkürzung oder einem Grundeinkommen. Gemeinsam ist diesen Praktiken und Diskursen die Suche nach alternativen Wirtschaftsformen, die ohne Wachstum auskommen, sowie der Versuch, aus der gesellschaftlichen Vorstellungswelt der rationalisierten und wachstumsgetriebenen Moderne auszubrechen (vgl. Castoriadis 2014a). Gesucht wird eine Gesellschaft, die andere Ziele verfolgt als Wachstum um des Wachstums willen, eine Gesellschaft, die autonom in dem Sinne ist, dass sie in der Lage ist, sich selbst gesetzte Ziele zu erreichen und sich in Freiheit zu begrenzen. Eine Gesellschaft also, die nicht heteronom von vorgeblichen Sachzwängen und ökonomisch-kapitalistischen Gesetzmäßigkeiten regiert wird. Dies ist für Serge Latouche (2015: 55ff.), den »Papst« der französischen *décroissance*-Bewegung, eine genuin politische Aufgabe, die es erfordert, eine kulturelle Transformation der produktivistischen und konsumistischen Mentalitäten des Westens einzuleiten, konkrete alternative Utopien zu entwickeln und eine kohärente Theorie zu erarbeiten.

Paradigmatisch lassen sich in Deutschland zwei Gruppierungen herausgreifen, die eine Transformation bisherigen Wirtschaftens anvisieren und ein interessantes Zukunftspotenzial in sich tragen könnten. Vielleicht kann man sogar schon von einem sich herausbildenden Milieu alternativer Wirtschaft und Lebensführung sprechen. Die Rede ist von dem *Degrowth*-Netzwerk und der Gemeinwohlökonomie. Während das *Degrowth*-Netzwerk stärker politisch und konzeptionell orientiert ist und versucht, *Degrowth* als gesellschaftspolitisches Alternativkonzept zu entwickeln und positiv zu rahmen, ist die Gemeinwohlökonomie stärker praktisch-wirtschaftlich orientiert. Das Konzeptwerk Neue Ökonomie (Leipzig) betreibt das *Degrowth*-Webportal (www.degrowth.de), beabsichtigt eine sozial-ökologische Transformation des Wirtschaftens, vernetzt wachstumskritische Akteure und bildet und informiert zum Thema Postwachstum an der Schnittstelle von Wissenschaft und Praxis. Die Gemeinwohlökonomie geht auf Christian Felber (2012) zurück und verfolgt das Ziel einer ethischen Marktwirtschaft, die auf die Achtung der Menschenwürde, auf Gerechtigkeit, Solidarität und eine sozial-ökologische Nachhaltigkeit abzielt (vgl. www.ecogood.org). Beide Gruppierungen zielen auf eine Transformation hin zu einer Postwachstumsgesellschaft. Während aber das *Degrowth*-Netzwerk seinen sichtbarsten Ausdruck in regelmäßigen *Degrowth*-Konferenzen (2014 in Leipzig, 2016 in Budapest, 2018 in Malmö) und in Sommerschulen findet, zielt die Gemeinwohlökonomie auf die lokale Etablierung von Postwachstum durch eine stärkere Orientierung wirtschaftlichen Handelns am Gemeinwohl. Diese soll praktisch durch die Erstellung von Gemeinwohlbilanzen sowie eine Demokratisierung des wirtschaftlichen Handelns durch eine Verständigung über das Gemeinwohl etwa in Form von Wirtschaftskonventen erreicht werden. Mittelfristig verfolgt die Gemeinwohlökonomie auch das Ziel, Einfluss auf die politischen Rahmenbedingungen des Wirtschaftens zu nehmen. Denn Unternehmen mit einer positiven Gemeinwohlbilanz sollten steuerliche Vorteile erhalten, damit gemeinwohlorientiertes Wirtschaften sich auch finanziell lohnt.

Diese sozialen Experimente konvivialer Lebensführung können zu einer gesellschaftlichen Debatte über einen steuerbaren Wandel (»by design«) in die Postwachstumsgesellschaft beitragen und als Elemente einer zukünftigen Gesellschaft gedeutet werden. Solche Gruppen stellen »Reallabore« (Schneidewind/Singer-Brodowski 2014) dar, in denen in der Gegenwart neue Wertorientierungen, subjektive Dispositionen und Praktiken der Lebensführung erprobt werden, sie stellen mögliche Trägermilieus eines zukünftigen Wandels hin zu einer nicht wachstumsorientierten Sozialordnung dar. Konkrete Beispiele finden sich zuhauf; man kann sie etwa über die Website der Gemeinwohlökonomie finden. Ich empfehle zudem, sich die beiden Hamburger Unternehmen Quijote (Kaffee) und Premium (Cola) einmal genauer anzuschauen: Hierbei handelt es sich modellhaft um wirtschaftsdemokratische und nachhaltige Postwachstumsunternehmen. Wer verstehen will, wie Genossenschaften unter kapitalistischen Bedingungen Erfolg haben können, sollte sich das baskische Beispiel Mondragón vor Augen führen. Mondragón existiert seit 1956 und ist das siebtgrößte Unternehmen Spaniens. Dort werden unter anderem Haushaltsgeräte und Maschinen hergestellt.

All diese alternativ-ökonomischen Projekte verbinden mit ihren Ansätzen außerökonomische Zwecke, etwa die Schaffung von Sozialkapital und Vertrauen, Nicht-Entfremdung, lokale Bindungen, Kritik am Warencharakter der Arbeit, Ablehnung von Hierarchie, ökologische Motive und solche der Fairness und Gerechtigkeit. Sie verknüpfen Elemente von Kapitalismus, Markt, Sozialismus und Zivilgesellschaft. Dabei zeigen sie vor allem, dass unter globalen kapitalistischen Bedingungen es auch eine Vielzahl von nichtkapitalistischen Idealen und Praktiken des Wirtschaftens gibt, die jedoch sowohl von neoklassischen Ökonomen als auch von marxistischen Linken nicht ernst genug genommen werden. Dies erschwert die intellektuelle Suche nach nichtkapitalistischen Alternativen des Zusammenlebens. Das anthropologische Autorinnenduo Gibson/Graham (2014) spricht deshalb von einem kapitalozentristischen Blick auf die Ökonomie, der uns behindert, Alternativen zu erkennen und zu benennen. Auch der britische Soziologe Dave Elder-Vass (2018) betont, dass sowohl links als auch rechts eine starke Neigung besteht, die Ökonomie als durch und durch kapitalistisch aufzufassen. Dies hindert nicht nur daran, die nichtkapitalistischen Praktiken des Wirtschaftens zu erkennen, sondern führt auch zu einer politischen Entmutigung antikapitalistischer Initiativen. Nicht zu sehen, dass Ökonomie niemals komplett identisch mit kapitalistischer Warenökonomie ist, unterminiert letztlich antikapitalistische Praktiken, indem sie unsichtbar gemacht oder gar geleugnet werden. Schon existierende nichtkapitalistische Praktiken wahrzunehmen und theoretisch adäquat zu verorten muss deshalb Teil einer antikapitalistischen Strategie sein.

Die kapitalozentristische Sicht geht zudem mit einem problematischen theoretischen Verständnis von Wirtschaft einher. Denn mit ihr wird die Ökonomie als autonom konzeptionalisiert, entweder in der neoklassischen ökonomischen Theorie als geleitet von individuellen Nutzen- und Effizienzkalkülen oder in der Soziologie als selbstreferenzielles gesellschaftliches Funktionssystem, das nur der Rentabilitätslogik folgt (Beckert 2014). Jedoch ist Ökonomie nicht identisch mit Marktprozessen und nicht identisch mit Kapitalismus: Wirtschaft beruht ebenfalls auf Reproduktionsprozessen, also unbezahlter Haushalts- und Erziehungsarbeit, und ist zudem in der Zuweisung von Gütern auf Prozesse von Umverteilung und Reziprozität angewiesen. Der Markt ist ferner nicht selbstregulierend: Er bedarf der staatlichen Regulierung und der Einbettung in zivilgesellschaftliche Normen. Schließlich ist eine ökonomische Unternehmung nicht notwendigerweise identisch mit einem kapitalistischen Unternehmen, was offenkundig wird, wenn man an die erwähnten Genossenschaften, gemeinschaftliche Eigentumsformen oder an Nonprofit-Unternehmen denkt.

Die oben genannten nicht- oder schwachkapitalistischen

Praktiken könnten zukünftig weltweit noch eine große Rolle spielen, wenn man sich vergegenwärtigt, dass sowohl der globale Norden wie auch der Süden aktuell mit einer Reihe ungelöster Probleme konfrontiert sind: Die bisherige Abhängigkeit von Arbeit, Demokratie, Umverteilung, Sozialversicherungssystemen und Selbstverwirklichung vom Wirtschaftswachstum ist ja schon angesprochen worden. Auf die Kritik am gesellschaftlich entbetteten Finanzkapitalismus und seiner noch fortdauernden Krise von 2008 müssten konkrete Reformvorschläge immer noch folgen. Immer noch lassen sich in der Finanzwirtschaft höhere Profite erzielen als in allen anderen Unternehmensbereichen – gefüttert durch die politische Förderung eines »finanzfreundlichen Klimas«. Statt die Finanzwirtschaft zu kontrollieren, wird sie politisch umsorgt (Sahr 2017). Die ungleiche Verteilung des Einkommens, aber insbesondere auch des Privatvermögens nimmt seit Ende der 1970er Jahre in vielen Gesellschaften insbesondere des Nordens dramatisch zu, und der weiter zunehmende Verbrauch an nichterneuerbaren Energien beschleunigt die Erderwärmung.

Die größte Herausforderung für die Vision einer Postwachstumsgesellschaft besteht in der Frage, wie sich die Abkehr vom Wirtschaftswachstum mit der Notwendigkeit, das materielle Niveau der unterprivilegierten Schichten anzuheben, verbinden lässt. Wenn der Kuchen nicht mehr wächst, sondern gar schrumpft, muss den Privilegierten viel radikaler etwas genommen werden. Dies geht nur, wenn wir uns von der Macht der Ökonomie befreien. Nicht nur die Ökonomie zu verstaatlichen, sondern sie gleichsam zu verlassen, wäre das Projekt. Konkret bedeutet dies (vgl. Caillé & Les Convivialistes 2016), die Abhängigkeit der Bürgerinnen und Bürger von Unternehmen und Märkten abzumildern. Dazu braucht es einerseits einen funktionierenden öffentlichen Sektor und andererseits vor allem neue Formen der Kooperation zwischen Unternehmen, der öffentlichen Hand und zivilgesellschaftlichen bzw. Nonprofit-Organisationen. Gemeingüter sollten nicht privatisiert, sondern erhalten und neu kreiert werden, Genossenschaften gilt es zu fördern, regionale Komplementärwährungen sind zu unterstützen. Konsumgüter brauchen eine längere Haltbarkeit, ein Leben ohne Autos muss möglich gemacht werden, und schließlich muss die Abhängigkeit nicht nur von Märkten und Unternehmen, sondern auch vom Geld durch Formen nichtmonetären Austausches verringert werden. Es braucht alternative Kennziffern und neue qualitative Parameter zur Beurteilung der Ökonomie (und nicht das BIP). Schließlich brauchen wir ein radikal verändertes Verständnis von Unternehmen. So kommt ihnen beispielsweise im Konzept der Gemeinwohlökonomie nicht nur die Aufgabe zu, rentabel zu sein, sie sollten auch Gemeinwohlaspekte berücksichtigen. Dort werden sie weniger als privatwirtschaftliche denn als gemeinschaftliche Unternehmen verstanden, die darauf hinarbeiten, gemeinsame Werte zu erzeugen, die über das Monetäre hinausweisen und nicht mehr ökologische und soziale Kosten externalisieren.

Bei all diesen Fragen werden das Zusammenspiel von Wirtschaft und Zivilgesellschaft, ihre Verschränkungen und auch Antagonismen, ihre gegenseitige Unterstützung und Begrenzung von entscheidender Bedeutung sein. Denn in diesen Zusammenhängen wird der Krisenbearbeitungsfähigkeit von Staaten immer weniger zugetraut, und zugleich richten sich nichtsdestoweniger die Hoffnungen vieler Kritiker der oben genannten Entwicklungen auf diese. Dabei gerät die Zivilgesellschaft leicht als Instanz der Kritik radikalisierter Marktbeziehungen und zugleich Ermöglicherin ziviler Austauschformen unter den Menschen aus dem Blick (dazu auch Kapitel 10). Beispielhaft kann man hier eine neuere Publikation nennen: *Civic Capitalism* von Colin Hay und Anthony Pane (2015) versucht eine politisch-wissenschaftliche Agenda der (Re-)Zivilisierung des Kapitalismus zu entwickeln und konzentriert sich dabei allein auf die Rolle des Staates, ohne auch nur einen Seitenblick auf zivilgesellschaftliche Akteure zu werfen.

Dabei gibt es augenblicklich weltweit viele soziale Bewegungen und lokale Initiativen, die in diesen Bereichen soziale Experimente wagen und Grenzen verschieben. Denn es gilt nun offenkundig, den Kapitalismus erneut zu zivilisieren (wie schon einmal durch den Aufbau der Wohlfahrtsstaaten im 20. Jahrhundert) und neue konviviale Formen des globalen Zusammenlebens zu entwickeln. Dass sich die Welt insgesamt jedoch nicht in die Richtung von neuen Formen der Konvivialität entwickelt und wir es weltweit mit einem grausamen System von Ausbeutung menschlicher und natürlicher Ressourcen und extremen Formen der Ausgrenzung von ganzen Bevölkerungsgruppen (Sassen 2015) zu tun haben, darf nicht zur Aufgabe jeglicher politischer Hoffnungen führen. Dabei wird man einerseits auf Reformen über parlamentarische Wahlen, Proteste und Gerichtsverfahren setzen müssen. Andererseits ist die Verwirklichung einer konvivialen Demokratie und Ökonomie schon hier und jetzt über die Ausweitung von sozialen Experimenten in gesellschaftlichen Zwischenräumen und einer Reaktivierung der Gabenlogik anzustreben.

7. Waren, Werte, Geld und Gaben

Seit einigen Jahren erleben wir eine Renaissance des Denkens von Karl Polanyi (1886–1964), des ungarisch-österreichischen Wirtschaftshistorikers und Sozialwissenschaftlers, der bekannt ist für seine von der orthodoxen Ökonomie abweichende Auffassung von Märkten als gesellschaftlich eingebettete Institutionen. Polanyi gilt als wichtigste Referenz, wenn es darum geht, die Prozesse von Ein- und Entbettung der Wirtschaft in die Gesellschaft zu beschreiben. Dies ist nicht weiter verwunderlich: Mauss' Verständnis vormoderner Sozialformen ist schließlich auch maßgeblich in Karl Polanyis (1978 [1944]) berühmte Untersuchung *The Great Transformation* eingeflossen. Polanyi hat darauf hingewiesen, dass Marktwirtschaften auf voraussetzungsvollen Bedingungen der Entbettung beruhen und dass eine rein marktförmige Organisation von Wirtschaft historisch gesehen ein seltenes und sehr junges Phänomen ist. Vor dem 19. Jahrhundert war die Wirtschaft sozial noch nicht »entbettet«, das heißt, dass die wirtschaftliche Tätigkeit des Menschen in der Regel in seine Sozialbeziehungen eingebettet war.

Polanyi gilt als Begründer der substantivistischen Schule in der Wirtschaftsanthropologie. In seinem wichtigen Essay »The economy as an instituted process« (1957) kritisiert er die modernen Wirtschaftswissenschaften für ihr formales Verständnis von wirtschaftlichen Prozessen. Für die Neoklassik sind alle wirtschaftlichen Entscheidungen auf Mittel-Zweck-Relationen zurückzuführen. Der *homo œconomicus* als Utilitarist und individualistisches Atom wird so als Prämisse gesetzt. Auch wenn es früher kaum Märkte gab oder auch Gesellschaften existierten, in denen es kein Geld im heutigen Sinne gab: Ökonomen unterstellen in der Regel, man könne diese Gesellschaften so behandeln, *als ob* Individuen Kauf- und Verkaufsentscheidungen nach Angebot und Nachfrage treffen würden. Polanyi wählt einen anderen Ausgangspunkt, nämlich die substanzielle Bedeutung des Ökonomischen. Damit zielt er auf die genauen empirischen Umstände ab, unter denen ein Austausch mit der Natur und anderen Menschen vorgenommen wird. Dabei ist die Wirtschaftstätigkeit der Menschen in der Regel in ihre Sozialbeziehungen eingebettet. In früheren Gesellschaften spielte der Austausch auf Märkten eine nur untergeordnete Rolle. Polanyi verweist stattdessen auf drei Prinzipien, die die archaische und vormoderne Wirtschaft konstituieren: Haushaltung, Redistribution und Reziprozität. Reziprozität ist für Polanyi eine symmetrische Form des Austauschs zwischen Gleichen (Gruppen oder Personen). Redistribution setzt ein Prinzip von Hierarchie und von Zentrizität voraus; Güter werden in Gruppen (etwa beim Oberhaupt eines Clans) zentral gepoolt und dann umverteilt. Das historisch älteste Prinzip, die Haushaltung, besteht in der Produktion für den Eigenbedarf – das griechische Prinzip der *oikonomía*. Polanyis These ist nun, dass bis zum Ende des Feudalismus alle uns bekannten Gesellschaften primär auf der Basis von Haushaltung, Reziprozität und Redistribution gewirtschaftet und Märkte dagegen eine nur untergeordnete Rolle gespielt haben, und zwar vornehmlich im Fernhandel.

Polanyis Thesen sind auch heute noch anregend und gelten als wichtige Bezugspunkte für aktuelle wirtschaftssoziologische Ansätze (vgl. Hann/Hart 2011). Allerdings ist die Dichotomie zwischen Wirtschaften qua Reziprozität und Wirtschaften auf der Grundlage von Tausch, Markt und Kauf bei Polanyi zu ausschließlich gedacht. Er unterschätzt die Verbreitung von Märkten in vormodernen Gesellschaften. Neuere Beiträge zur Moralökonomie haben dann auch an Polanyi die zu starke Entgegensetzung zwischen eingebetteten und autonomen Märkten kritisiert. William James Booth (1994) hält es für verfehlt, von einer völlig entbetteten Wirtschaft in der Moderne auszugehen. Im Übergang zur Moderne verliert die Ökonomie zwar ihre Unterordnung unter die humanisierenden Aspekte der Gesellschaft. Doch auch heutige neoliberale Ökonomien weisen eine Einbettung in Kultur und Gesellschaft auf, nur eben eine qualitativ und quantitativ andere als vor zweihundert Jahren (vgl. Fligstein/Dauter 2007; Fourcade/Healy 2007). Eine einfache Dichotomisierung hilft hier nicht weiter. Denn auch Tausch und Eigennutz gab es in jeder Gesellschaft, sie sind keine modernen Phänomene. Und auch das Geld, das so sehr mit der »Entzweiung« in der Moderne in Zusammenhang gebracht wird, kann verschiedene kulturelle Bedeutungen annehmen. Die klare Unterscheidung zwischen Ware und Gabe wird ebenfalls durch anthropologische Vergleiche schnell porös, die aufzeigen, dass eine scharfe Trennung von zwei Welten empirisch nicht nachweisbar ist.

Gaben, Waren und Werte

Tausch und Gaben kennen Grauzonen des Übergangs und der Verschmelzung. Insbesondere der Anthropologe James Carrier (1991, 1992) hat in seinen ethnographischen Studien hierauf aufmerksam gemacht. Waren sind nicht ausschließlich nur anonyme, unpersönliche, komplett austauschbare Dinge, nicht selten transportieren sie vielmehr Identitäten und Bindungen. Carrier geht von einem Kontinuum von Waren und Gaben aus. So können auch Waren Elemente der Gabe in sich aufnehmen, wenn bspw. Gegenstände eine persönliche Bedeutung erhalten und sich eine bestimmte Geschichte mit ihnen verbindet. Um diese Mischungsverhältnisse können sich aber auch starke Konflikte lagern, etwa wenn eine Partei einen Transfer nur als Tausch betrachtet, die andere Seite aber Aspekte der Gabe in den Transfer hineinliest. Beispiele lassen sich viele finden: Man denke nur an informelle Flohmärkte, auf denen persönliche, gebrauchte Dinge von den Besitzern verkauft werden.

Die verkauften Gegenstände sind häufig durchtränkt von persönlichen Geschichten, Sentiments und Erinnerungen, sie sind damit so etwas Paradoxes wie Waren, denen Unveräußerliches anhaftet (Herrmann 1997).

Es gibt in jeder Gesellschaft, so betonen die Anthropologen Parry und Bloch (1989), zwei Transaktionsordnungen: eine kurzfristig orientierte, in der es um materielle Reproduktion geht und die Eigennutz zulässt, sowie eine Transaktionsordnung, die längerfristig orientiert ist und in der es um die soziale, kulturelle, religiöse und moralische Reproduktion der Gesellschaft geht. Es stellt sich die Frage, wie in der modernen, kapitalistisch geprägten Gesellschaft die beiden Transaktionsordnungen zueinander stehen. Parry und Bloch vermuten – und ich schließe mich ihnen an –, dass das westliche Denken in so starkem Ausmaß die prinzipielle Trennung der zwei Ordnungen betont hat, dass wir kaum noch in der Lage sind, die Verbindungsstücke und Interaktionen zwischen ihnen wahrzunehmen. Dies bedeutet, dass wir die zu schützende Gabenordnung nicht sehen, und so auch nicht wahrnehmen, wie der Kapitalismus auf Prinzipien der Gabe aufliegt und sie ausnutzt.

Anhand des Verhältnisses von Ware und Gabe kann man die Verbindungs- und Trennungslinien zwischen verschiedenen Formen des Werts und damit auch verschiedenen Formen der gesellschaftlichen Ein- und Entbettung der Ökonomie nachzeichnen. Für Polanyi (wie schon für Marx) ist der Begriff der Ware zentral. Waren definiert er als Objekte, die für den Verkauf auf Märkten erzeugt werden. Dabei sind Arbeit, Boden und Geld wesentliche Elemente der Wirtschaft, und sie werden im Kapitalismus als Waren behandelt. Sie sind aber im engeren Sinne gar keine Waren, so Polanyis These, da sie nicht zum Zwecke des Verkaufs produziert wurden. Weder Arbeit als menschliche Tätigkeit, Boden als andere Bezeichnung für Natur, noch das Geld, das Wert messen soll und doch selbst zur Ware wird, sind hergestellt worden, um sie zu verkaufen. Sie sind daher fiktive Waren. Für Polanyi ergibt sich daraus die Konsequenz, dass eine Gesellschaft, die die Warenfiktion konsequent umsetzt, sich selbst zerstört. Gesellschaften brauchen nämlich eine Art Schutzmantel, der wegfällt, wenn alles als Ware und damit als käuflich behandelt wird. Einige Dinge müssen nach Polanyi der Warenlogik und kapitalistischen Inwertsetzung entzogen bleiben, sonst breche das System zusammen. Denn einige Bereiche wie die Natur und menschliche Identitäten können sich nur reproduzieren, wenn ein nichtinstrumenteller Umgang mit ihnen vorliegt.[6] Man stelle sich vor, man würde seine Kinder als Waren betrachten, die man gezeugt hat, damit diese ihr Humankapital gewinnbringend anlegen können.

Marx bezeichnete den Prozess, durch den vor allem Land und Arbeit zu Waren wurden, mit dem Begriff der ursprünglichen Akkumulation. Er beschrieb, wie in England die Allmende eingehegt und als Privatbesitz behandelt wurde. Aus vom Land vertriebenen Arbeitern wurden »freie« Lohnarbeiter. Marx und der gesamte Marxismus haben dies zu einem wesentlichen Kennzeichen des Kapitalismus erhoben: Arbeit wird zur Ware. Der Arbeiter verliert den Zugang zu den Allmenden und damit seine Subsistenzmittel und verkauft dann unter vorgeblich gleichen und fairen Bedingungen seine Arbeitskraft an das Kapital. Das Kapital nutzt diesen Prozess der Enteignung der Arbeiter von Boden und Produktionsmitteln aus: Arbeiter werden dazu gebracht, einen höheren Warenwert zu produzieren als den Marktwert ihrer Arbeitskraft (Harvey 2014). Die Arbeitskraft schafft so mehr Wert, als zu ihrer Erhaltung notwendig ist, und das Kapital streicht den Mehrwert dann als Profit ein. Bekanntlich schafft nach Marx nur die Arbeit Wert, und der Wert einer Ware ist durch die durchschnittlich zu ihrer Herstellung gesellschaftlich notwendige Arbeitszeit bestimmt.[7]

Die Ware Arbeitskraft ist nun in Polanyis Sinne fiktiv, da sie nicht vollständig verkauft werden kann; sie bleibt an den Körper des Arbeiters und dessen Kompetenzen gebunden. Dies bemerkt auch Marx (1989: 182), wenn er herausstellt, dass die Arbeit immer nur zeitweise dem Käufer zur Verfügung gestellt werden kann, nur ihr Verbrauch bzw. der Besitz wird übereignet. Eigentümer der Arbeitskraft bleibt stets der Arbeiter selbst.

Etwas wechselt also den Besitzer, aber nicht den Eigentümer. Seine Arbeitskraft zu geben heißt in diesem Zusammenhang Nutzungsrechte abzutreten, ohne die Eigentumsrechte zu übertragen. Man veräußert die gegebene Sache nicht komplett und der Geber hat immer noch Rechte auf das Gegebene. Deshalb kann die Arbeitskraft auch nie als Ware vollständig verkauft werden. Arbeit kann niemals vom restlichen Leben vollständig getrennt, veräußerbar oder lagerbar gemacht werden. Nur durch Abstraktion kann die Arbeit zur Ware werden – man behandelt sie so, *als ob* sie etwas rein Ökonomisches wäre. Wie schon Marx wusste, muss die Arbeitskraft zudem auch wieder reproduziert werden, etwa die der Männer, indem bislang vor allem Frauen die Hausarbeit übernehmen, sich um die Kinder kümmern und im weiteren Sinne *care work* betreiben.

Man kann zweierlei aus dieser Überlegung folgern. In der verkauften Arbeitskraft steckt im doppelten Sinne eine Gabe: Der Arbeiter gibt sich – seine Arbeit kann nie vollständig gekauft werden, er gibt nur temporär seinen Besitz an ihr auf. Zum zweiten gehen in die Reproduktion der Arbeitskraft unzählige Gabehandlungen ein. Kinder müssen großgezogen und erzogen werden, Fürsorge muss geleistet werden, Haushalte müssen geführt werden usw. Ohne Care im Sinne von Gaben der Fürsorge kann keine menschliche Person ihre Arbeitskraft erhalten. Die punktuelle und abstrahierte Kommodifizierung der Arbeit beruht auf der Existenz von nichtkommodifizierten Zonen. Und diese Zonen der Nicht-Kommodifizierung beruhen auf der Logik der Gabe. Hier folge ich in abgewandelter Form einer Argumentationsfigur von Jürgen Habermas. Er geht ja davon aus, dass instrumentelles und strategisches Handeln parasitär auf dem kommunikativen Handeln ruht und dieses teilweise auch kolonialisiert. Hier wird dagegen behauptet, dass die Logik der Gabe originär ist, dass sich Warenwerte aus ihr ableiten und diese über Verselbstständigungsprozesse die Gabenlogik auch kolonialisieren können.

Wie ist das zu verstehen? Private und öffentliche Bereiche teilten sich bis vor einigen Jahren noch deutlich nach Geschlechtszugehörigkeit auf: Ware, Arbeit und Öffentlichkeit als Sphäre des Mannes; Care, Haushalt und Privates als Sphäre der Frau. Mittlerweile sind einerseits diese Grenzziehungen brüchig geworden, und zum anderen ist die Kommodifizierung des Bereichs der sozialen Reproduktion weiter fortgeschritten. Westliche Mittelschichtsfamilien erkaufen sich die Berufstätigkeit der Frauen zunehmend mit dem Einsatz von Care-Arbeiterinnen aus dem Ausland, Au-pair-Mädchen oder minderjährigen Babysitterinnen. Diese müssen selbst wiederum Angehörige pflegen. Wir haben es hier mit einer doppelten Privatisierung zu tun: Immer mehr Care-Arbeit wird kommerziellen Dienstleistern überantwortet, und Pflege und Fürsorge verbleiben zugleich im Bereich des privaten Haushalts und sind damit fast unsichtbar. Nun kann die Lösung nicht darin bestehen, Care-Arbeit komplett auf Lohnarbeit umzustellen. Pflege und Fürsorge beruhen auf der Gabe, sie kollidieren mit kapitalistischen Profitinteressen. Eine zukünftige »Care-Revolution« (Winker 2015) kann wegen der Unvereinbarkeit der beiden Funktionslogiken von Gabe vs. Profit keine kapitalistische sein. Care darf also nicht wie die traditionelle Frauenarbeit in die Privatsphäre verschoben und damit abgewertet werden – sie darf aber auch nicht der Tausch- und Profitlogik des Kapitalismus unterworfen werden. Care-Arbeit aufzuwerten bedeutet also nicht, sie komplett der Logik von Ware und Profit zu unterwerfen. Entkommt man dieser Falle nicht, kann es durchaus sein, dass das kapitalistische Wachstumsprinzip die sozialen, kulturellen und ökologischen Fundamente des menschlichen Zusammenlebens aushöhlt. Denn je mehr man fiktive Waren als reine Waren und nicht als Gaben behandelt, umso mehr erodiert als performative Wirkung dieser Sichtweise der Raum nichtkommodifizierter Gabenbeziehungen. In einer Welt, die das ökonomische Denken perfektioniert, werden auch die Akteure zunehmend kalkulativ agieren und glauben, die Gabe sei unmöglich (Callon 2007).

Aus einer kapitalismuskritischen Perspektive, die an Mauss und Polanyi anschließt, muss mithin deutlich gemacht werden, wie viele nichtkapitalistische Gabehandlungen in den Wirtschaftsprozess einfließen. Diese Gabehandlungen machen überhaupt erst Wertschöpfung möglich. Die zeitgenössische Netzökonomie zeigt dies in besonderer Deutlichkeit: eBay z. B. hat den perfekten Markt kreiert; Käufer und Verkäufer werden unkompliziert und schnell zueinander gebracht. Dabei funktioniert eBay genau deshalb, weil alle Nutzer Feedbacks hinterlassen, die jeweils anzeigen, wie zufrieden sie mit den Käufer/innen bzw. Verkäufer/innen waren. Diese freiwilligen Gaben machen den Markt erst möglich (Jensen 2008). Bei Facebook ist es offensichtlich: Alle kommunizieren unentgeltlich und freiwillig miteinander, geben sich gegenseitig Aufmerksamkeit, und der Konzern schlägt im Hintergrund Kapital aus den offerierten Daten der Nutzer/innen, die an Werbekunden verkauft werden. Daraus folgt: Es ist sichtbar zu machen, wie notwendig Gaben für die Funktion des Kapitalismus sind. Erst wenn uns dieses Faktum vor Augen steht, kann die Gabe vor zu starken Vereinnahmungen und Kolonialisierungen durch Markt- und Warenlogik geschützt werden. Solange nicht klar ist, wie man soziale Beziehungen adäquat zu beschreiben hat, die nicht der Logik des Tauschs folgen, so lange kann die Gabe auch keinen gesellschaftlichen Schutz erfahren. Wenn jedoch die fiktive Kommodifizierung von Gaben der Fürsorge weiter voranschreitet, kommt dies dem Versuch gleich, die Voraussetzungen von Märkten selbst zu kommodifizieren. Man mag die Hoffnung haben, dass niemals ganze Gesellschaften kommodifiziert werden können, doch kann man sich darauf nicht verlassen und eine solche Hoffnung mag trügerisch sein.

Bislang ist die Frage unbeantwortet geblieben, was denn eigentlich einen Wert konstituiert, wenn es nicht (allein) die Arbeitskraft ist. Der Kapitalismus verschleiert zunächst – folgt man Marx –, dass nur die menschliche Arbeitskraft Wert schaffen kann. Dann verschleiert er auf einer noch schwerer zu durchschauenden Ebene, dass nicht nur Arbeitskraft, die am Markt verkauft wird, Wert schafft, sondern auch die Gabe. So betont dann auch David Graeber (2013: 224), dass Care-Arbeit nicht als sekundär, als bloße Reproduktion von Arbeitskraft betrachtet werden sollte, sondern als die elementarste Form realer Wertbildung, als Kern und Essenz menschlichen kreativen Lebens. Die Welt der Warenwerte ist die Welt der Äquivalente; die Welt der Gaben, die überhaupt erst Werte kreiert, ist hingegen die Welt, die sich dem Vergleich und dem Äquivalententausch entzieht. Soziale und kulturelle Werte definieren sich im Gegensatz zu monetären und Warenwerten gerade dadurch, dass sie einzigartig sind und nicht in einen äquivalenten Vergleich gebracht werden können.

Nun kann es hier nicht darum gehen, auf ahistorische Weise den eigentlichen und wahren Wert von Werten aufzudecken und der Gesellschaft vorzuhalten, sie verstehe sich selbst nicht hinreichend gut: Dieser Marxschen Linie sollte man aus meiner Sicht nicht folgen, beruht sie doch auf einem wissenschaftsgläubigen Objektivismus, der das Verständnis für die Werturteile und politischen Prozesse verdeckt, die in die ökonomische Wertbildung einfließen. Wir sollten davon ausgehen, dass sich in Werten politische Prozesse widerspiegeln. Politisch – im weiten Sinne des Wortes – wird etwas als Wert zuallererst konstituiert. Gesellschaften legen fest, was sie als wertvoll erachten. Und dies ist ein normativer Vorgang. Es geht also nicht darum, der »objektiven Natur« von Werten an sich auf die Spur zu kommen (wie es sich der Marxismus auf die Fahnen geschrieben hat), sondern zu verstehen, welche politischen Kristallisationen von Wert möglich sind und welche in konkreten historischen Konstellationen ausgeschlossen werden. Politik ist vor allem eine Auseinandersetzung und Entscheidung darüber, was in der Gesellschaft als Wert fungiert.

Als Beispiel verweise ich auf einige Jägergesellschaften, in denen das Prinzip des Teilens (d.h. die nichtagonistische Gabe) einen hohen Wert hat. Dort teilen Menschen das, was einen Wert für sie hat. Sie teilen, ohne dafür etwas zu erhalten oder zu erwarten; das Teilen selbst erachten sie als wertvoll (Widlok 2013: 12). Hier strebt man nicht danach, bestimmte Güter im Tausch gegen andere zu erlangen. Lieber gibt man

Dinge ab, als dass man die Gemeinschaft des Teilens aufkündigt. Wert kann also nicht nur darin bestehen, dass man etwas für etwas anderes aufgibt (und damit die Güter tauschend vergleicht), sondern dass man bereit ist, das Messen und Vergleichen von Objekten aufzugeben. Wert als gesellschaftliche Größe entsteht also hier nicht durch Tausch, wie der Soziologe Georg Simmel mit Allgemeinheitsanspruch behauptete und heute immer noch viele glauben. Simmel geht davon aus, dass sich Werte durch den Tausch wechselseitig bestimmen, da man bereit ist, etwas für etwas anderes herzugeben. Subjektive Werte verobjektivieren sich nach dieser Sicht über den Tausch. Demgegenüber ist jedoch herauszustellen, dass sich Wert an verschiedene Handlungsweisen binden kann – an die Verausgabung menschlicher Arbeitskraft, an Care oder an gegebene Objekte, die die Bedeutsamkeit von menschlichen Beziehungen symbolisieren. Diese Sicht korrespondiert mit David Graebers (2012b) Werttheorie, in der er darlegt, dass letztlich nicht Dinge, sondern Handlungen und Relationen bewertet werden. Wenn wir eine Gabe als Wert hochschätzen, sie also *gewollt werden soll*, schätzen wir damit den Wert des Beziehungsangebots. Schätzen wir das Geld als Wert, dann wertschätzen wir die Fähigkeit von Akteuren, mit Hilfe von Geld andere Akteure unmittelbar dazu zu bewegen, etwas zu tun – uns etwas zu übergeben oder etwas für uns zu tun. Geld setzt vor allem positive und negative Anreize, ist also eine Form des strategischen Handelns. Wir können über Geld direkt auf andere machtvoll einwirken, sie fast zwingen – und dieses persuasive Potenzial wird in der Hochachtung für das Geld wertgeschätzt.

Der Arbeiter gibt sich selbst hin – so Mauss – und bekommt im Gegenzug Geld dafür. Nun ist, wie wir noch sehen werden, Geld zwar einerseits ein absolutes Mittel (für Geld kann man fast alles kaufen), zugleich ist es eine Schrumpfform gegenseitiger Verpflichtungen. Der Arbeitgeber entledigt sich – scheinbar – mit der Gehaltszahlung seiner Verpflichtungen gegenüber den Arbeiterinnen und Arbeitern. Und dies ist nur möglich, weil die moderne Ökonomie das Geld einsetzt, um die Arbeiterin in einem quantitativ genau definierten Rahmen zu entlohnen. Bestehen Verpflichtungen in einem diffusen Rahmen, wie bei Gabebeziehungen, kann man niemals sicher sein, seine Schuld beglichen zu haben. Das heißt einerseits, dass man in Gabebeziehungen niemals quitt ist, da die Schulden nicht einfach zurückgezahlt werden können. Man erwidert zwar etwas, aber kann damit nicht alle Schulden begleichen, da niemand genau weiß, wer wem was in welcher Höhe schuldet. Dies ist besonders deutlich bei nichtagonistischen Gaben (kommunistisches Teilen): Sie müssen nicht erwidert werden, und dies hat mit einer zeitlichen Fiktion zu tun: »Weil man die Beziehung nicht so behandelt, als würde sie jemals enden, ist auch keine Buchhaltung nötig. (…) [D]er Kommunismus gründet jedenfalls auf einer Ewigkeitsvorstellung« (Graeber 2012a: 320). Hier ist man niemals »quitt«, man kann nicht einfach eine Beziehung durch eine Gegengabe oder Bezahlung aufkündigen. Man muss auf der anderen Seite aber auch nicht permanent etwas erwidern; wenn man gleichsam ewig lebt, kommt schon irgendwann der Moment, in dem man wieder etwas geben wird. Die Schulden, die alle gegenüber allen haben, sind in dieser Konstellation nicht als Last anzusehen. Sie binden uns, aber ketten uns nicht aneinander, da die Schulden nicht darauf drängen, abgegolten zu werden. Schuldentilgung, Tausch und Reziprozität gibt es nur dort, wo Dinge ausschließend verteilt werden und Misstrauen herrscht. Beim Teilen jedoch werden Dinge nicht rivalisierend verteilt, sondern man hat an ihnen teil. Böden, natürliche Ressourcen oder Produktionsmittel lassen sich wie in unserer Gesellschaft *ad personam* über Eigentumsrechte *verteilen*, aber man kann auch an ihnen *teilhaben*. Ob eine Gesellschaft Teilhabe in Form von Commons zulässt oder ausschließt, ist eine politische Frage.

Interessanterweise kann diese Gabenlogik auch in der Ökonomie von Schulden zum Tragen kommen. Staaten nehmen Gelder über Steuern ein und können in der Regel auch verlässlich Schulden machen und sich darüber finanzieren. Staatsschulden tragen sich dabei wie von selbst. Es gibt zwar Fristen der Rückzahlung, doch werden Kredite in der Regel immer wieder neu ausgehandelt und verlängert. Man tut als Gläubiger so, als würden die Staaten ewig leben (wie wir dies für die Gabe gesehen haben). »Dies setzt seitens der Gläubiger ein Vertrauen in die stetige Kreditwürdigkeit des Staates voraus: Solange er diese genießt, muss er die Schulden nicht zurückzahlen, sondern kann die Kreditaufnahme immer wieder erneuern«, betont Andreas Langenohl (2018: 56). Wie anders stellt sich nun in den letzten Jahren die Haltung von Gläubigern gegenüber Griechenland dar! Griechenland gilt als unsicherer Schuldner und die ansonsten übliche Ordnung des Aufschiebens von Rückzahlungen greift nicht mehr. Misstrauen kreiert den Wunsch nach terminierbaren und damit beendbaren Schuldbeziehungen.

Dieses hier angesprochene Phänomen ist auch für moderne Partnerschaften typisch und plastisch von dem kanadischen Soziologen Jacques Godbout beschrieben worden. Die Hingabe der Partner beruht auf dem Geben ohne Berechnung, aber in der (zumeist implizit bleibenden) Erwartung, dass die Selbsthingabe den Partner dazu bewegt, sich ebenfalls als Gebender zu zeigen. Idealtypisch führt dies zu einer wechselseitigen positiven Verschuldung und Bindung aneinander, die darauf beruht, dass *beide* Partner meinen, *mehr* vom anderen zu empfangen als zu geben (cf. Godbout/Charbonneau 1993; Godbout 1994). Die Verschuldungskonstellation ändert sich in dem Moment, in dem Geld in Beziehungskonstellationen hineingenommen und überlegt wird, wer was finanziert und in die Beziehung eingebracht hat. Aus diffuser wechselseitiger Verschuldung macht erst das Geld Schulden; diese sind nun berechen- und zählbar und damit steigt auch die Erwartung, sie abzuzahlen.

Das Paradox besteht nun also darin, dass in dem Moment, in dem überall Schulden im diffusen Sinne existieren, sie eine Bindung ohne Unfreiheit hervorbringen. Liegen sie in tauschbarer, spezifischer und zählbarer Weise vor, erlauben sie eine gewisse Bindungslosigkeit und produzieren trotz der möglichen Rückzahlbarkeit Unfreiheit, nämlich dann, wenn nicht zurückgezahlt werden kann. So kippen horizontale Beziehungen in ein hierarchisches Gefälle, sobald ein Äquivalententausch nicht zu Ende gebracht werden kann und dauerhaft Schulden entstehen. Wenn wir uns als Wesen betrachten, die miteinander verbunden sind, ist es hingegen absurd, sich vorzustellen, man könne genau bestimmen, was man einem anderen schuldet. Soziale Schulden sind also nicht immer etwas, was wir zurückzahlen müssen. Wie könnte man sich beispielsweise auch der Schulden gegenüber den Eltern, den Vorfahren oder der Gesellschaft insgesamt entledigen? Erst wenn man sich als konstitutiv getrennte Wesen auffasst, kann die Idee entstehen, dass man genau bemessen könnte, was wer wem schuldet.

Hier zeigt sich eine Paradoxie der Gabe. Eigentlich führen Gaben zu wechselseitigen Verschuldungen und nach unserem modernen Verständnis zu Unfreiheiten. Allein der marktförmige Tausch würde uns aus dieser Sicht zu Freien machen, da er es erlaubt, Schulden zurückzuzahlen. In modernen Gesellschaften beruht der Tausch auf der Form des subjektiven Rechts, die Interessen und Willkür von Personen gegeneinander sichert (Menke 2015). Die Freiheit der bürgerlichen Gesellschaft ergibt sich aus der rechtlichen Ermächtigung des Eigenwillens bei gleichzeitiger Neutralisierung der Sittlichkeit, also der Bindungen zwischen Personen. Das moderne Recht ermöglicht uns rein individualistisch wollen zu dürfen, was wir wollen, ohne dafür Rechenschaft gegenüber anderen ablegen zu müssen. Ich kann in der bürgerlichen Gesellschaft über mein Eigentum willkürlich und frei verfügen, kann es nutzen, zerstören oder verkaufen, ohne dass ich dies rechtfertigen müsste. Dem gegenüber steht die Freiheit der Gabe: Wenn in der Logik der nichtagonistischen Gabe Schulden nie wirklich beglichen werden können, sind sie auch keine existenzielle Last wie eine bezifferbare monetäre Schuld, sondern Symbol der Verbundenheit. Wenn alle die Eigentümer der gesellschaftlich relevanten Ressourcen und Güter sind und es nur unterschiedliche Nutzungs- und Besitzrechte gibt, dann kann nicht beziffert werden, ob jemand einem anderen etwas Bestimmtes schuldet.

Man erwidert so, wie man es kann, und allein die Dankbarkeit ist ja schon eine Erwiderung – es bleibt der Freiheitsspielraum bestehen, etwas zu erwidern oder eben auch nicht. Das Moment der Freiheit ist aus der Gabe nicht zu eliminieren, während es aus dem Tausch eliminiert wird, sobald genau bezifferbare Schulden zurückgezahlt werden *müssen*.

Der Kommunismus der Gabe besteht also darin, dass Tausch, Äquivalenzen und bezifferbare Erwiderungen weitgehend außen vor bleiben. Die Nicht-Symmetrie und Nicht-Äquivalenz der Gabe bildet die Basis jeglichen Zusammenlebens. Der Kapitalismus verengt hingegen den Blick auf alles, was vorgeblich symmetrisch und äquivalent gemacht werden kann. Im kapitalistischen Warenwert wird über Vergleiche und Maßzahlen alles Nicht-Symmetrische und Nicht-Äquivalente unsichtbar gemacht. Dabei schafft die Gabe Werte, die vorgeblich – durch Prozesse der Verengung, Abstraktion und fingierten Symmetrisierung – auf Arbeitskraft zurückzuführen sind. So scheint im Kapitalismus vordergründig nur die Arbeitskraft Wert zu schaffen.

Diese Verengung auf die Arbeitskraft hat in der Geschichte des Kapitalismus immer wieder zu der Frage geführt, wem welcher Lohn in welcher Höhe zukommt. Ist es gerecht, dass Menschen unterschiedlich viel verdienen, da sie unterschiedlich lange Ausbildungen absolviert haben oder weil Verantwortungsunterschiede zwischen einer Managerin und einer Reinigungskraft bestehen? Es gibt komplizierte ökonomische Modelle, die die Einkommensverteilungen erklären und legitimieren sollen, doch auch diese Verteilungsfragen sind genuin politisch. Denn hier zeigt sich ein noch fortbestehender Rest der alten Ständeordnung: In ihr verteilte sich die Würde oder Ehre der Menschen nach den Ständen. Je nachdem, ob man dem Adel, einer Handwerkerzunft oder einer Universität angehörte, verteilte sich die Würde statusgebunden. Während das Konzept der Menschenwürde auf der Ebene des Rechts heute jedem die gleiche Würde zuspricht, finden wir immer noch eine differenzielle Wertschätzung gegenüber Leistungen (Habermas 2010).

Und diese verteilt sich auch nach dem verfügbaren Einkommen: Je mehr Geld jemandem zur Verfügung steht, umso höher seine Wertschätzung. Der griechisch-französische Sozialtheoretiker Cornelius Castoriadis (2014b, 2014c) hat immer wieder betont, dass diese Bewertungen völlig willkürlich sind. Er fordert stattdessen eine vollkommen egalitäre Bezahlung, egal um welche Tätigkeit es sich handelt. Damit macht er deutlich, dass es bei der Frage nach dem Wert (von Arbeit und von Personen) um ein politisches Problem geht, nämlich um die Frage nach dem, was in einer Gesellschaft als angemessen, fair und wertvoll gilt. Seine Forderung nach Einkommensgleichheit beruht nicht auf einer theoretisch-ökonomischen Argumentation, dass alle Arbeit »in Wirklichkeit« gleich viel wert ist, sondern ergibt sich aus der politischen Forderung nach Gleichheit.

Castoriadis trifft damit den imaginären Kern der kapitalistischen Ökonomie, der uns suggeriert, dass die ökonomische Ungleichheit der Menschen eine Basis im unterschiedlichen Wert ihrer Tätigkeiten habe. Jegliche Hierarchien und damit einhergehende differenzielle Wertschätzungen will er zerschlagen, daher Castoriadis' Vorschlag, alle Arbeiten als äquivalent anzusehen. Es ist willkürlich, ein ökonomisches Ergebnis einer einzelnen Person, einer Gruppe oder einer Organisation zuzuschreiben, wenn man sich vor Augen führt, dass dieses Ergebnis nur durch vielfältige Synergien, Kooperationen und gesellschaftliche Vorleistungen zustande kommen kann. Das Sozialprodukt wäre dann das Produkt einer Zusammenarbeit einer Kollektivität und nichts, was man einzelnen Akteuren zurechnen könnte. Privateigentum und Zurechnung von ökonomischen Ergebnissen auf Einzelne sind die Voraussetzungen für ein utilitaristisch-kapitalistisches Imaginäres. Dieses kann irritiert oder gar gebrochen werden, wenn man eine Anthropologie des Gebens stark macht, die auf Mauss' Vorstellungen des nichtagonistischen Gebens und Teilens aufbaut.

Mauss und das Geld

Wer über Werte und Waren spricht, darf vom Geld nicht schweigen. Unzählige Historiker/innen, Ökonomen, Kulturwissenschaftler/innen und Soziologen haben sich schon dem Thema gewidmet und sowohl die Leistungen als auch die entfremdenden Wirkungen des Gelds in der Moderne herausgearbeitet. Dabei ist Geld nicht einfach ein Ding, es ist eine extrem machtvolle Vorstellung (Dodd 2014). Es ist ein Austauschmedium, das alle qualitativen Differenzen zwischen Dingen und Tätigkeiten in quantitative Differenzen konvertiert. Für Simmel (1989, 2014) stellt Geld das absolute Mittel dar – ein Mittel, mit dem man fast alles bekommen kann, da es in jede Ware transformierbar ist. Man kann mit Geld andere in ihren Handlungen beeinflussen, Unsicherheiten reduzieren und komplexe Handlungen koordinieren. Weil dieses Mittel es ermöglicht, unzählige Dinge und Tätigkeiten zu kaufen, kann es für Simmel auch zu einem Zweck an sich werden. Eine Gesellschaft ist gänzlich monetarisiert, sobald Geld das ist, was sich alle wünschen, stellt Heiner Ganßmann (2012) pointiert heraus. Das Streben nach mehr Geld ist in der Moderne zum Selbstzweck geworden, da Geld in der Lage ist, konkrete und spezifische Werte zu vertreten. Damit schafft das Geld Distanzen zwischen uns und den Dingen und Tätigkeiten. Aus der Perspektive des Geldes ist alles gleich viel wert, das gleich viel kostet. Alles kann so der Logik der Quantifizierung unterworfen werfen. Georg Simmels soziologische Theorie des Geldes ist eine der großen Erzählungen über das Geld in der Moderne. Sie beruht darauf, dass für Simmel das Geld die Verwirklichung der Idee des Werts schlechthin darstellt. Geld ist abstrakt und verwirklicht das Ideal der vollständigen Fungibilität. Zugleich ist es höchster Ausdruck von Freiheit – wer über Geld verfügt, kann sich aus überkommenen Bindungen, Verpflichtungen und materiellen Nöten befreien.

Häufig wird das Geld immer noch theoretisch und historisch aus dem Tausch abgeleitet, und zwar so: Zwei Individuen möchten ihre Bedürfnisse befriedigen, haben unterschiedliche Dinge zur Verfügung und treten dann in einen Tausch ein. Geld vereinfacht den Tausch, indem es einen Vergleichsmaßstab liefert und ein Austauschmedium (Marx spricht von der universellen Warenform) dem anderen zum Tausch anbietet. Dieser Tauschmythos des Geldes ist nichts weiter als eine Fiktion, wie viele historische Studien gezeigt haben (vgl. Dodd 2014; Graeber 2012a). Die Reihenfolge »erst Tausch, dann Geld« hat es historisch niemals gegeben, und dennoch wird diese Geschichte ritualhaft in fast jedem Lehrbuch der Ökonomie wiederholt.

Dem steht eine andere Theorie der Entstehung des Geldes gegenüber, die maßgeblich auf den Historiker Bernhard Laum zurückgeht. Geld hatte ihm zufolge zuerst politische und religiöse Funktionen. So mussten die Untertanen den Herrschern im Osmanischen Reich, in Europa, China und Afrika Tribute zahlen. Es handelte sich ursprünglich um Opferzahlungen, die bis in die griechische Antike zurückverfolgt werden können. Diese sahen eine bestimmte, klar definierte Wertmenge als Opfer an die Götter vor. Die These von Henri Hubert und Marcel Mauss, dass das Opfer ein Mittel war, um mit den Göttern Handel zu betreiben, lässt sich hier einordnen und wiederfinden. Geld beruht aus dieser Perspektive auf Schulden gegenüber Göttern und Herrschern. Mauss' Überlegungen zu einer Theorie des Geldes weisen in eine ähnliche Richtung wie die Theorie der Tribute, zeigen aber auch einige deutliche Unterschiede. Im Folgenden möchte ich Mauss' Position hierzu kurz darstellen, um im zweiten Schritt zu schauen, was wir aus seiner Theorie des Geldes in der gegenwärtigen Situation machen können.

Mauss (2010: 43ff.) setzt sich in *Die Gabe* in einer langen Fußnote mit Bronislaw Malinowskis Verständnis des Geldes auseinander und entwickelt seine eigene Position ebenfalls in dieser Fußnote. Gabe und Geld stehen für Mauss nicht in einem sich ausschließenden Oppositionsverhältnis. Im Gegenteil: Geld ist in seinen Ursprüngen zutiefst mit der Gabe verwoben. Mauss' Zeitgenosse, der Ethnologe Malinowski, reserviert den

Begriff des Geldes hingegen für Gegenstände, die als Wertmaßstab und als Tauschmittel fungieren. Diese Form des Geldes ist entpersönlicht und damit von persönlichen Pflichten gegenüber anderen befreit. Damit spricht Malinowski aus Sicht von Mauss allerdings nur von einem Typus des Geldes, nämlich dem unsrigen modernen Geld. In allen vorangegangenen Gesellschaften gab es nach Mauss Dinge wie Steine, Muscheln und Edelmetalle, die auch als Zahlungsmittel fungierten, aber noch andere Eigenschaften aufwiesen: Sie hatten eine magische Natur und waren vor allem Talismane. So »ist ihr Umlauf innerhalb einer Gesellschaft und selbst zwischen den Gesellschaften zwar ein sehr allgemeiner; doch sind sie noch gebunden: an Personen oder Clans (…), an die Persönlichkeit ihrer ehemaligen Besitzer und an Verträge zwischen moralischen Wesen. Ihr Wert ist noch ein subjektiver und persönlicher« (ebd.: 44). Die Stabilität dieser Werte ist gering, doch gibt es eine wichtige Parallele zum heutigen Geld: Diese Geldformen haben »Kaufkraft«, und diese Kraft ist zählbar. »Diese oder jene amerikanische Kupferplatte muß mit soundsoviel wollenen Decken bezahlt werden; (…). Die Vorstellung der Zahl ist vorhanden« (ebd.). Die Kraft des Geldes ist kollektiven Ursprungs – kulturelle und soziale Prozesse liegen ihr zugrunde. Diese kollektive Kraft ist zudem in der Lage, Schulden abzugelten. Einen Wert hat also das, was im Rahmen von affektiv-kollektiven Prozessen als positiver Wert und als machtvoll erlebt und auf diese Weise symbolisiert wird. Geld ist also eine Sache des Glaubens (Mauss 2015 [1914]).

Nach Mauss ist dem heutigen Geld demnach eine Geldform vorausgegangen, in der bestimmte Dinge kostbar waren und mit einem magischen Wert (Mauss spricht vom *mana* als affektiv-kollektiver Bewertung) versehen wurden, die dann innerhalb von begrenzten Gruppen zirkulierten. Dieses Geld diente nicht dem Kauf von normalen Konsumgütern, sondern dem Erwerb von Luxusdingen und von Autorität über andere Menschen. Die Kaufkraft des primitiven Geldes beruht für Mauss auf dessen Prestige. Man bedient sich seiner, um über andere zu herrschen.

Später gelang es, diese Objekte von den Personen und Gruppen immer weiter abzulösen und sie zu Instrumenten des Wertmaßes zu machen, bis hin zu universellen Wertmaßen wie in der modernen Welt. Malinowski legt hingegen die moderne Definition des Geldes seiner anthropologischen Suche nach Formen des Geldes schon zugrunde und übersieht so die von Mauss beschriebenen personalisierten Formen von Geld.

Diese Fokusverschiebung durch Mauss ermöglicht nun, einen anderen Blick auch auf das moderne Geld zu entwickeln. Denn wenn Geld nicht dem Konzept der Gabe diametral gegenübersteht, wenn es personalisierte Formen des Geldes gab und geben kann, dann muss Geld nicht zwangsläufig kalt, anonym und abstrakt sein, wie es von den Geldtheoretikern der Moderne (wie Marx und Simmel) immer wieder beschrieben wurde. Aus der Geschichte der Gabe und des Geldes zieht Mauss zudem den Schluss, dass es keinen totalen Unterschied zwischen der Quantität und der Qualität geben muss. Qualität kann Graduierungen beinhalten, kann also quantifiziert werden (Mauss/Simiand 2015 [1934]). Geld kann kontextsensibel und persönlich sein, so dass Gesellschaftsreformen auch an einer Reform des Geldes anknüpfen könnten: So betont auch der Geldsoziologe Nigel Dodd, dass sich in vielen zeitgenössischen praktischen Versuchen, Geld wieder zu »rehumanisieren«, Mauss' Annahme verbirgt, dass Geld ursprünglich mit sozialen Bedeutungen aufgeladen war. Mauss' Arbeiten zeigen zudem, dass selbst unter modernen Bedingungen Geld niemals so stark von kollektiv-affektiven Prozessen entkoppelt ist, wie es das utilitaristische und ökonomische Denken erwartet (Dodd 2014: 34).

Auch Karl Polanyi (1968) vertritt die Ansicht, dass Geld nicht immer ein anonymes, entfremdendes absolutes Mittel sein muss. Er trifft die Unterscheidung zwischen speziellen und generellen Geldern. Damit ist gemeint, dass Geld in der nichtindustriellen, vormodernen Welt vor allem gegen eine begrenzte Auswahl an Gütern getauscht werden kann, während man in der Moderne für Geld (fast) alles kaufen kann.

Mit verschiedenen Spezialgeldern lassen sich unterschiedliche Transfers bewerkstelligen, aber kein Spezialgeld ist so universell einsetzbar wie unser modernes Geld. Diese Sichtweise wurde von Paul Bohannan (1955) in seiner enorm einflussreichen Studie über den Geldgebrauch bei den Tiv in Nigeria weiterentwickelt. Die Tiv organisierten ihre Austausche entlang von drei hierarchisch geordneten Sphären, jede hatte ein Spezialgeld. Die Spezifizität der unterschiedlichen Gelder sorgte für die Aufrechterhaltung unterschiedlicher sozialer Sphären: eine für den Austausch von Nahrungsmitteln, Werkzeugen und Rohmaterialien, eine für Prestigeobjekte wie Sklaven, Vieh oder Messinggegenstände und die höchste Sphäre für Menschen, insbesondere Frauen und Kinder. Ungeachtet der Kritik, die Bohannans Studie auf sich zog (Hann/Hart 2011: 58ff.), lässt sich aus ihr lernen, dass Geld nicht neutral sein muss, sondern dass es Geld gibt, das sozial gewichtet wird und nicht zur Auflösung des sozialen Bandes beiträgt. Allerdings nehmen Polanyi und Bohannan an, dass nur das vormoderne Geld sozial und kulturell stark eingebettet war. Damit akzeptieren sie die Sicht, dass das moderne Geld abstrakt und bindungslos ist. Doch könnte und müsste man aber genau diese Dichotomie hinterfragen. So betont der Geldtheoretiker Dodd, dass nicht nur das vormoderne Geld ein Spezialgeld ist, sondern alle Gelder. Es gibt eine Diversität von Geldern und auch moderne Geldformen sind immer kulturell und sozial eingebettet. Wie ist das zu verstehen?

Wir können annehmen, dass es niemals reines oder ideales Geld gab. Hinzu kommt, dass die Verwendungsweisen des Geldes höchst unterschiedlich ausfallen. Menschen machen ganz unterschiedlichen Gebrauch vom Geld und es ist immer kulturell eingebettet. Diese Sichtweise wurde in der Soziologie in den letzten Jahrzehnten insbesondere von Viviana A. Zelizer (2012) stark gemacht. Da Menschen Geld unterschiedlich nutzen, transformieren sie es und passen es ihren Zielen an. In diesem Sinne sind alle Gelder spezifiziert und differenziert – ganz so wie es Polanyi für die speziellen Gelder beschreibt. In verschiedenen Studien zum Geldgebrauch etwa von Prostituierten, im Bereich von Lebensversicherungen für Kinder oder der Aufteilung des Familieneinkommens für unterschiedliche Sphären und Zwecke (etwa über das Earmarking von Geld) hat Zelizer deutlich gemacht, das soziale Praktiken das Geld modifizieren. So wird Geld im Alltagsgebrauch für Zahlungen eingesetzt, die mal als Kompensation (man denke etwa an das Haushaltsgeld für den Verzicht der Hausfrau auf eine Erwerbstätigkeit) gerahmt werden, in anderen Kontexten als sozialpolitischer Anspruch und ein anderes Mal als Geschenk fungieren (Zelizer 1996). Gegen Marx und Simmel kann man ihren Studien die These entnehmen, dass Geld nicht alle Qualitäten in Quantitäten verwandelt, sondern dass auch Geld spezifischen nichtmonetären Werten und Qualitäten dienen kann.[8] Zelizer scheut allerdings weitgehend davor zurück, normative Konsequenzen aus ihren empirischen und analytischen Einsichten zu ziehen – eine starke Kritik des Gelds hält sie für verfehlt. Weitergehende normative Schlüsse zieht hingegen der Anthropologe Keith Hart.

Hart schließt in seinen Untersuchungen zur Bedeutung des Geldes explizit an Mauss und Polanyi an und hat sich in den letzten Jahren auch in gesellschaftspolitische Reformdebatten eingebracht. Für ihn ist die große Dichotomie in der Gelddebatte – Staats- versus Marktgeld – fehlgeleitet (Hart 1986). Schaffen Staaten Geld über Schuldverhältnisse oder erleichtert Geld primär Markttransfers? Im Geld drücken sich für Hart zum einen staatliche Hierarchie und Autorität aus, die die Kehrseite der Münze sind, dass Geld zum andern durch Marktprozesse des Austauschs geformt wird, in denen es als Ware fungiert. Doch gibt es noch eine dritte Möglichkeit, Geld zu kreieren, die in den herkömmlichen Debatten weitgehend ausgeblendet wird, nämlich durch die Zivilgesellschaft. Gerade das Internet hat dafür in den letzten Jahren reale Chancen geschaffen: Menschen versuchen, über alternative Währungen die Erzeugung und möglichen Verwendungsweisen von Geld selbst zu gestalten und den mit Geld assoziierten Phänomenen wie Entfremdung und Entpersönlichung entgegenzuwirken. Dabei setzen sie bewusst auf die für Geld fundamental notwendige Ressource des Vertrauens. Und Vertrauen hatten wir (siehe Kapitel 4) als passive Wahrnehmungskategorie rekonstruiert, dessen aktive Handlungsseite im Risiko des Gebens besteht. Auf den Hintergrundmechanismus der Gabe ist auch das Geld fundamental angewiesen. Wenn den Nutzer/innen des Geldes vor Augen steht, wie sie mit verschiedenen (z. B. nationalen, regionalen oder globalen internetbasierten) Währungen im Austausch mit unterschiedlichsten Personengruppen stehen, wird klar, wie unsere lokalen Lebensweisen mit völlig anderen Situationen an anderen Orten verknüpft sind. Wenn jedoch das soziale Leben des Geldes (also die Verkettung von Zahlungen) vorgeblich wegen der zu hohen Komplexitäten unsichtbar gemacht wird, geht die Bindungswirkung des Geldes auch als Mittel des sozialen (und nicht nur ökonomischen) Austauschs verloren. Im Geld liegt prinzipiell auch die Chance begründet, dass sich die Menschen als Mitglieder *einer* Welt verstehen könnten, dann nämlich, wenn man dem Geld ansehen kann, dass es nicht nur punktuell Käufer und Verkäufer verknüpft, sondern dass hinter dem Geld immer auch Gemeinschaften stehen, die das Geld anerkennen, ihm vertrauen und es nutzen (Hart 2013). Könnten wir den Spuren des Geldes über alle Transaktionen folgen, wäre für jede und jeden die globale Arbeitsteilung, in die wir alle auch lokal eingeflochten werden, beobachtbar.

Dass Geld nicht alle Dinge nivelliert, sondern Dinge einen unterschiedlichen kulturellen Wert (bei gleichem monetären Wert) haben können, zeigt Hart (2005) an einem einfachen Beispiel. Wenn man jemanden fragen würde, wie viele Toilettenrollen sein BMW wert ist, oder wenn man tausende Kisten Orangen gegen ein Studium an der Universität Oxford eintauschen möchte, wird man wohl für verrückt erklärt. Dies zeigt, dass Geld als universelles Austauschmedium mit kulturellen Werten kompatibel ist, die leugnen, dass alle Waren über ihren Geldwert vermittelt gleich viel wert sind. In den Waren kann bei gleichem Geldwert ein unterschiedliches Maß an affektiver Bewertung (also: *mana*) liegen. Auch das Geld selbst hat natürlich *mana* und hat den Status eines kollektiven Glaubensinhalts. Nur so konnte es in den Status eines universellen Zahlungsmittels rücken.

In der modernen Gesellschaft hat Geld einen zentralen Platz eingenommen, es ist fast so etwas wie der Gott der Gesellschaft. Im Geld drückt sich symbolisch vornehmlich der Wunsch nach negativer Freiheit und sozialökonomischer Macht aus, da Geld uns ermöglicht, frei von äußeren Zwängen zu sein und andere dazu zu bringen, uns Güter und Dienste zur Verfügung zu stellen. Zugleich liegen im Geld auch Bedeutungen von Austausch, Verbindung und Interdependenz vor. Diese Aspekte einer positiven Freiheit könnten im Imaginationsraum des Geldes gestärkt werden, so dass Geld zum Symbol des Verhältnisses von Individuen zur Gemeinschaft werden könnte. Geld dient ja jetzt schon als Möglichkeit, die verschiedenen Verbindungen zu anderen in Form von Schuldner- und Gläubigerbeziehungen festzuhalten – es ist ein Medium kollektiver Erinnerungen (Hart 2005). Für Hart reicht eine nationale oder supranationale Währung (wie der Euro) nicht hin, um die verschiedenen Austauschbedürfnisse der Menschen zu realisieren. Er plädiert für einen Währungspluralismus mit verschiedenen Reichweiten und Schwerpunktsetzungen der unterschiedlichen Gelder. Diese Überlegungen können an eine lange Tradition anknüpfen, die sich politisch jedoch nie durchsetzen konnte. Robert Owens Arbeitszeitbörsen und Pierre-Joseph Proudhons Tauschbanken wären als frühe Vorläufer zur Reform des Geldwesens zu nennen, so wie im 20. Jahrhundert dann Silvio Gesells Idee von Freigeld, das im Wert verfällt, so dass man es nicht horten will, eine zentrale Innovation darstellt.

Seit den 1980er und 90er Jahren können wir einen regelrechten weltweiten Boom an alternativen Währungen beobachten. In den letzten Jahren ist im Rahmen der Krise des Finanzmarktkapitalismus das Interesse an ihnen noch mal deutlich gestiegen. Sie haben verschiedene Zielsetzungen, doch zeigen sie alle die soziale Formbarkeit von Geld. Das schon lange bekannte Konzept Tauschbörsen für Arbeitskraft plädiert zum

Beispiel für einen radikalen Bruch mit überkommenen Vorstellungen von Wert, da jede Arbeitsstunde exakt genauso viel wert ist wie die Stunde einer anderen Person. Dies verhindert, dass Arbeit über- oder unterbezahlt ist, und zeigt eine große Nähe zu Castoriadis' Forderung nach gleichen Gehältern für alle.

Gegenwärtig wird die Idee, dass die menschliche Arbeitskraft als Verrechnungseinheit fungieren soll, in Form von Zeitbanken realisiert. Eine geleistete Arbeitsstunde entspricht dann z.B. einem Time Dollar. Diese auf Reziprozität basierenden Tauschsysteme werden besonders von Personen genutzt, die ökonomisch benachteiligt oder vom Arbeitsmarkt ausgeschlossen sind (Degens 2013). Sie erfahren im Rahmen von Zeitbanken eine Anerkennung als Geber/innen. Interessant ist, dass es im Bereich von Alteneinrichtungen und Seniorengenossenschaften gelingt, eine Logik der Gabe zu initiieren, die sich von der direkten Reziprozität und dem Tausch distanziert. Menschen erwerben hier durch Pflegearbeit Ansprüche auf spätere Versorgungsleistungen in der Zukunft, ohne zu wissen, ob diese jemals eingelöst werden (müssen).

Local Exchange Trading Systems (LETS) stellen ebenfalls eine Komplementärwährung auf nichtmonetärer Basis dar. Güter und Dienstleistungen werden hier nach Angebot und Nachfrage mit Hilfe einer virtuellen Verrechnungseinheit getauscht. Dieses virtuelle Geld fungiert als Tauchmittel und soll vor allem vergemeinschaftende Funktionen entfalten. Als Wertaufbewahrungsmittel dient diese Währung nicht. Regionalgelder (Degens 2016) haben in der Regel eine größere regionale Ausbreitung als LETS und Time Banks und werden auch vermehrt in der formalen Wirtschaft genutzt. Dabei sind Regionalgelder an die jeweilige staatliche Währung gebunden, wobei Umtauschgebühren einen Abfluss verhindern sollen. Regionalgeld ist also durch das gesetzliche Zahlungsmittel gedeckt. Ziel dieses Geldes ist die Vergemeinschaftung sowie die Stärkung der regionalen Wirtschaft, indem insbesondere Konsumgüter des täglichen Bedarfs regional hergestellt und gehandelt werden sollen. Dies wird durch eine höhere Umlaufgeschwindigkeit des Gelds erreicht, die wiederum auf einem Negativzins beruht. Der Chiemgauer, das umsatzstärkste Regionalgeld in Deutschland, wird mit einer Aufbewahrungsgebühr von 0,002 Prozent täglich oder 8 Prozent jährlich belegt. Bei solch einer Gebühr ist die Funktion als Wertaufbewahrungsmittel stark eingeschränkt. Dies entspricht der dahinterliegenden Idee Silvio Gesells, dass nicht alle Funktionen des Geldes gleichermaßen stark verwirklichbar sind: Wird Geld gehortet, wird es dem Umlauf entzogen und kann seiner Funktion als Zahlungsmittel nur unzureichend nachkommen. Positive Zinsen schaffen Anreize, Geld zurückzuhalten und seinen Wert zu steigern. Mit Hilfe von Freigeld lässt sich die Idee verwirklichen, dass Geld als Gemeingut anzusehen ist, das bei privater Hortung Gebühren erfordert. Gaben könnten damit in unterschiedlichen Graden zum teilweise impliziten (Freigeld), teils expliziten (Time Banks) Bestandteil von Währungen werden.

Befürworter/innen eines Pluralismus und einer Demokratisierung von Währungen sehen einen Vorteil darin, dass die Funktionen des Geldes (Recheneinheitsfunktion, Zahlungsmittel, Wertaufbewahrung) in unterschiedlichem Maße von verschiedenen Geldern erfüllt werden können. So lassen sich auch Währungen kreieren, die vergemeinschaftende Wirkungen mit globaler Vernetzung verbinden. Insbesondere das Internet macht dies prinzipiell möglich. Die bekannteste und stärkste Währung ist der Bitcoin, der allerdings ganz andere Dimensionen in den Vordergrund rückt: nämlich die Anonymität der Nutzer, und durch Wertsteigerung gibt es zudem einen starken Anreiz, die Währung zu horten. Bitcoins werden »geschürft«, das heißt es gibt nur eine begrenzte Menge. So versucht man (geldtheoretisch sehr traditionell) die Endlichkeit der Ressource Gold nachzuahmen. Die Verwaltung von Bitcoins beruht auf der Blockchaintechnologie. Als Alternative zu dieser doch sehr herkömmlich anmutenden Währung mit der Neigung zur Blasenbildung ist der mit der Occupy-Bewegung verbundene Freicoin geschaffen worden, der das Prinzip der Verfallsgebühr (Demurrage) verwirklicht (vgl. http://freicoin.in).

Von den oben kurz angerissenen alternativen Währungen sind außerdem neue Formen von Mobile Money zu unterscheiden, bei denen man mit dem Handy bezahlt. Dodd (2014: 379) betont, dass diese Gelder kaum staatlich kontrolliert werden, aber dafür die Rolle der Banken stärken. So steht im globalen Norden das Mobile Money für ein hierarchisches System, das mit einer Demokratisierung von Währungen erst einmal nichts zu tun hat. In Kenia hat in den letzten Jahren dagegen der M-Pesa von sich reden gemacht. Man bezahlt bargeldlos per SMS. Dabei dienen auch Prepaid-Gesprächsguthaben als Ersatzwährung, und Millionen von Kenianern nutzen das System, ohne ein eigenes Bankkonto zu haben. Selbst organisiert ist dieses System jedoch ebenfalls nicht, es liegt in der Hand von Vodafone.

Eigentlich ist die Gabe ja immer schon impliziter Bestandteil von Geld, auch des abstrakten, unpersönlichen Gelds der Moderne. Letztlich sind alle Berechnungen von Risiken und Wahrscheinlichkeiten durch Banken, Unternehmen, Ökonomen und Geldanleger mit großer Ungewissheit belastet. Alle wissen das auch und müssen primär Vertrauen in das Geld zeigen. Tun sie es nicht, bricht eine Währung in Windeseile zusammen. Deshalb bleibt die Flucht vor der Unsicherheit immer provisorisch. Der Wirtschaftssoziologe Jens Beckert (2018) geht so weit zu behaupten, dass das Wirtschaften konstitutiv auf Fiktionen angewiesen ist. Fiktionen behandeln die ungewisse Zukunft so, als wären bestimmte erwartete Ereignisse schon Wirklichkeit, obwohl man weiß, dass diese zukünftigen Ereignisse prinzipiell unvorhersehbar sind. Damit handeln Wirtschaftssubjekte so, wie wir es für die Gabe beschrieben haben, die auch schon eine Wirklichkeit auf riskante Weise fingiert, um sie wirklich werden zu lassen. Man muss auf eine Währung vertrauen, was bedeutet, dass man darauf setzt, dass alle auch in Zukunft bereit sind, ein Stück Papier oder eine Zahl auf dem Bildschirm gegen einen anderen Wert einzutauschen. Die erwartete Wirklichkeit ist davon abhängig, dass auch andere den Wirklichkeitsentwurf anerkennen und ratifizieren. Der Wert einer Währung beruht auf dem Vertrauen, welches Leute der Währung *geben*. Und diese Gabe, die alle vollziehen, erklärt erst die magische Kraft des Gelds. Deutlich wird dies auch am Phänomen des Kredits: Der Gläubiger *vertraut aktiv* darauf, dass der Kredit zurückgezahlt werden wird – man *gibt* Kredit im Glauben auf die Rückzahlung. Verstöße gegen solche kollektiven Erwartungen zeigen sich dann in Crashs, geplatzten Finanzblasen und Paniken.

Ein Charakteristikum des modernen Geldsystems macht besonders verständlich, wie stark unser Geld auf Glaube, Gabe und Vertrauen fußt. Die Rede ist von der Fähigkeit jeder Bank, ob es nun die Deutsche Bank oder eine lokale Volksbank ist, Geld gleichsam aus dem Nichts zu schaffen. Natürlich drucken Banken keine Banknoten, doch nicht nur die Europäische Zentralbank schöpft Geld, sondern jede Bank tut dies über die Kreditvergabe. Dieses Buch- oder Giralgeld entsteht erst dadurch, dass eine Bank einen Kredit vergibt und den Betrag dem Schuldner gutschreibt. Als Bank verleiht man nicht primär das Kapital, das andere Kunden ihr überlassen haben, sondern schöpft Geld, das vorher gar nicht existierte. Es wird von Banken also etwas gegeben, das sie gar nicht haben. Der Soziologe Aaron Sahr (2017: 74) weist deshalb zurecht darauf hin, dass Banken nicht primär Kapital verleihen, sondern *produzieren*. Banken können zahlen, ohne etwas zu haben. Sie gleichen dabei einem Pfarrer, der seine Gemeindemitglieder segnet, doch dabei nur etwas weiterreicht, was er nicht selber hat, sondern nur weitergeben kann, nämlich den Segen Gottes. Nun reichen Banken zwar nicht den Segen Gottes weiter – auch wenn manche Banker das vielleicht so sehen mögen –, aber immerhin den Glauben der Gesellschaft an ihre eigene Kreditwürdigkeit. Denn die Guthaben auf den Bankkonten sind ja nichts anderes als Forderungen der Kontoinhaber/innen gegenüber der Bank. Solches Geld beruht auf zirkulationsfähigen Forderungen und Schulden, die aus dem Nichts geschaffen werden und dennoch das Vertrauen der Gesellschaft genießen. Zurück zum Bild des Pfarrers: Er übermittelt etwas, das er nicht hat, den Segen

Gottes, und so kreieren Banken Geld auf der Grundlage des gesellschaftlichen Geldglaubens. Nur fließen die Gewinne aus der Kapitalproduktion wieder direkt an die Banken und ihre Eigentümer zurück. Wenn man das Bild vom Pfarrer weiter bemühen wollte, wäre dies so, als wenn der Pfarrer selbst im Akt des Segnens den größten Segen Gottes erfahren würde.

Banken sind heute Institutionen, die dafür sorgen, dass die Renditen der Kapitalproduktion »mehrheitlich bei denjenigen enden, die bereits über Kapitalvermögen verfügen« (ebd.: 67). Die Aneignung der Gewinne erfolgt also asymmetrisch: Es wird denen gegeben, die schon haben, ohne dass diese ihr Haben aufs Spiel setzen müssten. Mit Mitteln der Buchhaltung werden Werte aus dem Nichts geschaffen und privat als Profite eingefahren. Banken greifen also auf etwas Unverfügbares zurück – Vertrauen – und nutzen diese Wertquelle für private Profitzwecke. Derrida spricht davon, dass man Zeit nur geben kann, weil niemand Zeit sein Eigentum nennen kann. So verfahren auch Banken. Umso erstaunlicher, dass Politik und Gesellschaft akzeptieren, dass die Gewinne dieser Operationen privatisiert werden. Naheliegender wäre, dass das Vertrauen der Gesellschaft in sich selbst auch der Allgemeinheit zugute käme.

Das ist auch der Ansatzpunkt für die politische Forderung nach einer Vollgeldreform. Viele Ökonomen befürworten diese mittlerweile, und die Vollgeldbewegung hat in der Schweiz sogar einen Volksentscheid dazu initiiert. Am 10. Juni 2018 stimmten beachtliche 24,3 Prozent für die Vollgeldinitiative. In einem Vollgeldsystem würde man nur einen Kredit für die Summen aufnehmen können, für die tatsächliche Spareinlagen vorhanden sind. So gäbe es keine geldschöpfenden Kredite mehr. Ob dies einer Demokratisierung der Geldschöpfung nahe käme, sei dahingestellt. Wichtig ist, dass man an diesem Beispiel erkennen kann, dass Schulden und Forderungen auf sozialen Beziehungen beruhen. Man glaubt im Fall der Geldschöpfung an die prinzipielle Vertrauenswürdigkeit von Gläubigern und Schuldnern. Dies ist ein sozialer Tatbestand, der stärker auf Gabenbeziehungen ruht als das Modell des *homo oeconomicus* uns glauben machen will. Die Krux ist nur, dass die Asymmetrie des bisherigen Systems wiederum die involvierten Gabenbeziehungen instrumentalisiert und für private Gewinne ausnutzt. Unsere Gesellschaften beruhen offenbar auf schier unglaublichen Vertrauensvorschüssen – bitter nur, dass diese nicht zum Wohle aller genutzt werden.

Mit diesen Ausführungen sollte deutlich geworden sein, dass die Gabe nicht nur in vormodernen, sondern auch in modernen Gesellschaften Eingang in das System des Geldes findet. Natürlich in ganz unterschiedlichem Ausmaß und in Akzentuierung ganz unterschiedlicher Aspekte der Gabe. Damit ist aber auch impliziert, dass man sich aus Sicht einer Theorie der Gabe nicht einer zu einfachen Dichotomisierung anschließen sollte, wie sie die Sozialtheorien des 20. Jahrhunderts immer wieder gekennzeichnet hat. Der klassische Bezugspunkt ist sicherlich Max Horkheimers und Theodor W. Adornos *Dialektik der Aufklärung* aus dem Jahr 1944. Für sie ist die menschliche Geschichte eine Geschichte der instrumentellen Vernunft, die einsetzt mit den Opferriten früher Gesellschaften. Das Opfer ist für Horkheimer und Adorno (1988) gleichbedeutend mit einem Betrug und einer Täuschung der Götter, so dass diese für menschliche Zwecke instrumentalisiert werden. Tausch und instrumentelle Behandlung des Anderen gehört für die beiden Autoren aufs Engste zusammen. Das Geld ist dann nur noch ein weiterer Mosaikstein in einer Welt des Äquivalententausches sowie der Instrumentalisierung von anderen und von sich selbst. Raum für das Nicht-Identische (etwa in Form der Gabe!) sehen sie in ihrer finsteren Diagnose bekanntlich nicht.

Ohne die Parallele zu Horkheimer und Adorno überbetonen zu wollen, möchte ich ähnliche Schwarz-Weiß-Zeichnungen der Welt zurückweisen, wie sie in den Diskursen um eine alternative Ökonomie zu finden sind. Vertreterinnen der Commons-Bewegung wie Friederike Habermann oder Silke Helfrich visieren eine Welt des Teilens an, in der nicht mehr getauscht und deshalb auch kein Geld mehr benötigt wird. Dem Äquivalententausch wohnen ihnen zufolge schon immer Konkurrenz, Gegnerschaft, Verdinglichung und Entfremdung inne (Acksel et al. 2015). Solidarität könne nur *gegen* Warenproduktion und Tausch durchgesetzt werden. Nur der Kommunismus der Commons scheint ihnen frei von diesen Pathologien des Kapitalismus zu sein. Doch damit idealisieren sie das Teilen, also die nichtagonistische Gabe, und stellen es zu radikal der agonistischen Gabe sowie dem Tausch gegenüber, was Mauss sicher vermeiden wollte. Denn Mauss' Pointe bestand ja gerade darin zu zeigen, wie selbst Gabe und Geld sich wechselseitig durchdringen können. Auch gegen einen agonistischen Wettstreit zwischen Individuen oder Gruppen hätte er nichts einzuwenden gehabt. Außerdem lassen sich auch Gaben beziffern, ohne dass sie aufhören, Gaben zu sein. Zumindest muss eine Quantifizierbarkeit von Werten Gabebeziehungen nicht zwangsläufig in Richtung konkurrenzieller Tausch oder in die Hierarchie (durch Verschuldung) treiben.

Niemand hat das Recht, uns zu sagen, was wir und unsere Praktiken wert sind, doch daraus folgt nur, dass wir unterschiedliche Register von Werten benötigen, nicht aber, dass Geld zwangsläufig korrosiv wirke und abzuschaffen sei. So kann man manche Werte tauschen, manche schenken und manche – wie der Wert der menschlichen Person – sollen partout nicht in den Austausch gegeben werden. Wichtig ist zu sehen, wie die Gabe Werte konstituiert und alle Versuche der Abstraktion und Quantifizierung von der Asymmetrie und Nicht-Äquivalenz der Gabe zwar absehen, aber doch von ihr abhängen. Sieht man diesen qualitativen und asymmetrischen Grund des Sozialen deutlicher, lässt sich auch die Kolonialisierung der Gabe durch das Monetäre, Äquivalente und Quantitative besser abwehren.

8.
Wissenschaft und Technik, Natur und Konvivialität

Unser Verhältnis untereinander und zur Natur können wir nicht verstehen, ohne einen Blick auf die Entwicklung von Wissenschaft und Technik zu werfen. Die ökologische und soziale Doppelkrise des Kapitalismus ist zutiefst mit dem wissenschaftlichen und technischen »Fortschritt« verwoben. So wissen wir spätestens seit Max Webers Analysen[9], dass die westliche Moderne auf Weltbeherrschung und nicht auf Weltanpassung ausgelegt ist. Für den berühmten »Gründungsvater« der Soziologie lässt sich die westliche Weltbeherrschung in einem engen Zusammenhang mit religiösen Entwicklungen verstehen. So verglich er beispielsweise Judentum und Protestantismus mit anderen Weltreligionen wie dem Hinduismus und Konfuzianismus. In unserem Zusammenhang ist die Gegenüberstellung zwischen dem asketischen Protestantismus (der Puritaner, Calvinisten, Baptisten, Methodisten oder Pietisten) mit dem Konfuzianismus lehrreich.

Chinas Konfuzianismus kannte historisch nur eine Gesetzesethik, keine Gesinnungsethik, es fehlte laut Weber die lebensorientierende Macht einer Erlösungsreligion, da es keine Spannung zwischen Religion und Welt gab. Die irdisch-himmlische Harmonie bestand aus einer Hierarchie von religiösen, magischen und weltlichen Mächten, die von den Menschen keine weltgestaltende Rationalisierung verlangten. Die Puritaner folgten dagegen ihrem transzendenten Gott bedingungslos, sahen sich als Werkzeug Gottes und stellten ihr ganzes Leben unter die Imperative systematisch-methodischer Lebensführung, das heißt vor allem auch unter die Erfordernisse eines gottgefälligen Berufslebens. Der Konfuzianer dagegen strebte nach Selbstvervollkommnung, bildete sich literarisch und philosophisch, sah die Welt als beste aller möglichen Welten an und zielte auf Harmonie ab. Weber nennt den puritanischen Rationalismus einen der *Weltbeherrschung*, den konfuzianischen einen Rationalismus der *Weltanpassung*. Weber unterscheidet auf diese Weise verschiedene Stufen der religiösen Rationalisierung: Erstens, inwieweit ist Magie abgestreift und die Welt auf diese Weise entzaubert? Zweitens, wie systematisch einheitlich wird die ethische Beziehung des Menschen zu Gott und zu der Welt gefasst? Der Konfuzianismus ist für Weber in Magie verankert und kennt keine religiöse Entwertung der Welt. Im Vergleich zu allen anderen Weltreligionen, so Weber, enthält der asketische Protestantismus das größte Potenzial für eine Entzauberung der Welt und eine Systematisierung der Beziehung Gott-Mensch-Welt. Erst wenn man sich durch Bezug auf einen transzendenten Gott von der Welt distanzieren kann, kann man sie formen, gestalten und beherrschen. In diesem Sinn hat unsere Art der Weltbeherrschung religiöse Wurzeln, auch wenn wir diese kaum noch im weitgehend säkularen Weltbild des Westens erkennen können.

Für Weber zeigt sich im Westen überall eine spezifische Rationalisierung und Beherrschung des Lebens. Rationalisierung ist ein mehrdeutiger Begriff, denn je nach Perspektive lassen sich ganz unterschiedliche Aktivitäten rationalisieren. Rationalisieren heißt zunächst einmal systematisieren, so dass Mittel und Zwecke systematisch aufeinander bezogen sind. Dies kann in der Wissenschaft durch systematische Experimente im Dienste der Wahrheitssuche erfolgen, in der Wirtschaft geht es um die Steigerung der Effizienz und um die Maximierung von Profiten, die Verwaltung verlässt sich allein auf die Interpretation und Umsetzung von Rechtsnormen usw. Es lassen sich in Webers Schriften drei Varianten der Rationalisierung unterscheiden: die wissenschaftlich-technische Rationalisierung, die das empirische Wissen über die Welt steigert und auf Berechnung abzielt; die metaphysisch-ethische Rationalisierung, die auf eine Systematisierung von Sinn und von Weltbildern hinausläuft; und ein praktischer Rationalismus, der eine Systematisierung der Lebensführung beinhaltet. Man richtet seine alltägliche Lebensführung also an handlungsleitenden allgemeinen Prinzipien aus.

Der Westen ist nun durch eine Rationalisierung aller drei Dimensionen gekennzeichnet. Dies hat zu einer bisher unbekannten Form der Weltbeherrschung geführt. Der Soziologe Hartmut Rosa (2016) spricht davon, dass die Moderne die Weltreichweite vergrößert hat: In immer mehr Aspekte der physischen, sozialen und psychischen Welt können wir nun eingreifen. Die Welt erscheint in einem solchen naturalistisch-rationalistischen Verständnis als eine Ansammlung von Ressourcen, die es zu beherrschen und zu nutzen gilt. Ob es nun Bodenschätze oder die eigenen Emotionen sind, das Signum der Moderne scheint zu sein, dass wir Dinge, Pflanzen, Tiere, andere Menschen oder uns selbst als Mittel zu einem Zweck betrachten können. So gesehen beruht auch die kapitalistische Steigerungslogik des immer mehr, schneller und weiter auf dem kognitiven und ethischen Weltbild der Moderne, das das Subjekt als prinzipiell getrennt von der Welt ansieht. Das Subjekt beobachtet wie ein Zuschauer die Welt, manipuliert und nutzt sie. Es ist ein instrumentell, also utilitaristisch Handelnder. Das moderne Subjekt sieht sich nicht primär als Teil des Netzes des Lebens und auch nicht in vielfältige Beziehungen des Gebens und Nehmens eingebettet.

Wissenschaft und instrumentelles Handeln

Diese Diagnose begleitet die Moderne als Kritik an ihren Entfremdungstendenzen, an Verdinglichung und Ausbeutung von Mensch und Natur von Anfang an. Dabei kann man an Jean-Jacques Rousseau, Karl Marx, Max Weber, Theodor W. Adorno, Erich Fromm oder Hannah Arendt denken, die allesamt (wenn auch mit ganz unterschiedlichen Schwerpunktsetzungen und Thesen) der Auffassung waren, dass das moderne Leben fehlgeleitet sei und wir das gute Leben, die Gerechtigkeit und das Glück verfehlen. Die »Geburt« des modernen Weltbildes wird dabei regelmäßig auf René Descartes' (1596–1650) Unterscheidung der beiden Substanzen *res cogitans* und *res extensa* zurückgeführt. Auf der einen Seite also die Seele und auf der anderen die Welt der ausgedehnten Materie, die in mathematischen Gleichungen beschreibbar ist. Die Seele wurde dabei alleinig dem Menschen zugerechnet, während die unbelebte und belebte Natur wie eine Maschine verstanden wurde. Betrachtet man die Entwicklung der Naturwissenschaften, scheint es zudem so, dass auch der Mensch immer mehr unter dem Gesichtspunkt der *res extensa* gesehen wurde. Diese Naturalisierung des Psychischen findet sich jüngst in den Einlassungen mancher materialistischer Hirnforscher, dass es ein »Ich« mit einem freien Willen gar nicht geben könne.

Der deutsch-amerikanische Soziologe und Philosoph Herbert Marcuse (1898–1979) sprach in den 1960er Jahren von einem »technologischen Apriori« der Moderne, das neben der Umgestaltung der Natur auch die des Menschen hervorbrachte (Marcuse [1964] 2014: 168). Die moderne Wissenschaft ist eigentlich wertfrei und auf keine praktischen Zwecke festgelegt. Sie befreit damit das Verständnis von Natur von allen Qualitäten wie schön vs. hässlich, erhaben vs. niedrig, gut vs. böse, warm vs. kalt, rau vs. glatt, eng vs. weit usw. Die Materie und das Leben wurden aller qualitativen Eigenschaften entkleidet und quantifizierbar gemacht, was einen enormen Erkenntnisfortschritt und gewaltige technologische Innovationen mit sich brachte. Die moderne Naturwissenschaft ist eine reine »Körperwissenschaft« (Edmund Husserl), sie abstrahiert von allem Subjektiven und strebt seit Galilei eine Mathematisierung der Natur an. Im 17. Jahrhundert setzte ein Streben nach mathematischer Exaktheit und logischer Strenge ein, wie es zuvor gänzlich ungekannt war. Wie sich etwas sinnlich anfühlt, spielt nun keine Rolle mehr. Während zuvor Wissen immer in Kontexte eingebettet war, strebt man nun nach kontextunabhängigem Wissen. Noch in der Renaissance eines Leonardo da Vinci (1452–1519) war die Wissenschaft humanistisch fundiert und an das Besondere, das Lokale und Zeitgebundene gekoppelt. Doch ab 1650 konnte man sich nicht mehr tolerant gegenüber Ungewissheit, Vieldeutigkeit und Meinungsvielfalt zeigen: Philosophische und wissenschaftliche Probleme sollen seitdem »unabhängig von jeder historischen Situation formuliert und auch mit völlig kontextfreien Methoden gelöst werden« (Toulmin 1991: 69). Auf diese Weise zeigt die moderne Wissenschaft seit Galilei und Newton immer weniger eine unmittelbare Lebensbedeutsamkeit (Husserl [1936] 1996: 3). Zwischen unseren alltäglichen Erfahrungen in der Lebenswelt und einer naturwissenschaftlichen Beschreibung eines Phänomens klafft eine Lücke. Für eine Betrachterin kreist – trotz unseres gegenteiligen Wissens – nach wie vor die Sonne um die Erde.

Marcuse stellt nun heraus, dass mit dieser Form von Naturbeherrschung eine Beherrschung des Menschen einherging. Ein Zurückdrängen der instrumentellen Beherrschung der Menschen über sich selbst würde für Marcuse eine Änderung der Struktur der Wissenschaft zur Voraussetzung haben. Gesucht wird eine andere Form der Rationalität: »Als begriffliches Denken und Verhalten ist Vernunft notwendig Gewalt, Herrschaft. Logos ist Gesetz, Regel, Ordnung aufgrund von Erkenntnis« (Marcuse 2014: 181). Die Natur dürfe nicht länger als bloßes Mittel betrachtet werden, denn sonst tendiere die Welt »dazu, zum Stoff totaler Verwaltung zu werden, die sogar die Verwalter verschlingt« (ebd.: 183). Diese Form der Naturbeherrschung legitimiert sich nun seit mehr als 100 Jahren mit der wachsenden Produktivität der Ökonomie, den damit einhergehenden technischen Innovationen und der Expansion der Konsumgesellschaft. Seit dem 19. Jahrhundert besteht eine wechselseitige Abhängigkeit, eine Interdependenz zwischen Wissenschaften und Technik, die enorm zur Beschleunigung der technisch-ökonomischen Rationalisierung beigetragen hat. Technik und Wissenschaft haben sich (durch die Verwissenschaftlichung der

Technik) zur wichtigsten Produktivkraft entwickelt. Nicht mehr die einfache Arbeitskraft, sondern der wissenschaftlich-technische Fortschritt ist zu einer unabhängigen Mehrwertquelle geworden (Habermas 1969: 80). Marcuse visiert dem gegenüber eine neue Einstellung zur Natur und damit verbunden auch ein neues Technikverständnis an. Die Natur sollte ihm zufolge nicht länger als Gegenstand technischer Verfügungsgewalt angesehen, sondern als möglicher Interaktionspartner begriffen werden. Ein neues Interaktionsmodell würde der Natur Subjektivität zuschreiben und wir würden mit den Tieren und Pflanzen kommunizieren, statt sie instrumentell zu bearbeiten.

Jürgen Habermas (1969), Hauptvertreter der zweiten Generation der Frankfurter Schule, bezweifelt hingegen, dass sich aus einem neuen Natur- auch ein neues Technikverständnis ableiten ließe. Zum technisch-wissenschaftlichen Fortschritt im Sinne einer technischen Verfügbarkeit gibt es für Habermas keinen Ersatz. Für ihn ist die Frage relevanter, wie die technologischen Reichweitensteigerungen institutionell so eingehegt werden können, dass sie nicht zum Selbstzweck werden, sondern dem guten Leben dienen. Im Rahmen demokratischer Selbstbestimmung sollen der Technik Grenzen gesetzt werden, das heißt, man bestimmt in demokratischen Verfahren beispielsweise, dass nicht alles, was technisch machbar erscheint, auch tatsächlich durchgeführt wird. So kann dann etwa das Klonen von Menschen verboten werden, ohne dass dies die Struktur von Wissenschaft und Technik prinzipiell verändern würde. Die Logik der Weltbeherrschung würde ihnen eingeschrieben bleiben. Die kommunikative Rationalität zieht für Habermas Grenzen um die instrumentelle Rationalität, ohne diese selbst in Frage zu stellen.

Naturalismus, Kulturalismus und andere Weltbilder

Diese gerade vorgestellten Kritiken der modernen Wissenschaft und Technik gehen von einer im Westen nun schon lange bestehenden, stabilen ontologischen, also seinsmäßigen Differenz von Subjekt und Objekt, von Kultur und Natur aus. Es stellt sich die Frage, ob diese Differenz so stabil ist wie angenommen, wie sich das Verhältnis zur Natur in anderen Kulturen darstellt und seit wann genau die westliche Grenzziehung vollzogen wird. Diesen Fragen ist in den letzten Jahren Philippe Descola intensiv nachgegangen, der als Kulturanthropologe Lehrstuhlnachfolger von Claude Lévi-Strauss am Pariser Collège de France ist. In seinem Buch *Die Ökologie der Anderen* (2014) stellt Descola heraus, dass der Westen zutiefst von der Kontroverse zwischen Materialismus und Mentalismus geprägt ist. Auf der einen Seite versucht man zu zeigen, dass alles naturalistisch auf materielle Prozesse zurückzuführen ist (so die Sicht der Naturwissenschaften, von Teilen der Psychologie und Philosophie). Auf der anderen Seite vertritt man einen zeichentheoretischen Idealismus, der davon ausgeht, dass wir die Welt nur über Zeichen und Sprache erschließen können. So betonen konstruktivistische Ansätze (in den Kulturwissenschaften, der Philosophie, der Soziologie), dass Natur erst dann erkennbar wird, wenn man sie kulturell interpretiert. Ohne Symbole keine erkennbare Natur, so die These gegenüber den Materialisten. Wir haben also nach Descola ein dualistisches Weltbild von Natur und Kultur. Doch seit wann? Die Idee einer mechanischen Natur bildete sich zwar schon im 17. Jahrhundert heraus. »Doch diese Natur, sowohl autonomer ontologischer Bereich wie Forschungs- und Experimentierfeld der Wissenschaft und verfügbarer Gegenstand für die Ausbeutung und Verbesserung, hat noch kein kollektives Gegenüber« (Descola 2014: 36). Erst Ende des 19. Jahrhunderts bricht sich die Vorstellung Bahn, dass sich menschliche Kollektive durch Sitten, Sprachen, Religionen und Mentalitäten voneinander unterscheiden, also durch das, was wir seitdem »Kultur« nennen. »Kultur« erschien den Zeitgenossen zu Beginn des 20. Jahrhunderts als plural und dynamisch. Das heißt, es entstand ein Bewusstsein für die große Vielzahl und Variabilität von kulturellen Traditionen und kulturellen Mustern. Kultur wurde nicht mehr als etwas Statisches aufgefasst, sondern als etwas, das einem permanenten Wandel unterworfen ist. Diese Erfahrung der Kontingenz (Kontingenz ist das Gegenteil von Notwendigkeit) von Kultur wurde verstärkt durch die Zunahme von interkulturellen Kontakten und der Begegnung mit »Fremden«: durch die Eroberung fremder Territorien im Zeitalter des Kolonialismus und eine rasante Globalisierung des Wirtschaftslebens, durch die Zunahme von internationalen Reisetätigkeiten und auch durch den Beginn moderner ethnologischer Forschung (vgl. Adloff/Büttner 2014). »Kultur« tritt von nun an nicht mehr nur im Singular auf. Es gibt unzählige Gruppen und Gesellschaften mit ihren je eigenen Kultur*en*.

Diese Debatten führten auch zu einer Neubestimmung der wissenschaftlichen Vorgehensweisen. Ende des 19. Jahrhunderts wurde insbesondere in Deutschland der Unterschied zwischen den Geistes- und Naturwissenschaften diskutiert: Wilhelm Dilthey unterschied zwischen den beiden Wissenschaften 1883 in seiner »Einleitung in die Geisteswissenschaften«. Wilhelm Windelband traf 1894 in seiner Rektoratsrede »Geschichte und Naturwissenschaft« die Unterscheidung zwischen der nomothetischen und der ideographischen Methode. Die Naturwissenschaften arbeiten demzufolge nomothetisch mit dem Ziel, Sachverhalte allgemein durch die Formulierung von Naturgesetzen zu erklären. Im Gegensatz dazu seien die Geisteswissenschaften in erster Linie ideographisch, um individuelle Sachverhalte zu verstehen. Heinrich Rickert, ebenfalls ein Neukantianer wie Windelband, bringt die Dichotomie zwischen den beiden Wissenschaftswelten in den Begriffen »Gesetzeswissenschaften« versus »Wirklichkeitswissenschaften« zum Ausdruck.

Seit ca. 1900, so betont es Descola, leben wir in einer Kosmologie, die von *einer Natur*, die objektiv erkenn- und beschreibbar ist, und einer *Vielzahl von Kulturen* ausgeht. So kann man die Untersuchung der Natur den Naturwissenschaften überlassen, und Soziologie, Kulturwissenschaften und Anthropologie untersuchen, welche unterschiedlichen Kulturen, also Konventionen, Weltbilder, Praktiken etc., es gibt. Und diese Kulturen legen dann auch jeweils fest, wie die Natur aufgefasst, interpretiert und genutzt wird. Das Problem dabei ist, dass diese Aufteilung der wissenschaftlichen Perspektiven die Unterscheidung von universalistischer Natur und der Relativität von Kulturen schon voraussetzt. Und diese Unterscheidung ist vollständig eurozentrisch, niemand außerhalb des Westens trifft eine solche Unterscheidung von Kultur und Natur.

Descola plädiert also dafür anzuerkennen, dass es auf der Welt ganz unterschiedliche Naturverständnisse gibt und die Unterscheidung Kultur versus Natur woanders nicht getroffen wird. Für ihn sind die anderen nichtwestlichen Ontologien nicht weniger wahr als der wissenschaftliche Dualismus des Westens. Er kritisiert damit auch die Gegenüberstellung von universellen Gesetzen der Materie und der relativen Gültigkeit von kulturellen Praktiken und Normen. Descola unterscheidet vier Kosmologien, die man auf der Welt findet. Der Naturalismus des Westens mit seiner Natur-Kultur-Differenz bildet eine davon. Davon zu unterscheiden ist der Animismus in Amazonien oder Sibirien. Menschen und Nichtmenschen haben in der dortigen Wahrnehmung ähnliche innere Zustände wie Subjektivität und Intentionalität, doch unterscheiden sich in der Welt die Körper voneinander. Dies ist eine spiegelbildliche Umkehrung des westlichen Naturalismus, da der Animismus nur eine »Kultur« (alles ist beseelt), aber unterschiedliche »Naturen«, nämlich verschiedene physikalische Körperqualitäten kennt. Der Totemismus Australiens beruht dagegen darauf, dass sowohl die inneren Zustände der menschlichen wie nichtmenschlichen Wesen als auch ihre physikalische Beschaffenheit ähnlich sind. Der Analogismus bildet die letzte Ontologie, die von einer Diskontinuität der inneren wie auch der physikalischen Zustände der bevölkerten Welt ausgeht. Die analogische Ontologie findet man in China (wo das Wort »Natur« beispielsweise auch gar nicht existiert), Indien, in Westafrika oder in der westlichen Vergangenheit von der Antike bis zur Renaissance.

Durch die Trennung von Menschen und Nichtmenschen hat der abendländische Naturalismus die Natur als einen Raum konstituiert, der als Experimentierfeld und unerschöpfliche Lagerstätte von Ressourcen betrachtet wird. Über den Kolonialismus transportierte man diese Naturauffassung in alle Weltgegenden, und so wurden auch die Landschaften in den nichtindustriellen Gesellschaften massiv umgewälzt: Wanderrodungen in Tropenwäldern wurden durch die Gewinnung von Nutzholz verdrängt, aus Weideplätzen in den Savannen wurden Wildreservate, aus Jagdgebieten wurden riesige Ländereien für die Viehzucht. Natürlich sind auch andere Umwelten das Ergebnis menschlichen Handelns. Im Amazonas ist die pflanzliche Vielfalt das Resultat jahrtausendealter menschlicher Handlungen. Auch die Landschaft Australiens entstand durch die Buschfeuer der Aborigines über mehrere zehntausend Jahre. Der Unterschied besteht jedoch darin, dass die Umgestaltungen nicht naturalistisch als »Zähmung« der wilden Natur begriffen wurden, sondern sie wurden als eine »Interaktion zwischen den Menschen und ganz verschiedenen Arten von Nichtmenschen gesehen: wilden und Kulturpflanzen, Geistern, Tieren, Gottheiten usw.« (Descola 2014: 102). Das Begriffsraster Natur/Kultur hat somit einen historischen und zufälligen Charakter und sollte Descola zufolge auch nicht als universelle Formel auf alle Zivilisationen ausgedehnt werden.

Die westliche Idee von Natur hat die wissenschaftlich-mechanische Revolution des 17. Jahrhunderts nicht nur begleitet, sondern sogar ermöglicht. Wenn hingegen heute Forscher/innen in Indien, China oder Japan in Laboren arbeiten, dann betreiben sie mit den gleichen Methoden die gleiche Wissenschaft wie im Westen. Das heißt jedoch nicht, dass sie das gleiche naturalistische Weltbild teilen. Wissenschaftliche Verfahren können nach Descola also auch außerhalb der naturalistischen Kosmologie wie eine Gebrauchsanweisung angewandt werden. Die

Apparaturen der Forschung kommen in anderen Kontexten auch ohne den kosmologischen Dualismus aus.

An dieser Stelle befindet sich Descola zum Teil im Dissens mit dem Soziologen und Wissenschaftstheoretiker Bruno Latour, der in den letzten Jahren genauso wie Descola die Kultur-Natur-Dichotomie neu durchdacht und grundsätzlich in Frage gestellt hat. Latour (2008) vertritt in seinem Buch *Wir sind nie modern gewesen* die These, dass es auf der Ebene des wissenschaftlichen Diskurses der Moderne zwar zu einer strikten Trennung zwischen Objekten der Natur und der Welt des Sozialen kam, dass diese Welten aber faktisch aufs Engste ineinander verwoben sind. Die Trennung von Natur und Gesellschaft, wie sie im Selbstbild der Moderne vorliegt, hat dieser Sicht zufolge nie so stattgefunden. Für Latour konstituiert sich unsere Realität nur über die Verkopplung von Menschen mit natürlichen wie vor allem auch technischen Dingen. Die Welt ist bevölkert von hybriden Wesen: Mischungen aus Kultur und Natur, technischen Akteuren und Quasi-Subjekten. Latour denkt an Türschließer, Autos, Pflugscharen, aber auch an biotechnologisch veränderte Lebewesen, Labormäuse, Mikroben und Antibiotika. All diese hybriden Wesen haben eine gewisse Handlungsmacht und beruhen auf der Vermengung von Kultur und Natur. Parallel dazu hat die Moderne eine begriffliche Anstrengungsarbeit betrieben, indem sie darauf bestand, dass die Bereiche Natur und Kultur konzeptionell strikt geschieden seien. Für Latour tun die Modernen nicht, was sie sagen und sagen nicht, was sie tun. Die Vormodernen wussten hingegen, dass, wenn sie die Naturordnung verändern, sie zugleich die gesellschaftliche Ordnung verändern. Deshalb gingen sie mit Vorsicht vor und schränkten die Expansion von Kultur-Natur-Hybriden ein.

Die Modernen hingegen erlauben sich eine immense Expansion von Hybriden – Latour spricht auch von Monstren –, weil sie durch die offizielle Trennung von Natur und Kultur nicht sehen, wie jede Veränderung der Natur die Gesellschaftsordnung mitverändert: »Für jeden Zustand der Natur gibt es einen korrespondierenden Zustand der Gesellschaft« (Latour 2008: 127). Der Philosoph Hartmut Böhme (2017) meint, dass wir faktisch schon lange in einem Zeitalter *nach* der Natur leben, auch wenn wir dies in unserem Weltbild selten anerkennen. Seit Nietzsches Diktum vom Tod Gottes können wir nicht mehr von der Unverfügbarkeit der Natur ausgehen; sie steht im Gegenteil zur technischen Verfügung bereit. Wir leben stattdessen in einer Epoche der Künstlichkeit und unser Alltag ist vollständig von technischen Arrangements geprägt. Nach der Natur zu leben heißt heute auch im Zeitalter des Anthropozän zu leben (dazu mehr im folgenden Kapitel); die Natur ist heute nahezu vollständig durch menschliche Einflüsse verändert und geformt. Wir erkennen zunehmend in der Natur »dort draußen« die eigenen, menschlichen Anteile wie die Erderwärmung, die Fischarmut der Meere oder die Vergiftung des Trinkwassers – alles Phänomene, die wir uns selbst zurechnen müssen.

Für Descola ist der wissenschaftlich-theoretische Dualismus der Moderne dennoch entscheidend, er habe eine leitende Funktion gehabt und die Organisation von Wissen strukturiert. Und er behauptet, dass es weltweit nur die vier von ihm herausgearbeiteten Kosmologien gibt. Latour wirft er vor, dass sein Interesse an den Netzwerken von menschlichen und nichtmenschlichen Wesen den analytischen Blick auf die zugrunde liegende Struktur verschleiere. Dieser Disput braucht uns hier nicht weiter zu interessieren. Entscheidend ist vielmehr, dass Latour offenkundig der Auffassung ist, dass der Westen endlich das anerkennen sollte, was er faktisch schon lange tut: nämlich eine Welt geschaffen zu haben, die nicht gut mit der Natur-Kultur-Dichotomie zu beschreiben ist. Wir sollten von diesem Dualismus auch in einem politischen Sinne Abschied nehmen. So sollte die politische Ökologie nicht länger glauben, sie beruhe auf der Sorge um die Natur. Die Umwelt müsse man vielmehr internalisieren, das heißt der Politik steht die Natur nicht gegenüber, sondern wir sollten von einem Ensemble oder Kollektiv von menschlichen und nichtmenschlichen Wesen ausgehen. Die politische Ökologie habe sich mit diesen Assoziationen von Wesen zu beschäftigen, nicht mit »der Natur« (Latour 2001).

Ein anderes Natur-, Wissenschafts- und Technikverständnis?

Hier ist nun die Frage zu stellen, ob Descolas und Latours Beschreibungen des westlichen Naturalismus richtig und vollständig sind. Stellen wir uns die Natur seit dem 17. Jahrhundert mechanisch vor und unterscheiden wir seit dem Ende des 19. Jahrhunderts zwischen den Welten der Natur und der Kultur? Zwar ist es richtig, dass es diese Kosmologie im Westen gibt, doch ist es falsch, sie als die einzige Kosmologie darzustellen. Neben dem Naturalismus gibt es auch andere Verständnisse von Natur und Gesellschaft, die man nicht vernachlässigen sollte. Descola (2014) kommt selbst darauf zu sprechen, dass die Tradition der Phänomenologie immer auch holistische, also ganzheitliche Erfahrungen betont hat, die nicht auf eine Trennung von Subjekt und Objekt hinauslaufen. Wenn wir uns in einer konkreten Situation befinden und von ihr regelrecht affektiv ergriffen werden – sei es bei einem Konzert, sei es beim Mountainbiken –, unterscheiden wir nicht zwischen uns und den »Dingen«, agieren nicht im Zweck-Mittel-Modus. Wir gehen in der Situation auf, wir erfahren sie als Ganzes. Diese Dimension von Erfahrung, die – wie wir in Kapitel 4 sahen – für Dewey von großer Bedeutung ist, kennen wir aus vielfältigen Kontexten, auch im Umgang mit der Natur. Diese erfahren wir in unserem lebensweltlichen Alltag längst nicht nur als Ressource, Ding oder Mechanik. Natur wird erlebt und gefühlt. Die Erfahrung von Natur als ein Gegenüber begleitet die westliche Moderne von Anfang an. Nur ist diese Form von Erfahrung nicht in den Mainstream wissenschaftlicher Welterfahrung und -beschreibung eingegangen. Wir finden diesen Strang in der Alltagswahrnehmung, in ästhetischen Erfahrungen, in der

Kunsttheorie, der Naturästhetik oder in Varianten des ökologischen Denkens.

Wir Modernen leben tatsächlich in zwei Welten: Auf der einen Seite greifen wir auf das formale, wissenschaftlich gewonnene Wissen zurück, zum anderen machen wir permanent praktische Erfahrungen, die längst nicht immer mit dem wissenschaftlichen Wissen deckungsgleich sind (vgl. Feenberg 2013). Wir wissen, dass die Zigarette schädlich ist, doch dem Raucher schmeckt sie trotzdem. Natürlich hat unser wissenschaftliches Wissen auch die Erfahrungen des Alltags verändert: Das Wissen um die Photosynthese verändert den Blick auf Pflanzen; astronomisches Wissen unsere Sicht auf die Sterne; von Dinosauriern wissen wir nur etwas aufgrund wissenschaftlicher Erkenntnisse; wir bringen als Kaminbesitzerinnen Kohlenmonoxidmelder an, weil wir um die Gefahr wissen und Kohlenmonoxid weder sehen noch riechen können. Lebensweltliche Erfahrungen, die nicht deckungsgleich mit wissenschaftlichem Wissen sind, fristen in der Moderne jedoch ein Schattendasein. Man kann sich in seinen Geltungsansprüchen kaum auf sie berufen. Da sie der Weltwahrnehmung der Nicht-Modernen ähneln, bleiben diese Erfahrungen in offiziellen Diskursen randständig und prekär. Wissenschaftliche Methoden haben weitgehend die unmittelbare holistische Erfahrung des Alltags ausgeklammert und wegen ihrer vorgeblichen Subjektivität abgelehnt.

Dennoch kann diese Dimension nicht aus der Geschichte der westlichen Kosmologie gestrichen werden – die Entzauberung (Weber) unseres Denkens und Wahrnehmens ist mitnichten so komplett vollzogen worden, wie es Descola und Latour unterstellen. Wir beobachten dies heute bei allen Formen alternativen Heilens, in der Esoterik und der Ökologie. Menschen fühlen sich untereinander und mit der Natur verbunden, und zwar in einem ganzheitlichen Sinne. Zu diesem Verständnis von Verbundenheit kann auch die Wissenschaft beitragen: Das Wissen um die Komplexität ökologischer Vernetzungen, etwa um wechselseitige Abhängigkeiten von Lebewesen innerhalb eines

Ökosystems, können im Alltag dazu führen, aus guten Gründen die naturalistische Ontologie hinter sich zu lassen und von einer praktischen Verbundenheit von menschlichen und nichtmenschlichen Wesen auszugehen. Wissenschaft und Technik liefern immer mehr Evidenzen für die wechselseitige Verbundenheit aller Wesen auf diesem Planeten. Das führt sicher nicht zu einer Rückkehr zu einem animistischen Weltbild: Wir danken nicht dem Schwein, das auf unserm Teller liegt, aber wir können uns unserer Verantwortung für sein Leben und seinen Tod bewusst sein. Die Tierrechtsbewegung, Vegetarier und Veganerinnen zeigen deutlich, dass die westliche Ontologie des Naturalismus ins Wanken geraten ist. Das Verhältnis zwischen Menschen und nichtmenschlichen Lebewesen wird hier völlig neu bestimmt.

Auch wenn wir auf ästhetische Erfahrungen blicken, wird die reduktive Einseitigkeit von Descolas Naturalismusthese sichtbar. Prüft man nämlich historisch die Frage, ob der Begriffsdualismus von Kultur und Natur jemals strikt nach dem Muster aufgetreten ist: wo Natur ist, ist keine Kultur und umgekehrt, stellt sich die westliche Geschichte anders dar. »Auf der Achse zwischen Natur und Kultur tritt eine Vielzahl von Differenzen und Indifferenzen, Verwandtschaften und Idiosynkrasien, Kontinuitäten und Diskontinuitäten, Trennungen und Mischungen auf«, betont Böhme (2017: 30). Im Westen haben Menschen vielfältige Beziehungen zu Nicht-Menschen, also Naturbeziehungen entwickelt. Nicht nur der Alltag des Schäfers, der Hundebesitzerin, der Gärtner/innen findet jenseits der Natur-Kultur-Dichotomie statt. Insbesondere die Kunstgeschichte liefert unzählige Beispiele dafür, dass die unterstellte Trennung der beiden Bereiche nicht besteht. Descola unterschlägt diese Traditionslinien und stereotypisiert damit den Westen zum »Okzidentalismus«. Die Naturästhetik der westlichen Malerei zeigt z.B. Beziehungen des Menschen zur Natur, die nicht naturalistisch auf den Gegensatz von Kultur und Natur abzielen, aber auch (in den Worten Descolas) nicht animistisch, totemistisch oder analogistisch sind. So findet man in der sakralen

Malerei vielfältige Übergänge: vom Heiligen zum Profanen, von der Landwirtschaft zur unberührten Natur, von den Naturstoffen zu den Artefakten. Die Einbettung von Natur in Kultur ist ein permanentes Thema der Malerei. Ebenso die Spannungen zwischen Natur und Kultur, ohne dass daraus ein Gegensatz konstruiert wird. Der Mensch wird nicht nur im Einklang mit der Natur gezeigt, auch seine Gefährdung durch diese wird thematisiert (etwa im 16. Jahrhundert bei Pieter Bruegel d. Ä.). Natürlich finden sich auch Naturdarstellungen, die die Natur als bloße Ressource, als vom Menschen beherrschte Dinge imaginieren. Doch diese Darstellung der Natur im Sinne Descartes' als *res extensa* »steht auch in der jüngeren Geschichte Europas niemals alleinherrschend da« (Böhme 2017: 67). Und auch dort, wo man sich von einem magischen Naturverständnis befreit hat, führt dies nicht automatisch zum »Sündenfall« der Trennung von Natur und Kultur. Dass Naturphänomene wie Unwetter von religiösen Vorstellungen der Strafe und magischen Rachebildern befreit werden, dass man Natur säkular und als rational verstehbar begreift, befreit uns auf eine positive Weise von der Angst vor der Natur, die jahrtausendelang die Menschen verfolgte. Eine solche Trennung kann positive Effekte für die Verbindung zur Natur haben. Angstfreiheit und wissenschaftliche Neugierde schärfen die Beobachtungsgabe und schaffen zudem Raum für ästhetische Erfahrungen, die jenseits der Trennung von Natur und Kultur liegen.

Auch die Wissenschaftsgeschichte kennt Beispiele dafür, dass (natur)wissenschaftliche Untersuchungen nicht zwangsläufig die Natur »entzaubern« müssen, dass also wissenschaftlicher und ästhetischer Blick produktive Verbindungen eingehen können. Der bekannteste Fall ist sicherlich der Naturforscher und Universalgelehrte Alexander von Humboldt (1769–1859). 1834, zu einer Zeit, als die Professionalisierung der Naturwissenschaften einsetzte, fasste Humboldt den Plan, die materielle Welt in einem Buch darzustellen. Sein einflussreichstes Werk *Kosmos. Versuch einer physischen Weltbeschreibung* brachte zusammen, was sich sonst in abgegrenzte Disziplinen aufteilte.

Ob Astronomie, Geologie, Zoologie, Botanik, Archäologie oder Geschichtswissenschaft, Humboldts Werk war nicht auf einzelne Fachdisziplinen und auch nicht auf die Zweiteilung der Welt in Natur und Kultur festgelegt. Und sein Naturverständnis lief auch nicht auf ein kalt-mechanistisches Weltbild hinaus. Im Gegenteil, für ihn brachten Erkenntnis und Wissen auch Imaginationen, Erstaunen, Aufregung und Ergriffenheit mit sich (Wulf 2016: Kap. 18). In der Einleitung zum *Kosmos* erklärt er, dass in der Welt das Leben pulsiere, dass alles ein Teil in einem großen Wirken lebendiger Kräfte sei, dass die Natur ein »lebendiges Ganzes« sei. Dieser Lebenshauch sei jedoch nicht göttlichen Ursprungs, sondern kam aus der Erde selbst. Humboldt ist mit dieser Haltung wegweisend für das 21. Jahrhundert. Er zieht keine scharfe Trennlinie zwischen Naturwissenschaften, Künsten, Sozial- und Kulturwissenschaften, und er vermittelt so das Subjektive mit dem Objektiven. »In einer Zeit, wo Wissenschaftler versuchen, die globalen Folgen des Klimawandels zu verstehen und vorherzusagen, ist Humboldts interdisziplinärer Ansatz zur wissenschaftlichen Forschung und zum Verständnis der Natur wichtiger als je zuvor«, betont die Historikern Andrea Wulf (2016: 419). Alle gesellschaftlichen, wirtschaftlichen und politischen Fragen sind zutiefst mit dem verknüpft, was fälschlicherweise »Umwelt« genannt wird. Es gibt kein Innen und kein Außen von Gesellschaften, sondern nur Kollektive aus menschlichen und nichtmenschlichen Wesen (Latour). Diese Sichtweise Humboldts ist in den Naturwissenschaften bislang ein marginaler Strang geblieben, auch wenn es immer mal wieder Tendenzen gab, diese Perspektive aufzugreifen und zu vertiefen. Man denke nur an die sogenannte Gaia-Hypothese Lovelocks – dazu mehr im nächsten Kapitel.

Stattdessen ist das Humboldtsche Naturverständnis eingegangen in die Geschichte der Naturästhetik. So wäre Henry David Thoreaus berühmtes Buch *Walden oder Leben in den Wäldern* ohne Humboldts *Kosmos* nicht entstanden (Wulf 2016: Kap. 19). Durch Humboldts Naturverständnis wurde er ermuntert, wissenschaftliche Naturbeschreibung und Dichtung zu verbinden. Thoreau maß, zeichnete und erforschte Details. Das Ganze der Natur ergab sich für ihn aus dem genauen Verständnis von Einzelheiten und ihrer Verbindungen. Dagegen lehnten die Transzendentalisten wie Emerson, Romantiker wie Coleridge in England und Schelling in Deutschland die naturwissenschaftlichen Methoden ab. Empirische Forschung und deduktives Denken verstelle die Anschauung der Natur. Humboldt und Thoreau stehen dagegen für eine Traditionslinie, die zwischen mechanistischem Naturverständnis und einer dichterischen und romantischen Naturauffassung vermittelt. Eine Weltanverwandlung muss offenbar nicht zwangsläufig jede Art von wissenschaftlichem und instrumentellem Weltverständnis ablehnen, wie es die Romantik tut.

Gleiches gilt für die Technik. Auch hier können wir nun die Problematik spezifischer fassen und fragen, wie ein neues Technikverständnis (Marcuse) oder eine institutionelle Einhegung instrumenteller Technik (Habermas) aussehen könnten. Wenn man Mensch und Natur als diametral gegenüberstehend auffasst, tappt man in die Falle, jede Technik als instrumentell abzulehnen und stattdessen auf eine anschmiegende Weltanverwandlung zu setzen, die völlig ohne Technik auskommen soll. Technikkritik beklagt in der Regel den Autonomieverlust des Menschen angesichts immer weiter ausgreifender technischer Systeme. Technische Mittel verselbstständigen sich und werden zum Selbstzweck, so die gängige Kritik. Dadurch entfremdet sich der Mensch von seinen hergestellten Mitteln, denn diese erlangen Macht über ihn. In dieser Auffassung bleibt unklar, ob Technik immer schon diesen verhängnisvollen Charakter in sich trägt, oder unter welchen Umständen Technik problematisch wird. Hierzu braucht man aus meiner Sicht einen Begriff von Technik, der erstens betont, dass der Mensch über Technik in Beziehung zur Natur tritt, und dass zweitens der instrumentelle Charakter von Technik uns nicht per se in ein Herrschaftsverhältnis gegenüber der Natur rückt (Oberthür/Schulz 2016).

Jeder Umgang mit der Natur ist über Werkzeuge und Techniken vermittelt, so dass man sagen kann, dass Menschen immer ihr Naturverhältnis praktisch mittels Technik herstellen – sei es über den Hammer, den Pflug, das Kochgeschirr und Häuser oder über GPS und Flugzeuge. Technische Mittel sind nicht an sich schon gleichbedeutend mit einem instrumentellen Weltbild bzw. Naturverständnis. Technik ist eingebettet in konkrete sozialökonomische Produktionsweisen und kulturell geformte Praktiken. Unsere Technik ist eine kapitalistisch präformierte Technik, die auf wachstumsfördernde Innovationen und Rationalisierungen geeicht ist. Dieses Technikverständnis ist weit davon entfernt, nicht auf Naturbeherrschung, sondern auf ein »Bündnis« mit der nichtmenschlichen Natur abzuzielen. Eine »neue« Bündnis-Technik kann man auch eine konviviale Technik nennen – die natürlich nicht neu ist, da es historisch schon unzählige Beispiele für konviviale Techniken gibt.

Das Konzept konvivialer Technik kann auf Ivan Illich (1926–2002) zurückgeführt werden. Der österreichisch-amerikanische Philosoph und Autor war ein radikaler Technik- und Wachstumskritiker und führte 1975 in seinem Buch *Selbstbegrenzung* (im Orig. *Tools for Conviviality*, 1973) eben diesen Begriff ein. Illich bezeichnet eine Gesellschaft als konvivial, die ihren Werkzeugen (dies können Techniken, aber auch Institutionen sein) vernünftige Wachstumsbegrenzungen auferlegt. Wird einer Technik keine Wachstumsbeschränkung auferlegt, zeigt sie nach Illich die Tendenz, dass ihre Leistungen sich ins Gegenteil verkehren. So sind Wissenschaft und Technik heute nicht mehr allein Problemlöser, sondern auch Produzenten von Problemen, worauf dann mit noch mehr Technik geantwortet wird. Auf diese Weise überschreiten gesellschaftliche Werkzeuge eine Schwelle und beschneiden individuelle Freiheit. Wenn beispielsweise in amerikanischen Städten wie Los Angeles das Auto zur einzigen Fortbewegungsmöglichkeit geworden ist, da man weder Fahrrad oder Bus fahren noch zu Fuß gehen kann, dann hat sich innerhalb der Verkehrsinfrastruktur ein radikales Monopol von Automobilen herausgebildet, dem man sich nicht mehr entziehen kann und das die individuelle Freiheit unterminiert. Die Kontrolle über die gesellschaftlichen Werkzeuge sollte nach Illich nicht in den Händen von großen und abgeschotteten Infrastrukturen und Expertensystemen liegen, sondern in denen der Allgemeinheit. Nur durch demokratische Kontrolle ist für Illich Konvivialität erreichbar. Dazu bedarf es aber einer radikalen Umgestaltung der gesellschaftlichen Institutionen nach konvivialen Kriterien: Konviviale Technik kann kulturell nicht unter utilitaristischen und ökonomisch nicht unter kapitalistischen Bedingungen gedeihen.

Diese doch recht allgemeinen Überlegungen Illichs haben Andrea Vetter und Benjamin Best (2015) konkretisiert, indem sie Kriterien für eine demokratisch kontrollierte konviviale Technik aufgestellt haben. Dabei geht es um fünf Ebenen: a) Beziehungsqualität, b) Zugänglichkeit, c) Anpassungsfähigkeit, d) Biointeraktion und e) Ressourcenintensität. Damit sind entscheidende Fragen verknüpft. Zu a): Welche Art von Interaktion fördert eine Technik? Ist die Nutzung frei, verpflichtend oder hierarchisch gegliedert? Zu b): Steht die Technik allen Menschen offen, welches Wissen zur Herstellung und Nutzung der Technik braucht man, ist das Wissen offen, geheim oder patentiert? Zu c): Können Geräte nur in überregionale Infrastrukturen eingepasst werden oder sind sie lokal nutzbar, sind sie modular erweiterbar, ist die Technik nur auf eine Art oder vielfältig nutzbar? Zu d): Welche Risiken birgt eine Technik in sich, fördert sie das Leben von Menschen, Pflanzen und Tieren oder nicht, lässt sie sich in den ökologischen Kreislauf zurückführen? Und zu e): Welche Ressourcen werden durch ein Gerät verbraucht, sind diese erneuerbar, wie langlebig ist die Technik?

Konviviale Techniken lassen sich anhand dieser Kriterienliste identifizieren: Die Kernkraft gehört demnach sicher nicht dazu, auch nicht moderne PKW, deren Elektronik keiner mehr selbst reparieren kann, die alle vertretbare Abgasnormen überschreiten und das Leben in den Städten maßlos dominieren. Das Fairphone gehört eher dazu als das iPhone. Lastenfahrräder wären zu nennen oder Formen von Open Design, etwa quelloffene Baupläne für Landmaschinen oder Häuser. Dass die sozialökonomischen Rahmenbedingungen des Kapitalismus Prinzipien konvivialer Technik zuwiderlaufen, steht auf einem anderen Blatt. Die Innovationsdynamik dieser Wirtschaftsordnung beruht auf der ständigen Suche nach neuen Kapitalanlegemöglichkeiten, Obsoleszenz in Geräte einzubauen steigert den Konsum, Ressourcen werden weiterhin maßlos verschwendet und Patente sichern Herstellungsrechte. Konviviale Technik und Wissenschaft können erst unter den Bedingungen eines radikalen Mentalitätswandels und veränderter sozioökonomischer Rahmenbedingungen entstehen. Erst in einer Postwachstumsgesellschaft (siehe Kapitel 6) wird technische Konvivialität möglich sein. Im folgenden Kapitel muss darüber noch hinausgehend gefragt werden, wie ein neues Naturverständnis und -verhältnis aus Sicht einer Politik der Gabe aussehen könnte.

9.
Die Gaben der Natur

Im Jahr 2000 schlug der niederländische Chemiker und Atmosphärenforscher Paul J. Crutzen vor, den Begriff des Anthropozäns für den Beginn einer neuen geochronologischen irdischen Epoche einzuführen. Wir leben nach Crutzen nicht mehr im Holozän, das vor 12.000 Jahren begann, sondern im Anthropozän, da der Mensch zu einem der wichtigsten Einflussfaktoren auf die biologischen, geologischen und atmosphärischen Prozesse auf der Erde geworden sei. 2016 bestätigte eine Arbeitsgruppe auf dem 35. Geologischen Kongress in Kapstadt die Thesen Crutzens. Seitdem gilt auch offiziell, was wir schon länger wissen, nämlich dass die Menschheit tiefgreifend in das globale Ökosystem eingegriffen hat. Das Anthropozän kennzeichnet eine ökologische Metakrise, die sich aus vielen Aspekten zusammensetzt: »Neben der globalen Erwärmung und der Veränderung der ozeanischen und atmosphärischen Strömungssysteme sind das die Störung der Wasserzyklen, die Versauerung der Meere, der Verbrauch zahlreicher nichtersetzbarer Ressourcen, der Verlust der Biodiversität, die Versiegelung von Böden, die Akkumulation von nicht abbaubarem Abfall und vieles mehr«, schreibt die Kulturwissenschaftlerin Eva Horn (2017). Die Folgen menschlicher Lebensformen und Technologien sind nicht auf lokale Eingriffe in die Natur beschränkt, sondern zeigen globale und geologische Dimensionen, die als unbeabsichtigte Neben- und Spätfolgen menschlicher Handlungen auftreten. Diese schroffen Eingriffe in die Natur lassen sich bis in das Neolithikum mit dem Übergang zur Landwirtschaft vor rund 10.000 Jahren zurückverfolgen. Doch erst mit der Durchsetzung von Kapitalismus, Privateigentum und moderner Technik vor rund 200 Jahren setzt die Emission großer Mengen von CO_2 und damit das *take off* zum Anthropozän ein. Die Erde verliert derzeit rund 100 Spezies pro Tag, und wenn die Ausrottung von Pflanzen und Tieren nicht gestoppt wird, wird das Anthropozän rund 50% aller existierenden Spezies vernichten. Der US-amerikanische Literaturwissenschaftler Ashley Dawson (2016) zieht hier eine Parallele zum Kapitalismus: Mit der kapitalistischen Vernichtung der Commons gehen nicht nur die menschlichen Gemeingüter wie Weideland verloren, sondern auch die Commons der Natur: Pflanzen, Tiere, saubere Luft, sauberes Wasser.

Mit Blick auf den Kapitalismus ist auch ein Einwand gegen die pauschale Redeweise vom Anthropozän als Zeitalter des Menschen formuliert worden. Der Begriff des Anthropozäns verschleiert, dass nicht alle Menschen gleichermaßen zur tiefgreifenden Veränderung des Lebens auf der Erde beigetragen haben, sondern dass diese Prozesse mit dem westlichen Wirtschafts- und Kolonialsystem und der damit einhergehenden Lebensweise verbunden sind. Deshalb hat man alternative Begriffe wie Kapitalozän, Chtuluzän oder Technozän vorgeschlagen, um deutlich zu machen, dass vornehmlich die westliche Moderne den physikalisch-biologisch-sozialen Wandel, also die anthropogenen Prozesse planetarischen Ausmaßes qualitativ verändert und enorm beschleunigt hat.

Materie und Leben anders fassen

Es ist nun überdeutlich, dass es keine Natur außerhalb des menschliches Einflusses und Zugriffs mehr gibt. Die Trennung von Kultur und Natur ist heute – sofern sie jemals sinnvoll war – endgültig ad acta zu legen. Wir müssen die Natur nun anders begreifen, aber auch den Menschen und das Soziale. Wenn wir verstehen wollen, was Landwirtschaft ist, müssten wir ein Netzwerk ganz unterschiedlicher Handlungsträger und deren

Zusammenspiel rekonstruieren: Böden, Mikroorganismen, Pflanzen, Traktoren, Geräte, Bauern, Nutztiere und Saatgut entlang der Trennlinie Natur/Kultur zu beschreiben, macht keinen Sinn. Muss unser Dasein im Zeitalter des Anthropozäns nicht vielmehr als gemeinsamer Lebenszusammenhang neu gefasst werden? Ließe eine solche Sichtweise auch neue gemeinsame Lebensformen von menschlichen und nichtmenschlichen Wesen zu, die nicht auf die Zerstörung unserer aller Lebensgrundlagen hinausliefen? Müsste man den eigenständigen Wert allen nichtmenschlichen Lebens dazu anerkennen?

In der Akteur-Netzwerk-Theorie, die aus der Wissenschaftsforschung Michel Callons und Bruno Latours hervorging, vertritt man nun schon seit einigen Jahrzehnten die Auffassung, dass nicht nur menschlichen Akteuren Handlungsfähigkeit zukommt. Auch Dinge können zu Handlungsträgern werden. Man sollte also nicht nur Menschen in ihrem Tun beobachten, sondern alle Gegenstände, die etwas bewirken oder herbeiführen: Wasserkessel kochen Wasser, Pistolen schießen und Straßenschwellen verlangsamen die Fahrt. Natürlich sind diese Dinge von Menschen erfunden und geformt worden, doch formen sie auch ihre Nutzer/innen, indem sie bestimmte Verhaltensweisen ermöglichen oder ihnen sogar aufzwingen. Auf diese Weise entstehen hybride Netzwerke von menschlichen und nichtmenschlichen Akteuren. So ist eine Schusswaffe in der Hand eines Menschen etwas anderes als eine Waffe im Museum oder als ein Mensch ohne Schusswaffe: »Mit der Waffe in der Hand bist du jemand anderes, und auch die Waffe ist in deiner Hand nicht mehr dieselbe. Du bist ein anderes Subjekt, weil du die Waffe hältst; die Waffe ist ein anderes Objekt, weil sie eine Beziehung zu dir unterhält. Nicht länger handelt es sich um die Waffe-im-Arsenal oder die Waffe-in-der-Schublade oder die Waffe-in-der-Tasche, nein jetzt ist es die Waffe-in-deiner-Hand, gerichtet auf jemanden, der um sein Leben schreit« (Latour 2014: 346). Erst die Zusammensetzung von Kräften und Akteuren ermöglicht Handeln. Natürlich verwendet Latour hier schwache und relativ anspruchslose Konzepte von Handeln und Akteuren. Es geht um Einwirkungen und Veränderungen, die nicht auf Absichten, Sinn oder Bewusstsein zurückführbar sein müssen. Sein relationaler Ansatz betont die Handlungsträgerschaft aller möglichen Objekte und Subjekte und hat für die dichotome Unterscheidung von Kultur und Natur keine Verwendung. Zugleich sagt diese Theorie aber auch nichts darüber aus, worin der Unterschied zwischen Materie, Leben und menschlichem Leben besteht.

In den letzten Jahren wird auch in anderen Fachdisziplinen vermehrt darüber diskutiert, inwiefern das dualistische Weltbild – Natur vs. Kultur – überwunden werden kann. Dabei werden Positionen erwogen, die man als monistisch bezeichnen kann, die also der metaphysischen Annahme folgen, dass alle Phänomene der Welt auf ein einziges Grundprinzip zurückgeführt werden können. Verschiedene Spielarten dieses Gedankens finden wir in der antiken Philosophie, bei Spinoza, im Hinduismus oder im 20. Jahrhundert bei Gilles Deleuze. Gemeinsam ist diesen Ansätzen die Vorstellung von einer unbestimmten und schöpferischen Lebenskraft und damit verbunden von einer aktiven Materie.

Als eine Hauptvertreterin des neuen Materialismus und Monismus gilt die Physikerin, Feministin, Philosophin und Historikerin Karen Barad (2012), die herausstellt, dass man der Sprache zu viel Macht eingeräumt habe. Seit dem »linguistic turn«, der kulturellen und interpretativen Wende der 1960er Jahre scheint es, dass alles – selbst die Materialität – zu einer sprachlichen, diskursiven und interpretativen Angelegenheit geworden ist. Anders als herkömmliche Materialisten verficht sie die Idee, dass Materie selbst aktiv und wirkmächtig ist. Der Materie kommen ein Eigensinn und eine Handlungsmacht zu, die dazu führen, dass die alte Zweiteilung von Natur und Kultur hinfällig wird. Dabei interessiert sich Barad besonders für die Beziehungen zwischen den Dingen, denn diese ermöglichen überhaupt erst ihre Handlungsfähigkeit. Nicht Materie an sich, sondern Prozesse, Beziehungen, Netzwerke und Gefüge stehen daher im Fokus ihrer Untersuchungen. In diesen verbindet sie

Einsichten des Physikers Niels Bohr, einem der wichtigsten Vertreter der Quantenmechanik, mit poststrukturalistischer Theorie (vgl. Lemke 2017). Materie ist nicht als passive Substanz zu begreifen, sondern gestaltend und handelnd. Nicht Interaktion ist für sie dabei der zentrale Begriff, sondern »Intraaktion«. Die begriffliche Neuschöpfung Intraaktion soll anzeigen, dass nicht Dinge zunächst bestehen und dann interagieren (wie beim Begriff Interaktion), sondern dass Phänomene Beziehungen sind. Phänomene beruhen also auf Relationen und nicht auf davon unabhängigen Entitäten. Die Entitäten, letztlich also die Welt bzw. das Universum, müssen wir uns als Tätigsein, als »fortlaufende Rekonfiguration der Welt«, als im Werden begriffene Intraaktivität vorstellen (Barad 2012: 22). Karen Barad macht sich hierbei die Einsicht der Quantenmechanik zunutze, dass man die Position und den Impuls eines Teilchens nicht gleichzeitig bestimmen kann. Messungen sind keine neutralen Operationen, vielmehr ist die Messung »radikal abhängig von Apparaten und Messinstrumenten, da unterschiedliche Settings *entweder* Position *oder* Impuls bestimmen« (Lemke 2017: 567, Hervorh. im Orig.).

Die Philosophin Rosi Braidotti, die man ebenfalls dem Umfeld des Neuen Materialismus zuordnen kann, vertritt eine vielfach diskutierte posthumanistische und monistische Position, die das Thema auf eine ethische Ebene zieht. Sie geht von einem Natur-Kultur-Kontinuum aus und betont ebenfalls die selbstorganisierende Kraft lebendiger Materie. Für Braidotti gibt es keinen Gegensatz zwischen Materie und Menschen, selbst Materie sei »getrieben vom Wunsch nach Selbstausdruck« (Braidotti 2014: 62). Die Struktur des Lebens wirkt für sie wie eine durchgängige Kraft, die alle Bereiche – Materie, nichtmenschliches und menschliches Leben – miteinander verbindet. Nimmt man diese grundsätzliche Verbundenheit aller Wesen wahr und reflektiert auf sie ethisch, kann für Braidotti daraus ein erweitertes Gefühl der wechselseitigen Verbundenheit aller menschlichen und nichtmenschlichen Wesen resultieren. Sie spricht von einer affirmativen, also bejahenden

Verbindung, die ein globales Gefühl angesichts der gemeinsamen Bedrohungen wie Klimawandel oder Artenschwund darstellt.

Im globalen Kapitalismus werden hingegen Tiere (wie auch Menschen) ausgebeutet. Sie dienen als Material – als Nahrungsmittel, Rohstofflieferanten für die Kosmetik- und Pharmaindustrie, für wissenschaftliche Versuche. Braidotti visiert dagegen eine andere Form des Zusammenlebens an, sie betrachtet die nichtmenschlichen Wesen als Mit-Arten (*companion species*), was nicht mit einer Vermenschlichung der Tiere zu verwechseln ist. Wenn man beispielsweise unterschiedslos davon spricht, dass Menschen und Tieren die Fähigkeit zur Empathie innewohnt, wird die Besonderheit der Tiere negiert. Braidotti möchte Verbundenheit denken, ohne die Identität jeder besonderen Art zu negieren. Es geht um Verbundenheit in der Interaktion, nicht um eine einheitliche gemeinsame Identität. Der Zusammenbruch des Gegensatzes von Natur und Kultur verlangt nicht nur eine neue Sicht auf nichtmenschliches Leben, sondern auch eine gewisse »Naturwerdung« des Menschen. Die Erde ist das Milieu aller Lebewesen; alle Wesen, auch Menschen sind »Teil der Natur«. Diese grundsätzliche Egalität allen Lebens verlange von uns heute, auch die Herrschaft über die Tiere aufzugeben. Schließlich sind wir selbst Tiere und müssten stärker das Naturwesen in uns wahrnehmen und anerkennen. Wenn Bündnisse zwischen den Arten denkbar sind, verändert sich auch die Vorstellung von Humanität selbst. Eine posthumane Ethik bedeute nicht, gleichgültig gegenüber den Menschen zu sein, sondern eine Ausweitung der ethischen Verbindungen durch ein neues Verständnis von Gemeinschaft und Relationalität zu stiften. Diese neue Ethik soll für Braidotti nicht rein negativ darauf beruhen, dass alle Wesen letztlich verletzbar und sterblich sind, sondern »auf gemeinsamen Projekten und Aktivitäten« (ebd.: 193). Man könnte dies – im Vorgriff auf die in diesem Kapitel entfaltete These – auch so beschreiben: Es kommt darauf an, andere nichtmenschliche Wesen als Geber zu erkennen und anzuerkennen. Unsere Verwobenheit mit anderen Wesen anzuerkennen bedeutet, zu sehen, wie wir von ihrer Aktivität, von ihren Gaben abhängen.

In eine ähnliche Richtung weisen auch neuere Studien aus der Biologie. Der Philosoph und Biologe Andreas Weber ist einer der eloquentesten und vehementesten Vertreter einer neuen Wissenschaft, Ökologie und Ethik des Lebens. Leben in all seinen Dimensionen wahrzunehmen, insbesondere auch die Bereiche des Empfindens, Fühlens und Ausdrucks, ist für ihn der Ansatzpunkt. Die traditionelle Biologie hat sich für ihn zu sehr auf einen technizistischen und reduktionistischen Pfad begeben, der die Natur entzaubert und deren Lebendigkeit, Sinnhaftigkeit und Subjektivität übersieht oder gar negiert. Wir nehmen Natur falsch wahr, was vor allem darauf zurückzuführen sei, dass die Naturwissenschaften diese über Jahrhunderte falsch dargestellt haben. Dem stellt Weber (so wie Barad und Braidotti) gegenüber, dass Materie selbst schöpferisch ist, »dass sie einem Prinzip der Fülle folgt und Subjektivität aus sich hervorbringt« (Weber 2007: 14). Dabei stützt sich Andreas Weber auf biologische Erkenntnisse der letzten Jahrzehnte, von denen er sagt, dass sie unser Bild vom Leben revolutionieren könnten. So hat etwa die amerikanische Biologin Lynn Margulis schon vor vielen Jahren herausgefunden, dass im Verlauf der Evolution höhere Zellen nicht durch Konkurrenzkampf entstanden sind, sondern durch die Symbiose einfacherer Vorformen. (Symbiose ist auch das griechische Wort für Zusammenleben bzw. für die lateinische Konvivialität.) Wurde Margulis zunächst noch als Außenseiterin betrachtet, so boomt mittlerweile die Forschung zu Symbiosen (im Sinne von artübergreifenden Kooperationen) unter Pflanzen und Tieren. Wir wissen: Kein Wald existiert ohne die Symbiose von Baumwurzeln und Pilzen.

Der von den Biologen Francisco Varela und Humberto Maturana eingeführte Begriff der Autopoiesis (Sichselbstherstellen) verweist auf ähnliche Prozesse der Selbstorganisation. Lebewesen sind keine Maschinen, sondern stellen sich selbst her und entwickeln eine Form von Autonomie. So beherrscht die Zelle als autopoietische Einheit die untergeordneten Moleküle und Atome, sie baut ihre Identität selbst auf und bündelt den Stoff. So kennt selbst ein Bakterium Bestrebungen, Bedürfnisse und Freiheitsgrade. Es begehrt »unversehrt zu bleiben, zu wachsen, sich zu entfalten und seinen Lebenshorizont zu vergrößern« (Weber 2016: 62). Diese Grade von Autonomie übersieht man völlig, wenn man auf theoretischer Ebene nur Reiz-Reaktions-Schemata kennt.

Des Weiteren ließen sich hier die Forschungen der Biosemiotik nennen. Diese Bedeutungslehre der Natur interessiert sich für die Zeichenprozesse innerhalb und zwischen Lebewesen. Damit bricht man mit einfachen Ursache-Wirkungs-Betrachtungen und deutet den Stoffwechsel beispielsweise als einen Zeichenprozess, in dem Moleküle als Zeichen wirken, die Reaktionen hervorrufen. So kann auch der Code der DNA als Zeichensystem verstanden werden, »das vom Stoffwechsel interpretiert wird« (Weber 2007: 318). Daraus schlussfolgert Weber, dass jeder Austausch zwischen Lebewesen (egal ob zwischen Zellen oder zwischen Vogeleltern und Küken) drei Aspekte umfasst: Erstens werden materielle Stoffe übertragen, zweitens werden dabei Bedeutungen ausgetauscht, und drittens verschränken sich im Austausch Subjektivitäten (Weber 2016). Für die teilnehmenden Lebewesen hat ein solcher Austausch damit neben der materiellen Seite immer auch eine innere Seite von Bedeutungen und Empfindungen sowie eine äußere des Ausdrucks. Schon der Biologe Adolf Portmann arbeitete in seinem 1960 erschienenen Werk *Neue Wege der Biologie* heraus, dass es im Tierreich nicht nur den Trieb zur Selbst- und Arterhaltung gibt, sondern dass dem Lebendigen auch ein Drang zur Selbstdarstellung innewohnt. Lebewesen wollen sich zeigen, wollen gesehen und vernommen werden – auch unabhängig von der »Nützlichkeit« des Ausdrucks.

So gesehen ist Leben gleichbedeutend mit zeichenvermittelter Interaktion. Betrachtet man die Natur dagegen ausschließlich in der Form der »dritten Person«, also wie ein bloßes Ding, wird die Bedeutungs-, Empfindungs- und Ausdrucksseite eliminiert. Alle Lebewesen machen Erfahrungen, könnte man auch sagen. Und wie die Epigenetik aktuell zeigt, können die Erfahrungen der Eltern sogar genetisch weitergegeben werden. Leben findet nicht einfach nur statt, es wird auch erlebt und gefühlt. Ein Lebewesen »macht primäre Erfahrungen von gut und schlecht« (ebd.: 63). Lebewesen sind in diesem Sinne wertende Systeme: Sie unterscheiden zwischen dem, was ist, und dem, was sein soll.

Mit dieser Sichtweise wendet sich Weber gegen eine Verobjektivierung der Natur. Auch die Naturwissenschaften sollten sich ihm zufolge stärker für Beziehungen zwischen Lebewesen und die in Interaktionen eingelassenen Bedeutungen interessieren. Nur wer den Sinn dieser Interaktionen zu entschlüsseln sucht, kommt zu einem adäquaten Naturverständnis. So zieht er den Schluss, dass man die Prozesse des Lebens als das Hin- und Herfließen von Gaben verstehen muss. Lebende Systeme befinden sich zumeist in einem Zustand des dynamischen Gleichgewichts, den man auch als einen Zustand der Gegenseitigkeit betrachten kann. Die Trias von Geben, Nehmen und Erwidern zirkuliert um einen ungefähren Gleichgewichtszustand und »Stress« entsteht dann, wenn die Antwortfähigkeit eines Systems überstiegen wird, wenn keine Bedeutungen und Verbindungen mehr hergestellt werden können. Alle Lebewesen haben die Gabe des Sonnenlichts empfangen und am Ende – mit ihrem Tod – geben sie sich an die Welt zurück. Nehmen und Verschwinden ist zugleich die Voraussetzung für Geben und Werden, betont Weber (ebd.: 80).

Diese Perspektive geht über das herkömmliche Verständnis von ökologischen Gleichgewichten hinaus, da es nicht nur um den Austausch von Energie geht, sondern um semiotische Bedeutungsprozesse. Hiermit befasst sich auch der neue Forschungsbereich der Multispezies-Studien (Dooren et al. 2016). Dabei taucht man ethnografisch in die Lebenswelten fremder Spezies ein – seien es Frösche, Pilze, Mikroorganismen oder Nutztiere. In diesen Studien versuchen Forscher/innen nicht nur »objektiv« – also äußerlich – die Austauschprozesse zwischen verschiedenen Lebewesen zu rekonstruieren, sondern auch die damit verbundenen Interessen, Bedeutungen und Affekte wenigstens ansatzweise nachzuvollziehen und dichte Beschreibungen – gleichsam in der ersten Person – davon zu verfassen. Welche Erfahrungen machen andere Lebewesen, was ist für sie von Bedeutung? Klar ist dabei natürlich, dass man niemals fühlen kann wie ein Baum. Doch der Vorwurf des Anthropozentrismus ist gegenüber diesen Studien nicht angebracht. Denn die Alternative wäre eine Art Mechanozentrismus, nämlich die Annahme, dass andere Lebewesen nicht in einer Welt von Bedeutungen und Bedeutsamkeiten leben. Es geht vielmehr darum zu versuchen, in fremde Lebenswelten einzutauchen, die Grenzen des eigenen Erlebens und Erfahrens zu erweitern und sich einzuüben in die Betrachtung der Welt aus gänzlich anderen Perspektiven. Aldo Leopold, ein Pionier der Naturethik, sprach vom »Denken wie ein Berg«. Insbesondere Künstler/innen experimentieren derzeit mit neuen Formen, die Natur zu repräsentieren, sie zum Sprechen und Handeln zu bringen und in sie imaginativ einzutauchen (dazu mehr im Kapitel 11).

Die feministische Historikerin und Wissenschaftsphilosophin Donna Haraway (2015) wendet diese Sensitivität für andere Lebensformen ins Ethische. Sie fordert, dass wir unsere Verwandtschaftsverhältnisse überdenken sollten (»Kin-Making«). Eine Multispezies-Ethik fordert nicht nur dazu auf, sich moralisch gegenüber fremden Menschen zu verhalten, sondern auch gegenüber nichtmenschlichen Spezies. Nicht nur Menschen sind weltweit auf der Flucht, auch viele andere nichtmenschliche Lebewesen werden vertrieben oder ausgelöscht. Sie plädiert für neue Assoziationen von Lebewesen, die über die herkömmlichen biologischen, kulturellen und politischen Grenzen hinausgehen.

Wie können die verschiedenen neueren Ansätze nun integriert werden? Brauchen wir eine neue Ontologie, die die Natur-Kultur-Dichotomie überwindet? Interessanterweise bezieht sich die Biosemiotik häufig auf die Philosophie des Pragmatismus, die wir in Kapitel 4 ja schon kennengelernt haben. So wird bspw. die Semiotik des Pragmatisten Charles Sanders Peirce

(1839–1914) herangezogen, um semiotische Prozesse außerhalb der menschlichen Sprache zu untersuchen (Wheeler 2006). Doch auch der schon diskutierte John Dewey vermag uns in diesem neuen Terrain Orientierung zu stiften. Denn Deweys Pragmatismus geht von einer Kontinuität zwischen Natur und Kultur aus. Er spricht von »biologischer Kontinuität von den niedrigeren Organismen zum Menschen« (Dewey 2004b: 157). Auch wenn graduell zwischen verschiedenen Komplexitätsniveaus von Erfahrung unterschieden werden kann – als da wären: physisch, psycho-physisch und geistig –, so können doch nach Dewey Natur und Kultur nicht als zwei voneinander isolierte Sphären gedacht werden. Daraus folgt, dass Kulturelles sich letztlich nicht ohne die Einbeziehung biologischer bzw. organischer Prozesse verstehen lässt. Und genauso sollte man davon ausgehen, dass es auch Erfahrungen in der Natur gibt. Wo es Leben gibt, wird etwas erfahren. Erfahrung beruht für Dewey auf einer Interaktion zwischen einem Lebewesen mit seiner physischen und sozialen Umwelt. Dabei haben Erfahrungen zwei Seiten: Lebewesen greifen »handelnd« in die Umwelt aus und ihnen stoßen Dinge zu, die sie erleiden. Das Wechselspiel der Erfahrung beruht also auf Prozessen der Aktivität und des passiven Erleidens, jedes Lebewesen ist Agierender und Affizierter, ein Reagierender: »Erfahrung beruht auf *gleichzeitigem* Tun und Leiden« (ebd.: 151). Erlangung des Guten und Abwehr des Übels sind so für Dewey die dominanten Qualitäten der Erfahrung, d. h. jedes Leben fühlt Erfolg und Scheitern.

Dewey bricht auf diese Weise schon früh mit der westlich - philosophischen Tradition des Subjekt-Objekt-Dualismus. Das traditionelle Erkenntnisproblem besteht nur dann, wenn man einen Erkennenden annimmt, der außerhalb der zu erkennenden Welt steht und der zudem in Begriffen wie Geist und Vernunft definiert wird, die den Eigenschaften der Welt (Materie, Naturgesetze) konträr gegenüberstehen. Dewey unterscheidet nicht mehr strikt zwischen einem erkennenden Bewusstsein und der Welt. Erfahrung beruht für Dewey auf der Trans- oder Interaktion zwischen einem Organismus und seiner Umwelt. Für Dewey gibt es also keine erfahrbare Umwelt jenseits konkreter Perspektiven und praktischer Bezugnahmen von Lebewesen auf diese. Auch existieren keine erfahrenden Lebewesen unabhängig von spezifischen Umweltbedingungen. Wichtig ist in diesem Zusammenhang, dass die Interaktion von Organismus und Umwelt zu praktischen Erfahrungen führt, die nicht von höherem kognitiven Wissen oder Sprache abhängen. Das bedeutet auch, dass »Kultur«, »Sinn« oder »Bedeutung« *nicht* erst im Bereich von Sprache und Symbolen zu suchen sind, sondern bereits auf einer rudimentären Ebene des In-der-Welt-Seins von Lebewesen. Man kann sagen, dass Dewey das Nicht-Sprachliche und die affektiven, biologisch-körperlichen Aspekte lebendiger Aktivitäten rehabilitiert, ohne diese aber gegen Sprache, das Mentale oder höhere kognitive Prozesse auszuspielen. In diesem Sinne kann er als ein intellektueller Wegbereiter der oben angeführten naturwissenschaftlichen Beschäftigung mit Formen der Erfahrung im Bereich des Lebens gelten. Ein pragmatistischer Blick auf das Leben sollte also alle ontologischen Grenzziehungen kritisch befragen und nicht mit ihnen als Ausgangspunkt für die Theoriebildung starten.

Gaben, Werte, Konvivialität

Ein neues Verständnis von Erfahrung und Natur würde uns einen anderen Umgang mit dem Leben auf unserem Planeten ermöglichen. Aus der Einsicht in die und dem Gefühl der Verbundenheit können neue Weltbilder und Praktiken erwachsen (vgl. Gibson/Rose/Fincher 2015). Zunächst einmal müssten die Natur- und Kulturwissenschaften in einen engeren Dialog treten. Auf den Punkt gebracht heißt dies: Das menschliche Zusammenleben muss aus einer ökologischen Perspektive betrachtet werden, und das nichtmenschliche Leben muss ethisch betrachtet werden. Sobald nichtmenschliches Leben nicht länger als frei von Bedeutung und Werthaftigkeit betrachtet wird, kann es gelingen, »der Natur« einen ethischen Eigenwert zukommen zu lassen. Darüber hinaus muss vor allem die Ökonomie neu verstanden werden. Sie ist kein autonomer eigengesetzlicher Bereich innerhalb von Gesellschaften, der nach Angebot und Nachfrage organisiert wird und der unabhängig von natürlichen Prozessen wäre. Die Ökonomie lebt von den unzähligen Gaben nichtmenschlicher Wesen und ignoriert diese zugleich – ohne Bienen keine Bestäubung von Pflanzen und auch keine Nahrungsmittel. Auch Ökonomie und Ökologie müssen neu verzahnt werden. Es gibt kein außerhalb der Ökologie und damit auch keine »Umwelt«. Die menschliche Ökonomie ist Teil der Ökologie und verwoben mit nichtmenschlichen Gabe- und Austauschverhältnissen. Die »Arbeit« der Natur, ihre Gaben anzuerkennen, würde ein völlig neues Verständnis von Produktion und Wertbildung mit sich bringen. Der ökonomische Surplus beruht nämlich vor allem auf der kapitalistischen Nutzung von Werten, die umsonst anfallen: nicht nur durch menschliche Reproduktionstätigkeiten, sondern auch durch die »Arbeit« bzw. Gaben von Bakterien, Bäumen, Pilzen, Nutztieren usw.

Die gesuchte, neue Form des Zusammenlebens könnte man wiederum konvivial nennen. Menschliches Leben beruht nicht vornehmlich auf Autonomie – wie es das westliche Menschenbild annimmt –, sondern auf Beziehungen und wechselseitigen Abhängigkeiten. Wer dagegen auf Autonomie pocht, will sagen, dass sich sein Leben aus den Verbindungen herauslösen könnte. Descartes verstand unter dem Begriff der Substanz eine Entität, die in ihrer Existenz von keinem anderen Ding abhängt. Eine neue Ökologie würde hingegen die Zusammenhänge und Verbindungen zwischen allen Dingen betonen und daraus schlussfolgern, dass nicht zuerst die Entität und dann die Verbindung kommt, sondern dass die Assoziation das Primäre ist – ontologisch und ethisch (Boisvert 2010). Wenn man die Welt als Zusammenhang von Frage und Antwort betrachtet, ist es sinnlos, anzunehmen, dass diesem Zusammenhang etwas vorausgeht. Es ist deshalb auch nicht überzeugend, strikt zwischen Kultur und Natur, zwischen menschlich und tierlich, tierlich und pflanzlich, belebt und unbelebt zu unterscheiden – die grundlegende Einheit unseres Denkens sollte vielmehr die Transaktion und das Kollektiv aus menschlichen und nichtmenschlichen Wesen sein. Konvivialität heißt auch: Niemand steht für sich allein, niemand kann sich von den Gaben anderer unabhängig machen.

Es geht nicht darum, Kranken, Behinderten, Alten, Kindern oder Tieren etwas als Subjekten oder gar Objekten der Wohltätigkeit zu geben. Dadurch macht man sie zu einer besonderen Klasse von Lebewesen, die »von uns« verschieden ist. Stattdessen müssten wir einsehen, dass wir einmal dazugehört haben und vermutlich in Zukunft wieder zur Gruppe der Bedürftigen zählen. Wir gehen als relativ unabhängige Subjekte aus einer Vielzahl von Beziehungen hervor – aber wir sind ein Stück weit unabhängig geworden, weil man uns gegeben hat, was wir brauchen. Jede/r befindet sich »an einem Ort innerhalb eines Beziehungsgeflechts von Geben und Nehmen wieder, und was und wie viel wir fähig sind zu geben, hängt im Allgemeinen auch davon ab, was und wie viel wir bekommen haben«, schreibt der Philosoph Alasdair MacIntyre (2001: 117). Neben der Tugend der Unabhängigkeit gibt es für ihn auch eine Tugend der anerkannten Abhängigkeit. Man gibt nicht nur, man braucht und nimmt auch etwas, und zum Nehmen gehört auch, sich dankbar zu zeigen für das, was man bekommen hat. Abhängigkeit von anderen ist nichts, was man abstreifen könnte, vielmehr kann sie als Anstoß gesehen werden zu lernen, dass wir alle in die Fürsorge anderer gestellt sind.

Diese Sichtweise ist anschlussfähig an Diskussionen im Bereich der Naturethik. Wenn man die Kultur-Natur-Grenze überwindet, wenn man von der Handlungsfähigkeit nichtmenschlicher Wesen ausgeht und ihre Gaben er- und anerkennt, ist der Schritt nicht mehr weit, in der Natur einen eigenen moralischen Wert zu erblicken. In der Ethik wird schon seit vielen Jahren die Frage intensiv diskutiert, ob Menschen nur anderen Menschen oder auch der Natur, also den Pflanzen, Tieren, Flüssen,

Bergen etc., Respekt schulden. »Darf man Tiere überhaupt töten und verzehren? Darf man Wälder abholzen, Arten ausrotten, Flüsse und Meere verschmutzen, die Integrität von Landschaften zerstören, nur, weil dies für Menschen von Nutzen ist? Oder darf man all dies nicht, weil Landschaften, Meeren, Flüssen, Pflanzen und Tieren eine eigene Würde, ein eigener moralischer Wert zukommt, der Naturschutz um der Natur selbst willen verlangt?«, fragt deshalb die Philosophin Angelika Krebs (1997: 7). Muss also der Anthropozentrismus der traditionellen Ethik überdacht oder gar überwunden werden? Zumindest für manche Tiere (man denke nur an Katzen, Pferde und Hunde) gilt ja schon, dass wir sie nicht nur wie Dinge betrachten, sondern ihnen in der Rolle der zweiten Person (»du«) begegnen. Sie sind nicht nur Gegenstand unserer Beobachtung, sondern Wesen, mit denen wir interagieren und die in der Interaktion ihren Eigensinn zur Geltung bringen (Habermas 1997). Sie haben dann einen – zumindest partiellen – Akteursstatus, aus dem sich Pflichten gegenüber dem Tier ableiten lassen.

Doch was ist mit Tieren, mit denen uns eine Interaktion in der Rolle der zweiten Person nicht gelingen will, was ist mit Pflanzen, was mit Landschaften? Aus Sicht eines liberalen Individualismus lassen sich nur Rechte für diejenigen formulieren, die über Bewusstsein verfügen, die Interessen, Wünsche und Überzeugungen haben. Und ohne Sprache, so lautet das klassische Argument weiter, gibt es keine Wünsche und Überzeugungen. Dem wird aus Sicht einer radikaleren Naturethik – wie bspw. der Tiefenökologie von Arne Naess oder der *Land Ethic* Aldo Leopolds – eine holistische Perspektive entgegengestellt, die den Eigenwert von Ökosystemen betont oder die Überwindung des begrenzten menschlichen Selbstes hin zu einer Identifikation mit der Natur einfordert. Ausgangspunkt dieser Ansätze ist wiederum die These, dass wir Menschen uns nicht für unabhängige Wesen halten sollten. Wir sind nicht nur von anderen Menschen abhängig, sondern auch von physikalischen, biochemischen und biologischen Systemen, die keine absoluten Grenzen kennen. Der Philosoph Stephen Clark (1997:

160) formuliert dies so: »›Ich‹ bin nicht zuerst da und trete dann in vertragliche oder epistemologische Beziehungen zu einer externen Welt: ›Ich‹ habe überhaupt keine Existenz außerhalb der Beziehungen, die sich in ›mir‹ treffen. ›*Mich selbst*‹ zu achten, heißt die Natur und die Tradition zu achten, die sich in ›meinem‹ besonderen Charakter und meiner besonderen Perspektive auf die Welt widerspiegeln.« Also erst aus Beziehungen des Gebens und Nehmens erwachsen die Gegenstände der Welt, denen wir – einer Illusion folgend! – Unabhängigkeit und Getrenntsein zuschreiben. Wenn wir beginnen, uns auf diese Weise neu zu beschreiben, wenn wir die Verwobenheiten mit und Abhängigkeiten von anderen betonen, können daraus neue Kollektive erwachsen, die auf einem neuen Verwandtschaftsgefühl (Haraways »Making Kin«) beruhen. Aus dieser Einsicht und diesem Gefühl kann die gabentheoretische Nachhaltigkeitsmaxime erwachsen, dass wir nicht mehr als den Anteil nehmen sollten, der es ermöglicht, das Ganze zu erhalten, von dem auch wir abhängig sind. Das Interesse am menschlichen Selbsterhalt wird auf diese Weise auf alle »Verwandten« ausgedehnt. Es geht also um zweierlei: um eine moralische Achtung und einen Respekt für nichtmenschliche Lebewesen und um das Klugheitsargument, dass wir unsere eigene Basis des Lebens nicht vollends zugrunde richten sollten.

Was hat die bisherige Diskussion nun genau mit einer Theorie der Gabe zu tun? In der *Revue du M.A.U.S.S.* erschien im Jahr 2013 ein Schwerpunktheft zum Thema »Was gibt die Natur?«, das uns hier weiterhelfen kann. Alle bisherigen Kulturen – außer der der Moderne – haben ihr Verhältnis zur nichtmenschlichen Natur als Gabenbeziehung verstanden: Von den Seen, Bergen, Sternen, Wäldern und Tieren nimmt man und ihnen gibt man auch etwas zurück. Wie kann nun ein solches Gabeverhältnis unter modernen Bedingungen wieder hergestellt werden? In eine vormoderne oder komplett esoterische Vorstellungswelt können und wollen wir ja nicht einkehren. Die Herausgeber des Heftes (Caillé, Chanial und Flipo 2013) stellen heraus, dass eine partnerschaftliche Beziehung zur Natur zur Voraussetzung hätte, dass wir ihr (wieder) Subjektivität zusprechen. Nun tut die zeitgenössische Biologie, wie wir oben sahen, mittlerweile genau dies. Man kann auf naturwissenschaftliches Wissen gestützt versuchen, einen aufgeklärten Animismus wiederzubeleben oder neu zu kreieren. Caillé, Chanial und Flipo nennen dieses Projekt einen methodologischen Animismus. Denn wir müssen nicht so weit gehen, allen Lebewesen wissenschaftlich nachgewiesen und abgesichert Bewusstsein, Subjektivität und Intentionalität zuzusprechen. Es reicht, die nichtmenschlichen Wesen *methodologisch* als Quasi-Subjekte anzusehen. Das heißt, wir behandeln die anderen Lebewesen *so, als ob* sie über Subjektivität verfügten – unabhängig davon, ob man diese wirklich wissenschaftlich »beweisen« kann. Dies führt dazu, nichtmenschliche Wesen als Geber anzuerkennen. Ihr Wert ist unbedingt, so dass man sie mit Kant gesprochen immer auch als Selbstzweck und niemals nur als bloßes Mittel betrachten muss. Wenn Natur einen intrinsischen Wert hat, ist es falsch, sie alleinig als ausbeutbare Ressource oder als einsetzbare Kapitalsorte zu betrachten. Ressourcen tragen keine Selbstzwecke in sich, sondern dienen als Mittel immer nur übergeordneten Zielen. Deshalb unterscheidet sich die hier vertretene Perspektive deutlich von der ökonomischen Diskussion, die darum kreist, natürlichen Ressourcen nur den adäquaten Marktpreis zuzuweisen, der sie vor übermäßiger Ausbeutung schützen würde. Wenn die Natur über intrinsische Werte verfügt, zieht dies ethische Grenzen um das Konzept des ökonomischen Werts von Natur.

Politik der Gabe heißt in diesem Zusammenhang eine Allianz zu bilden, das Bündnis zwischen den menschlichen und nichtmenschlichen Wesen immer wieder aufs Neue herzustellen. Dieses Bündnis hat genauso wie die Gabenbeziehung unter den Menschen eine agonistische Seite. Denn unser Gabenverhältnis zur Natur ist niemals nur rein harmonisch, auch die Natur kann sich verweigern, unerbittlich nehmen oder Schlechtes geben. Und natürlich geht es nicht darum, Äquivalentes zu dem zurückzugeben, was die Natur gegeben hat. Woraus sollte dies auch bestehen? Es geht vielmehr um die Anerkennung des Eigenwerts nichtmenschlicher Lebewesen und ökologischer Prozesse sowie um die Erneuerung des Bündnisses durch den Akt der Erwiderung. Im Akt der Erwiderung wird die Natur als Partnerin anerkannt und nicht länger nur als passive Ressourcenquelle. Ich plädiere also dafür, aus einer Gabenperspektive auf die Natur zu blicken und die Reichweite unserer Loyalitäten und Sympathien zu erweitern.

In der Gabenbeziehung gegenüber der Natur liegt wiederum eine gewisse Paradoxie verborgen (vgl. Chanial 2013), die oben schon kurz anklang. Einerseits müssen wir aus ethischen Gründen *unbedingt* die Position des Herrschers über die Natur zugunsten einer ökozentrischen Perspektive aufgeben. Andererseits sichert genau diese Aufgabe unser Überleben auf dem Planeten Erde – ist also in unserem langfristigen *Eigeninteresse*. Wir haben also paradoxerweise (die Gabe ist paradox!) ein Interesse daran, uns gegenüber der Natur nichteigennützig zu verhalten. Oder noch mal anders formuliert: Wir müssen unsere Interessen gegenüber der Natur aufgeben und ihr unbedingten Respekt zollen – und dies wiederum aus dem Motiv der Sicherung unseres langfristigen Eigeninteresses.

Kampf oder Bündnis mit Gaia?

Wer der Argumentation bis hierher gefolgt ist, wird bemerkt haben, dass uns eine Schwierigkeit permanent begleitet hat. Ich habe ja dafür plädiert, die herkömmliche Unterscheidung von Natur und Kultur zu überwinden. Zugleich habe ich weiterhin und immer wieder von »der Natur« gesprochen, auch wenn es darum ging, sie als Partnerin in einer Gabenbeziehung anzusehen. Ein anderer Begriff wäre hier vonnöten, so dass nicht immer wieder die alte Dichotomie mit aufgerufen wird. In den letzten Jahren hat der Soziologe Bruno Latour vorgeschlagen, den Namen Gaia zu verwenden. Gaia ist in der griechischen Mythologie eine der ersten Gottheiten und bezeichnet die personifizierte Erde. Der Name ist indogermanischen Ursprungs und bedeutet möglicherweise die Gebärerin. Die Naturwissenschaftler Lynn Margulis und James Lovelock griffen den Namen Gaia auf und nannten in Anlehnung an die griechische Mythologie ihren Denkansatz die Gaia-Hypothese, nach der die Erde mit einem Organismus gleichzusetzen ist. Diese Namenswahl hat ihre Hypothese populär gemacht, führte jedoch auch zu sehr esoterischen Auslegungen, von denen sich die beiden Autoren dann distanzierten.

Latour greift die Gaia-Hypothese aus verschiedenen Gründen auf. Wenn wir angesichts des Klimawandels von der Erderwärmung oder von den planetarischen Grenzen sprechen, haben wir immer den gesamten Globus vor Augen. Ein riesiger Planet mit riesigen Problemen, angesichts derer wir uns klein und machtlos fühlen. Wenn die Ausmaße eines Problems zu gewaltig sind, was läge näher, als das Problem zu ignorieren oder zu leugnen? Latour (2011) schlägt hingegen vor, sich genauer anzusehen, wie das Problem zu einem großen Problem wurde, welche Techniken und Instrumente das Problem haben wachsen lassen. Eine »globale Sichtweise« (so wie der Blick aus dem Weltraum auf die Erde) existiert nicht einfach so. Wissenschaftler/innen haben nicht einfach eine globale Sichtweise auf das Klima, die sich von der lokalen Sichtweise der anderen Erdenbewohner unterscheidet. Auch das Klima kann nicht von außen als Ganzes betrachtet werden. Unzählige lokale Messungen und Beobachtungen, vielfältige Modellbildungen gingen in die Vorstellung eines globalen Klimawandels ein. Es gibt in diesem Sinne nur lokale Blickwinkel, die durch integrative Modellbildungen auf eine höhere, eben globale Ebene gehoben und damit in einen anderen Maßstab transferiert wurden. Wir sollten uns also nicht schämen, nicht global genug denken zu können. Niemand kann die Erde als Ganzes betrachten oder Mitgefühl für sie entwickeln. Den Naturwissenschaften gelang es, Messinstrumente, Satelliten, Bohrungen und Wasserproben mit globalen Modellen zu verknüpfen und die Frage lautet für Latour nun, was die politische Ökologie hieraus lernen könnte.

Wie könnte eine lokale *und* globale Politik für die Erde aussehen? Wer könnte für sie Verantwortung übernehmen? Wie kann man Kollektive bilden, die Verantwortung übernehmen können?

An dieser Stelle führt Latour nun Gaia ein. Gaia soll den globalen und passiven Begriff der Natur ersetzen. Latour betont, dass Gaia konsequent lokal ist – sie ist also nicht zu verwechseln mit dem Blick aus der Ferne auf den Planeten als Ganzes. Hinzu kommt, dass Gaia auch nicht indifferent gegenüber den menschlichen Handlungen ist. Sie sorgt zwar nicht für uns, ist also nicht mit einer Vorstellung von »Mutter Erde« zu verwechseln. Sie reagiert aber eigensinnig und ihre aktuellen Entwicklungen im Zuge des Klimawandels zeigen uns, dass sie sich gegen die Menschheit wenden wird. Schließlich ist Gaia ein wissenschaftliches Konzept. Für Latour liegt nichts Esoterisches oder Mystisches in ihm. Die Gaia-Hypothese beschreibt für ihn vor allem positive und negative kybernetische Rückkopplungsschleifen, die wissenschaftlich beschreibbar sind (vgl. Donahue 2010). Gaia ist nicht zu verwechseln mit einem Superorganismus, der über eine einheitliche Handlungsfähigkeit oder ein spezifisches Interesse verfügt. Die Erde ist tätig und dennoch nicht ein kohärentes Ganzes. Lovelocks Gaia besteht aus den Verbindungen vielfältiger Wirkungsmächte und ist zugleich keine Totalität. Daraus erwächst eine Symmetrie zwischen Gaia und der Menschheit. Die Menschheit verfügt auch nicht über einen kollektiven Willen oder eine gemeinsame Handlungsfähigkeit. Beide »Dinge« – Gaia und Menschheit – zerfallen in eine Vielzahl von Subkollektiven und -kategorien, und die Frage lautet nun, wie diese jeweils neu zusammengesetzt werden können. Wie können sich Menschheit und Gaia so begegnen, dass daraus ein positiver Gabezyklus entstehen kann?

Wie oben schon gesagt, muss das alte Bild der Natur überwunden werden, das darauf beruht, dass sie keine Handlungsmacht, keine Bedeutungen, Zwecke und Werte kenne. Galileis Erde bewegte sich zwar, aber sie »verhielt« sich nicht. Im

Anthropozän transformiert sich die Erde zur handlungsmächtigen Gaia. Man muss sich natürlich den Vorwurf des Anthropozentrismus gefallen lassen, wenn man all die genannten Eigenschaften der Natur oder vielmehr nun Gaia (wieder) zuspricht. Doch tatsächlich wissen wir heute, dass nicht nur die Menschen ihre Umwelt so eingerichtet haben, dass sie ihren Bedürfnissen entspricht. Auch Dachse, Greifvögel, Ameisen, Pilze, Bakterien usw. gestalten ihre Umgebung aktiv um: »die Fähigkeit der Menschen, alles um sie neu zu ordnen, ist eine allgemeine Fähigkeit der Lebewesen. Keiner auf dieser Erde ist passiv: die Konsequenzen *selektieren* gewissermaßen die Ursachen, die auf sie einwirken werden«, schreibt Latour (2017: 174, Hervorh. im Orig.).

Das materialistische und damit unbelebte (inanimistische) Weltbild gilt es also zurückzuweisen. An seiner statt kommt es für Latour (2013) darauf an, eine gemeinsame Welt aufzubauen – sie zu komponieren, Schritt für Schritt, denn sie kann nicht vorausgesetzt werden. Aus der Rivalität der Nationalstaaten kann kein gemeinsamer Handlungsplan erwachsen, sich auf eine positive Gabenbeziehung mit Gaia einzulassen. Auch ist es nicht so, dass sich die Menschheit im Konflikt mit Gaia oder der Natur befände. Es gibt weder den einen noch den anderen Kollektivakteur. Für Latour geht es darum zu verstehen, dass wir uns in einer multiplen Krisensituation befinden, in der einige Bevölkerungen ganz konkret vom Klimawandel bedroht sind. Nicht abstrakt und global, sondern sehr greifbar und lokal durch Überschwemmungen, Stürme oder Dürren. Gaia tritt gegenüber bestimmten Bevölkerungsgruppen als Bedrohung in Erscheinung, anderen gegenüber wiederum aber nicht. »Wir verstehen nichts von den ökologischen Problemen, wenn wir nicht zugeben, dass sie uns spalten« (ebd.: 413). Die Menschheit im Konstrukt des Anthropozäns ist eine gefährliche Fiktion. Dieses Bild überdeckt, dass Bevölkerungen sich im Kampf über die ökologische Frage befinden. Einige müssen ihre Lebensgrundlage – ihr Territorium, ihren Ausschnitt von Gaia – gegen diejenigen verteidigen, die diese Grundlage zerstören.

Latour führt in seinem Buch *Kampf um Gaia* weiter aus, dass wir uns von der Vorstellung verabschieden sollten, dass die Menschengattung bald ein gemeinsames Interesse an der Einhaltung der Klimaziele haben könnte. Stattdessen sollten wir der Gespaltenheit der Menschheit ins Auge blicken: gespalten in die Gruppe der Menschen, die gleichsam noch im Holozän lebt und sich weiterhin die Natur Untertan macht, und die Gruppe der Erdverbundenen (so nennt Latour sie aus Ermangelung eines besseren Begriffs), die im Anthropozän angekommen sind und ein Bündnis mit Gaia suchen. Wichtig für die »Erdverbundenen« ist es, benennen zu können, von welcher Lebensgrundlage sie abhängen, welches Territorium sie gegen was und wen verteidigen wollen. Dabei geht es nicht um die nationalistische oder rassistische Verteidigung von »Lebensraum«. Denn die Interdependenz der Handlungsketten sprengt jeden vorgegebenen nationalen Rahmen, aber auch jede Unterscheidung von Natur und Kultur: »Die Natur war draußen. Wie ruhig doch alles schien! Aber heute transportieren diese Wolken, statt uns zu verzaubern, die (…) Folgen unseres Handelns. Fortan ist nicht mehr zu leugnen, dass es teilweise an uns liegt, ob es regnet oder die Sonne scheint! Statt uns am Schauspiel der Kondensstreifen am blauen Himmel zu ergötzen, schaudern wir beim Gedanken, dass diese Flugzeuge den Himmel, den sie durchfliegen, verändern, dass sie ihn mit sich wegziehen, so wie wir die Atmosphäre wegnehmen, wann immer wir unsere Wohnung heizen, Fleisch essen oder uns vorbereiten, ans andere Ende der Welt zu reisen« (ebd.: 428). Um Gaia zu verteidigen und zu besänftigen, bedarf es der Bündnisse mit Teilaspekten Gaias: mit den Regenwäldern, den Ozeanen, der Artenvielfalt von Tieren und Pflanzen in den Biodiversitäts-Hotspots, mit den Böden usw. Bevölkerungen, die von diesen Komponenten Gaias abhängen, sollten sich mit ihnen verbünden und ihre Subsistenzgrundlagen verteidigen gegen die disruptiven und ortlosen Kräfte des globalen Kapitalismus. Alle Aspekte Gaias, von denen wir abhängen, gilt es also zunächst zu entdecken und zu artikulieren.

Da die Nichtmenschen nicht auf gleiche Weise für sich sprechen können wie Menschen, müssen die nichtmenschlichen Lebewesen und Ökosysteme repräsentiert werden. Dies ist nicht weiter erstaunlich, denn eine Vielzahl von Dingen muss pausenlos repräsentiert und zum Sprechen gebracht werden, seien es Gesetze, Unternehmen, Nationalstaaten, Gott, die Vergangenheit oder die Zukunft. Das Wasser, die Luft und die Meere brauchen daher Sprecher und Sprecherinnen. Gelingt eine Neuordnung der Interessen und Kollektive, dann dürfte der Anspruch der Nationalstaaten, die Souveränität über ein Territorium zu besitzen und dessen natürliche »Ressourcen« ausbeuten zu können, bald genauso merkwürdig erscheinen, wie uns heute der Anspruch von Monarchen anachronistisch erscheint, über absolute Herrschaft zu verfügen. Eine neue Konvivialität der menschlichen und nichtmenschlichen Wesen durchkreuzt komplett bisherige Grenzziehungen zugunsten von lokalen Gabenbeziehungen mit Gaia. Dies wäre nichts weniger als der Bruch mit grundlegenden Mustern der westlichen Rationalisierung, wie sie Max Weber beschrieb (siehe Kapitel 8). Mit dem Anthropozän muss das westliche Entwicklungs- und Ordnungsmodell an sein Ende kommen.

10.
Zivilgesellschaft, Konvivialität, Utopie

Nachdem es lange Zeit in Vergessenheit geraten war, wurde das Konzept der Zivil- oder Bürgergesellschaft vor etwa 25 Jahren wiederentdeckt und erfreut sich seitdem allgemeiner Beliebtheit. Dabei ist Zivilgesellschaft eigentlich ein klassischer Begriff der europäischen politischen Philosophie, der schon auf Aristoteles' Begriff der *politike koinonia* (lat. societas civilis) zurückgeht und wörtlich übersetzt so viel wie Bürgervereinigung oder Bürgergemeinde bedeutet. Zivilgesellschaft ist hier synonym mit dem Herrschaftsverband der athenischen Bürgergemeinde (Polis). Der Begriff der Zivilgesellschaft bzw. Bürgergemeinde in der wörtlichen Übersetzung illustriert, was die Polis ihrem Wesen nach ist: eine Gemeinschaft von Bürgern, die sich zum Zwecke des »guten«, das heißt des tugendhaften und glücklichen Lebens zusammenschließen. Diese frühe Begriffsbestimmung unterscheidet sich deutlich von der modernen Bedeutung des Konzepts, das auf der Trennung von Staat und Gesellschaft beruht. Diese Differenzierung musste sich im Verlauf der Neuzeit erst durchsetzen. Die ersten genuin modernen Theoretisierungen erfährt der Begriff dann auch erst mit Hobbes, Locke, Montesquieu und dann bei Hegel und den schottischen Aufklärern wie Smith und Ferguson.

Heute nutzen Politiker und Bürgerbewegungen jeglicher politischen Couleur »Zivilgesellschaft« als politischen Signalbegriff. Gilt er den einen als ein radikales Reformkonzept, das demokratische Selbstregierung stärken und sowohl Übergriffe des Staates als auch des Markts bändigen soll, verbinden andere mit ihm die Vorstellung, dass die Bürger/innen sich nicht länger auf den Sozialstaat verlassen, sondern die Dinge eigenverantwortlich selbst regeln sollten. Oder es wird die Unterdrückung der Zivilgesellschaft in Ländern wie Russland oder der Türkei und damit ein mangelhafter Zustand der Demokratie beklagt. In jedem Fall möchten diejenigen, die den Begriff der Bürger- oder Zivilgesellschaft (man kann die Begriffe synonym verstehen) für politische Zwecke nutzen, damit eine »gute« Form der gesellschaftlichen Organisation bezeichnen, die von einer »schlechten« abgegrenzt werden soll. Die Frage, was die Merkmale einer »schlechten« Gesellschaft seien, wird wiederum äußerst vielfältig beantwortet: egoistische Interessenverfolgung auf kapitalistischen Märkten, Obrigkeitsstaatlichkeit, Autoritarismus, politische Apathie, Sozialstaatsabhängigkeit, Inaktivität oder Ähnliches werden je nach politischer Perspektive genannt. Dabei zeigt sich, dass in dem Begriff der Zivilgesellschaft Zustandsbeschreibungen, normative Wertungen und Zukunftsentwürfe verschmelzen. Diese Mehrdeutigkeit macht den Begriff so schwer in der Handhabung und übt zugleich eine starke Faszination aus, da sich in ihm Wissenschaftlichkeit und politische Ideale verbinden.

Die Zivilgesellschaft wird nicht nur für verschiedene politische Projekte bemüht, der Begriff bezeichnet auch jeweils sehr Unterschiedliches und lässt viele Fragen offen. So ist zum Beispiel unklar, ob die Wirtschaft in das Konzept aufgenommen werden sollte (vgl. Adloff/Kocka 2016). Wirtschaftsliberale und Konservative tendieren dazu, wirtschaftliche Eigenverantwortlichkeit in das Konzept zu integrieren, während Linksliberale zumeist eine klare Trennlinie zwischen Ökonomie und Zivilgesellschaft ziehen. Sodann stellt sich die Frage des Verhältnisses der Zivilgesellschaft zum Staat. Liberale und Konservative erkennen an, dass die Zivilgesellschaft den demokratischen Prozess belebt, plädieren aber für eine klare Trennung von Staat und Gesellschaft. Der Staat habe sich aus der gesellschaftlichen Sphäre herauszuhalten. Damit wird die Zivilgesellschaft eher ein unpolitischer Schutzraum gegenüber dem Staat – als intellektuelle Gewährsperson wäre hier John Locke anzuführen. Vom Republikanismus oder Postmarxismus inspirierte Theoretiker und Praktiker der Zivilgesellschaft sehen sie als Vermittlungsinstanz zwischen Staat und Gesellschaft, betonen ihren genuin politischen Charakter und streben Formen zivilgesellschaftlicher Selbstregierung an – Bezüge zu Montesquieu, Alexis de Tocqueville oder John Dewey lassen sich hier finden (vgl. Adloff 2005). Schließlich spielt in aktuellen Debatten die Frage nach dem sozialen oder politischen Zusammenhalt moderner Gesellschaften eine große Rolle: Sozialkapital, das sich im bürgerschaftlichen Engagement bildet, ist hier der Schlüsselbegriff (vgl. Putnam 2000).

Doch wie wäre Zivilgesellschaft nun zu definieren und welche Rolle vermag sie im Rahmen einer Politik der Gabe zu spielen? Eine erste Untersuchungsstrategie, die sich weitgehend aus normativen Debatten heraushält, nimmt eine bereichsbezogene Definition von Zivilgesellschaft vor. Hier wird Zivilgesellschaft als eine eigenständige gesellschaftliche Sphäre verstanden, als ein Bereich, der sich von der Familie, dem Staat und der Wirtschaft abgrenzen lässt. Häufig werden freiwillige Assoziationen wie Vereine als die typische Organisationsform dieser Sphäre angesehen. Auch die Forschung zum Nonprofit-Sektor argumentiert bereichsbezogen. Eine zweite Definition ist interaktionsbezogen und stärker normativ: Es wird weniger auf eine ausdifferenzierte zivilgesellschaftliche Sphäre rekurriert als darauf verwiesen, dass aus einer republikanischen Perspektive der Selbstregierung bestimmte Motive und Handlungsweisen als normativ wünschenswert erscheinen. Zivilität, Gemein- oder Bürgersinn werden hier normativ als »tugendhaft« ausgezeichnet und zum Inbegriff bürgerschaftlichen Handelns, das mithin nicht auf eine bestimmte gesellschaftliche Sphäre festgelegt ist (so bei Edward Shils, kommunitaristischen Autoren wie Robert Bellah oder bei Herfried Münkler). Ziviles Handeln kann aus dieser Sicht im Prinzip überall stattfinden, auch in Wirtschaft und Politik. Historisch gesehen geht Zivilität auf das im Westen entstandene Prinzip der Religionsfreiheit zurück. Ein Caesaropapismus konnte sich hier niemals durchsetzen und die Notwendigkeit, religiösen Pluralismus hinzunehmen und zu tolerieren, wurde mehr und mehr zu einem positiven Wert. Man denke hier zunächst an den Westfälischen Frieden von 1648 und später dann an das First Amendment der amerikanischen Verfassung, das die Trennung von Staat und Kirche festschreibt.

Am häufigsten findet sich in der Literatur jedoch eine Kombination von bereichs- und interaktionsbezogenen Definitionen von Zivilgesellschaft. Für den Historiker Jürgen Kocka etwa bezeichnet Zivilgesellschaft erstens einen Interaktionstyp, der auf Kompromiss und Verständigung in der Öffentlichkeit ausgerichtet ist, den Gewaltfreiheit kennzeichnet, der Pluralität und Differenzen anerkennt und zumindest auch am Gemeinwohl orientiert ist. Zweitens findet diese Interaktionsweise hauptsächlich in einem bestimmten sozialen Raum statt, »der in modernen ausdifferenzierten Gesellschaften ›zwischen‹ Staat, Wirtschaft und Privatsphäre zu lokalisieren ist« (Kocka 2003: 32f.). Drittens meint Zivilgesellschaft für Kocka auch die Bezeichnung eines demokratischen Projekts der Selbstregierung, das bis heute uneingelöste utopische Züge trägt. Zivilgesellschaft in »Reinform« ist somit niemals identisch mit real existierenden Gesellschaften.

Zivilgesellschaft ist – fasst man die verschiedenen Ansätze zusammen – mithin erstens eine Sphäre gesellschaftlicher Selbstorganisation in Form von Assoziationen, die bindende und integrative Funktionen haben können, wenn in ihr zweitens Konflikte zivil ausgetragen und Solidaritäten hergestellt werden. Zivilgesellschaft beinhaltet drittens die Einflussnahme auf politische Diskurse, Entscheidungen und Herrschaftsbeziehungen sowie schließlich ein politisch-utopisches Moment der Selbstregierung einer Bürgerschaft.

Seit der Aufklärung kennt die moderne Gesellschaft diese revolutionär neuartige Form der Vergesellschaftung, nämlich die zivilgesellschaftliche Möglichkeit, willkürlich soziale Verbindungen einzugehen und absichtlich soziale Gruppen ins

Leben zu rufen (Tenbruck 1989). Assoziationen bieten im Prinzip jedem die Möglichkeit, sich nach freier Wahl und jenseits angestammter sozialer Zugehörigkeiten mit anderen zu verbinden. Man sucht sich seinen Verein aus oder gründet einen, der der eigenen Façon entspricht. Die Auflösung der ständischen Gesellschaft beruht auf diesem sich durchsetzenden Prinzip der freien Assoziation und ist neben Industrialisierung, Urbanisierung, Bürokratisierung, Demokratisierung und funktionaler Differenzierung eine der wichtigsten Entwicklungen der letzten 200 Jahre. Dennoch fiel das Konzept der Zivilgesellschaft im 20. Jahrhundert für lange Zeit in Vergessenheit.

Wiederbelebt wurde es seit den 1970er Jahren vor allem von politischen Akteuren und weniger durch die Wissenschaft. So spielte die Zivilgesellschaft unter osteuropäischen Dissidenten und Bürgerrechtlern in ihrem Kampf gegen kommunistische Regimes eine große Rolle. Die politische und normative Stoßrichtung hatte hier vornehmlich antitotalitäre Züge. In den westlichen Gesellschaften waren es hingegen die neuen sozialen Bewegungen, die den Begriff der Zivilgesellschaft für ein politisches Ordnungsmodell radikaldemokratischer Reformpolitik nutzten. Zu Beginn der 1990er Jahre wurde der Begriff auch in den USA wieder breit rezipiert, als nach den exzessiven Jahren von Individualismus und »Reaganomics« die Sorge um den Zusammenhalt der Gesellschaft wuchs.

Gabe und Zivilgesellschaft

Zivilgesellschaft ist aus meiner Sicht ein gesellschaftlicher Bereich, in dem das Prinzip der Gabe nicht nur recht deutlich zum Vorschein kommt – mehr noch: Die Gabe liegt hier geradezu ausdifferenziert als explizite Handlungslogik vor. Zivilgesellschaft beruht auf der Logik der Gabe und den durch sie evozierten Reziprozitäten. Insbesondere das Prinzip der freiwilligen Assoziation ist von der Gabe getragen. Assoziationen sind horizontal angelegt und zielen auf das Prinzip der nichthierarchischen Selbstregierung ab (Dewey).

Im Prinzip der zivilgesellschaftlichen Assoziation kommt die Logik der Gabe nachdrücklich zum Tragen. Wenn mehrere Personen eine Vereinigung gründen und ihre Ressourcen (Zeit, Geld, Ideen) für einen anderen Zweck als Gewinnerzielung zusammenlegen, beruht dies auf Gaben, die sich wechselseitig stabilisieren. Diese Form der Solidarität, die auf einem reziproken Muster von Geben und Erwidern beruht, ist von enormer Bedeutung für die zivilgesellschaftliche Selbstorganisation. Zivilgesellschaftliche Zusammenschlüsse konstituieren sich weder über Hierarchie (wie staatliche Organisationen) noch über marktmäßigen und geldvermittelten Tausch. Die zivilgesellschaftliche Logik beruht auf dem dritten Prinzip von gleichzeitiger Freiwilligkeit und Verpflichtung, Spontaneität und Bindung. Dabei zeigt sich eine Besonderheit. In Kapitel 5 haben wir herausgearbeitet, dass die Unterscheidung von persönlichen und unpersönlichen Beziehungen für moderne Gesellschaften von zentraler Bedeutung ist. Gabebeziehungen finden wir am häufigsten in persönlichen Beziehungen; Organisationen im Bereich der Wirtschaft und des Staats fungieren dagegen häufig als Interdependenzunterbrecher von Gabe und Reziprozität. Der zivilgesellschaftlichen Assoziation gelingt es nun, gesellschaftliche unpersönliche Beziehungen mit der Logik der Gabe zu verbinden. In der institutionalisierten Sphäre der Zivilgesellschaft werden unpersönliche Beziehungen auf Basis der Gabe erprobt und eingelebt. Dies ist denn auch die besondere Leistung des Vereinswesens seit dem 19. Jahrhundert. Das Prinzip der Gabe wird auf eine gleiche Ebene mit dem der Hierarchie (Staat) und dem des Tauschs (Markt, Wirtschaft) gestellt, indem sich im Idealfall die Zivilgesellschaft als ausdifferenzierte Sphäre öffentlicher Assoziationen gegenüber den beiden anderen Sphären behaupten und etablieren kann (vgl. Caillé 2015: Kapitel 15).

Das Prinzip der Gabe verwirklicht sich in einer funktionierenden Zivilgesellschaft und bekräftigt zugleich a) das Individuum, also das Singuläre und Differente, b) das Gemeinsame (aber nicht das Homogene) und c) das vermittelnde Prinzip der egalitären Reziprozität (vgl. Rosanvallon 2013). Diese Prinzipien stehen nicht zwangsläufig im Widerspruch zueinander, sondern können sich sogar wechselseitig steigern. Allerdings gibt es hierfür keine Garantie. Gelingt es, sie auszutarieren, wird eine gemeinsame Welt kreiert, die Differenzen nicht negiert. Gelingt das zivilgesellschaftliche freie Spiel der Gabe, wird eine Gemeinsamkeit geschaffen, die nicht auf engsten Bindungen beruht, sondern eher einem Prinzip wechselseitiger Abhängigkeit verpflichtet ist. Zivilgesellschaftliches politisches Handeln ist nicht mit der Vorstellung von homogenen Kollektiven verträglich, sondern eher mit dem Konzept agonistischer Herausforderungen in Form von Gaben, die auf Kooperationsbereitschaft abzielen, ohne homogene Kollektive vorauszusetzen.

Demokratische Politik ist von solchen Formen zivilgesellschaftlichen Handelns abhängig. Dies ist auch die Auffassung der Konvivialist/innen. Damit schließen Caillé und die anderen Manifestautoren an eine spezifische Linie des politischen Denkens in Frankreich an. Die französischen Demokratietheoretiker Claude Lefort und Cornelius Castoriadis gelangten in der Auseinandersetzung mit dem Totalitarismus sowjetischen Typs schon früh zu Theorien libertärer Demokratie bzw. einer autonomen Gesellschaft. Seit Ende der 1940er Jahre arbeiteten sie in der Zeitschrift *Socialisme ou Barbarie* an einer Kritik des stalinistischen Totalitarismus und der Marxschen Theorie (vgl. Rödel 1990) und kamen dabei zu der Vorstellung einer autonomen, sich selbst erzeugenden Zivilgesellschaft, die sich keiner Macht unterwirft. Beiden Autoren ist die Kritik eines staatszentrierten Politikverständnisses gemein, welches Zivilgesellschaft als unwichtig erachtet oder sie als eine entpolitisierte Sphäre ansieht. Die Macht soll in der Zivilgesellschaft verbleiben und nicht in den verselbstständigten Institutionen des Staates aufgehen. Demokratische Verfahren und Institutionen regeln, wie die Zivilgesellschaft auf der Grundlage von

Konflikten Macht über sich selbst ausüben kann. Außerdem muss in der Demokratie, so die Formulierung Leforts (1990: 293), der Ort der Macht »leer bleiben«. Im Fürsten verkörperte sich früher wortwörtlich die politische Macht. Eine Demokratie darf hingegen nicht versuchen, den ehemaligen Platz des Fürsten mit neuen symbolischen Instanzen wie »Volk«, »Klasse« oder »Nation« zu besetzen; denn dann droht die Gefahr einer antidemokratischen Totalitätsfiktion. Die Überwindung von sozialen und politischen Antagonismen – wie totalitäre Gesellschaften sie für sich reklamierten – bedeutet faktisch die totalitäre Eliminierung von Demokratie.

Das Manifest geht ebenfalls nicht von einem staatszentrierten Konzept der Politik aus, vielmehr wird die Idee zivilgesellschaftlicher Selbstorganisation in eine zentrale Position gerückt. Anschlussfähig daran ist die in den letzten Jahren intensiv diskutierte sog. politische Differenz zwischen dem Politischen (*le politique*) und der Politik (*la politique*): Das Politische ist für Claude Lefort, Alain Caillé und die anderen Manifestautoren nicht auf den instituierten Raum der Politik (Wahlrecht, staatliche Institutionen etc.) zu reduzieren, sondern weiter und offener zu verstehen (vgl. Caillé 2014; Marchardt 2010).

Bedeutsam ist in diesem Zusammenhang Cornelius Castoriadis' Konzept eines gesellschaftlich Imaginären. Castoriadis führt in seinem Buch *Gesellschaft als imaginäre Institution* (1984) aus, dass Gesellschaft auf Institutionalisierungsprozessen beruht, die immer auch aus kulturellen Neuschöpfungen entstehen. Denn Gesellschaft bezieht sich in ihren Entwürfen immer auch auf Bilder von der Zukunft, auf Vorstellungen, die Castoriadis das »Imaginäre« nennt. Diese Neuschöpfungen und Sinnentwürfe reichen über die bestehenden Gesellschaftsformen und Symbolisierungen hinaus. Imaginäre Bedeutungen geben Antworten auf Fragen wie: »Wer sind wir als Gemeinschaft, was wollen wir, was fehlt uns?« Gesellschaften konstituieren sich, indem sie in ihrem Tun faktische – und damit häufig implizit bleibende – Antworten auf diese Fragen liefern.

Das Imaginäre der modernen zeitgenössischen Gesellschaften besteht für Castoriadis darin, sich für vollkommen rational zu halten. Doch die damit verbundenen Ziele von Wachstum, Rationalisierung und Weltbeherrschung sind willkürlich und pseudo-rational. Sie nehmen geradezu bedrohliche Formen an, wenn man bspw. an die Verselbstständigung einer entfesselten Technik denkt. Hier hat sich das Instituierte (die Technik) gegenüber der sie instituierenden Gesellschaft verselbstständigt.

Über eine andere – konviviale – Gesellschaft nachzudenken, bedeutet in der Fluchtlinie von Castoriadis also, über neue Formen des gesellschaftlich Imaginären nachzudenken, neue Gesellschaftsentwürfe zu imaginieren und zu kreieren. Das gegenwärtige neoliberale Imaginäre ist als geradezu spiegelbildlich gegenüber dem Totalitarismus aufzufassen. Der Totalitarismus eliminierte Freiheitsrechte und das Politische im Namen der totalen Gemeinschaft. Der Neoliberalismus eliminiert Solidaritäten und soziale Ligaturen im Namen von individuellen Freiheitsrechten und Marktentscheidungen. Gemeinschaftliche Alternativen müssen demgegenüber wieder erstritten werden. Dazu muss ein Meinungskampf um die kulturelle Hegemonie ganz im Sinne Gramscis geführt werden. Die konvivialistische Perspektive zielt mithin politisch, affektiv und symbolisch darauf ab, eine andere Organisation des Zusammenlebens wieder denkbar werden zu lassen. Bevor es um einzelne *policies* geht, muss man grundsätzliche Alternativen zum bestehenden System imaginieren können.

Die in diesem Buch vertretene These lautet nun, dass dem menschlichen Zusammenleben Konvivialität als Telos eingeschrieben ist – anthropologisch ist sie in die Struktur menschlicher Interaktionsordnungen eingelassen. Das heißt auch, dass man Konvivialität zu allen Zeiten und in allen Kulturen finden kann – wenn auch nie vollkommen verwirklicht. Es geht mithin um die Frage, wie wir eigentlich miteinander leben wollen: Die Qualität der sozialen Beziehungen, die des größeren Miteinanders und die Frage, wie wir Gesellschaft politisch organisieren, stehen im Zentrum der Betrachtung. Dabei werden soziale Beziehungen nicht nur als Mittel zum Zweck, sondern vor allem auch als Selbstzweck angesehen. Das Manifest versucht Prinzipien einer neuen konvivialen Ordnung zu formulieren und stellt an zentraler Stelle (Les Convivialistes 2014: 61) heraus: »Die einzige legitime Politik ist diejenige, die sich auf das Prinzip einer gemeinsamen Menschheit, einer gemeinsamen Sozialität, der Individuation und der Konfliktbeherrschung beruft.« Der konvivialistische Test, wenn man das so nennen will, besteht also darin, soziale und politische Organisationsweisen normativ auf vier Fragen hin abzuklopfen:

a) Wird das Prinzip einer gemeinsamen Menschheit und gleicher Menschenwürde beachtet, oder stellen sich einige Gruppen über andere und externalisieren in ihrem Handeln negative Folgen auf andere?

b) Wird das Prinzip der gemeinsamen Sozialität realisiert, das darauf beruht, dass unser größter Schatz in der Qualität sozialer Beziehungen liegt?

Diesen eher kommunitären Perspektiven stehen zwei eher dissoziierende Prinzipien gegenüber:

c) Wird das Prinzip der Individuation beachtet, d. h., dass wir uns alle voneinander unterscheiden, dass wir in unserer Individualität anerkannt und geachtet werden wollen?

d) Werden schließlich Konflikte einerseits zugelassen und andererseits aber auch so beherrscht, dass sie nicht eskalieren?

Der Konvivialismus formuliert also dezidiert normative Prinzipien für die Bewertung sozialer und politischer Ordnungen. Diese vier Prinzipien beruhen auf einer Reflexivierung und Normativierung von alltäglichen Praktiken der Konvivialität.

Praktiken der Konvivialität

Routinen, eingelebte und geteilte Praktiken sind für alle Formen von Konvivialität von großer Bedeutung. Es geht um eine eingelebte Moral und um habitualisierte Bewertungspraktiken, wenn das Manifest beispielsweise von *common decency* spricht. Dieser Ausdruck George Orwells, den der politische Philosoph Jean-Claude Michéa (2014) erneut in die Debatte eingeführt hat, verweist darauf, dass Menschen nicht primär rationale Egoisten sind, sondern eine psychologische und kulturelle Disposition zu Großzügigkeit und Solidarität zeigen, auf der die normativen Strukturen von Politik und Gesellschaft gründen können. Dabei bezieht sich Michéa auch auf das von Caillé und anderen M.A.U.S.S.-Autoren entworfene Paradigma der Gabe, um zu zeigen, dass Menschen spezifische Dispositionen zur Großzügigkeit und Loyalität zeigen. In diesen Dispositionen (oder aristotelisch formuliert: Tugenden) sei der Sozialismus zu verankern. Sie zu verachten oder zu vergessen war hingegen stets das Kennzeichen der »Ideologen und traditionellen Machthaber«, so Michéa (ebd.: 126).

Aus dieser Akzentuierung, diesem positiven anthropologischen Menschenbild folgt allerdings viel. Denn der Liberalismus der Moderne baut auf dem gegenteiligen Menschenbild auf. Den Krieg aller gegen alle verhindert man im Liberalismus bekanntlich damit, dass die privaten Laster ins Feld des Ökonomischen kanalisiert werden und man sich ansonsten dem unpersönlichen Mechanismus des Rechts unterwirft. Moral- und Wertfragen werden hingegen aus dem öffentlichen Raum verbannt. Dahinter steht das Menschenbild des Utilitaristen – die im 17. Jahrhundert »in Europa ausgebildete Axiomatik des Eigeninteresses« (ebd.: 123). Da eine solche Gesellschaft sich aller normativen Strukturen beraube, zerstöre sie die Bedingungen für Gemein- und Bürgersinn. Michéa fordert daher, den sozialistischen Primat des Anständigen vor dem Gerechten herzustellen. Dazu gehört auch, die unteren Schichten in ihrem Pochen auf Anstand, Sitte, Moral und Ordnung ernst zu nehmen und diese Neigungen als potenziell sozialistische und anti-ökonomische Tugenden zu verstehen. Sowohl der Totalitarismus als auch der Liberalismus ertränken den *common man* »in den eisigen Gewässern der egoistischen Berechnung« (ebd.: 148). Beide beruhen denn auch auf dem gleichen negativen Menschenbild. Der Liberalismus nimmt dann die Menschen »so wie sie sind« und setzt auf Konkurrenz und Konsum, der Totalitarismus will hingegen den neuen Menschen schaffen. Dieses negative Menschenbild kann jedoch zu einer selbsterfüllenden Prophezeiung werden, insofern der (Neo-)Liberalismus den Egoismus nun schon seit Jahrzehnten einübt und einen Kontext geschaffen hat, der Egoismus nahelegt und ihn zur allgemein üblichen Verhaltensweise erklärt.

Setzt man dagegen die Vorstellung vom *homo donator*, so muss man diese Sichtweise nicht von außen an die Menschen herantragen und sie auffordern, sich zu ändern und endlich tugendhaft zu werden. Nein, diese Praktiken und Sinnbezüge existieren schon allenthalben, müssen allerdings gestärkt werden. Praktisch wird Konvivialität nämlich schon in einer Vielzahl von sozialen Konstellationen gelebt: sowieso im familiären und freundschaftlichen Rahmen, in dem nach wie vor die Logik der Gabe und nicht die des utilitaristischen Kalküls zählt. Dann in hunderttausenden von assoziativen Projekten der Zivilgesellschaft weltweit, im freiwilligen Engagement, im Dritten Sektor, in der solidarischen Ökonomie, in Kooperativen und Genossenschaften, im moralischen Konsum, in NGOs, in *Peer-to-peer*-Netzwerken, Wikipedia, sozialen Bewegungen, Fair Trade, der Commons-Bewegung und vielem mehr. Menschen interessieren sich nicht nur für sich selbst, sie sind auch an anderen interessiert, sie können sich spontan und empathisch für andere einsetzen. David Graeber spricht davon, dass Menschen in ihren alltäglichen Wertschätzungen, Hilfeleistungen und ihrer nichtkalkulierten Großzügigkeit eigentlich immer schon einen »Kommunismus« verwirklichen.

Schrittweise setzt sich diese Einsicht auch in den Sozialwissenschaften durch. Empirisch wird Konvivialität beispielsweise derzeit im Bereich multikulturellen Zusammenlebens untersucht. In verschiedenen Studien interessiert man sich dafür, wie Menschen in multiethnischen Stadtteilen ganz alltäglich ihr Zusammenleben gestalten und organisieren (z. B. Laurier/Philo 2006; Wessendorf 2014). Dabei stellt sich heraus, dass es vielfältige Praktiken des respektvollen Umgangs gibt, die genau in den von Caillé, Graeber und Michéa beschriebenen Dispositionen ihren Ursprung haben. Nowicka und Vertovec (2014: 346) betonen, dass Konvivialität aus verschiedensten Routinepraktiken des Gebens und Nehmens, des informellen Austauschs, des Gesprächs über Neuigkeiten usw. erwächst. Banale Interaktionen über ethnische Grenzen hinweg stiften einen Sinn für Gemeinsamkeiten und das Zusammensein. Spannungen und Konflikte sind hierbei nicht ausgeschlossen, im Gegenteil: Sie finden permanent statt und müssen ausgehandelt und übersetzt werden. Anders als beim Konzept des Kosmopolitismus der 1990er und frühen 2000er Jahre stehen hier nicht Eliten im Zentrum der Betrachtung, sondern alltägliche Interaktionen hauptsächlich in urbanen Räumen, in denen die Anwohner/innen Praktiken des Zusammenlebens entwickeln und mit Differenzen und Konflikten umzugehen lernen (vgl. Heil 2015). Konvivialität stellt in diesem Sinne eine Form von minimaler Sozialität und einen Minimalkonsensus dar, eine Kompetenz der kulturübergreifenden, alltäglichen Aushandlung. Nicht zufällig lehnt man sich in diesen Diskussionen an den kastilischen Begriff der *convivencia* an, der das Zusammenleben von Juden, Muslimen und Christen in Spanien während des Mittelalters charakterisiert.

Ein analytisches und normatives Modell von Konvivialität

Binden wir nun die Konzepte von Zivilgesellschaft und Konvivialität zusammen. Die Organisationsweise konvivialen Handelns *par excellence* ist die freie Assoziation, in dem vor allem das Prinzip der Unentgeltlichkeit, des reziproken Gebens und Nehmens zum Tragen kommt (vgl. Adloff 2016a). Die assoziative, zivilgesellschaftliche Selbstorganisation von Menschen ist entscheidend für die Theorie und Praxis der Konvivialität. Der unentgeltliche freie Austausch, die selbst organisierte Zusammenkunft kann als Basis einer konvivialen sozialen Ordnung gelten, die sich abgrenzt von einer allein materiell und quantitativ-monetär definierten Version von Wohlstand und des guten Lebens. Für Caillé und andere Konvivialisten ist dies entscheidend: Man darf nicht (wie z. B. die überkommenen Versionen vom Sozialismus) allein auf staatliche Institutionen setzen; politische Veränderungen laufen nicht nur über Parteien und Staaten. Auch der Liberalismus mit seiner Betonung von Märkten übersieht die Möglichkeiten gesellschaftlicher Selbstorganisation.

Konviviale Assoziationen zeigen ein experimentelles Moment (John Dewey) und kreisen um die Frage, wie wir eigentlich miteinander leben wollen – die Qualität sozialer Beziehungen und des größeren Miteinanders oder die Frage, wie wir Gesellschaft politisch organisieren, stehen dabei im Vordergrund. Dabei werden soziale Beziehungen nicht nur als Mittel zum Zweck, sondern vor allem auch anti-utilitaristisch als Selbstzweck angesehen. In Anlehnung an das Konzept zivilen Handelns lassen sich konviviale Praktiken als solche verstehen, die nicht auf einen Sektor beschränkt sind (etwa auf die Zivilgesellschaft als Sektor), sondern in allen gesellschaftlichen Feldern vorfindbar sind, sofern sie darauf abzielen, sozialen Wandel und soziale Organisation intentional zu gestalten, sich dabei primär demokratisch selbst zu organisieren und ein aktuelles sowie ein zukünftiges wünschenswertes »Wir« zu imaginieren (vgl. Lichterman/Eliasoph 2014).

Diese Praktiken unterscheiden sich durch die Aspekte der Selbstorganisation, ihre reflexive Gestaltung und Flexibilität von Praktiken in rigideren Settings wie organisationalen Hierarchien und stark konkurrenziellen Marktbeziehungen. Konviviale Praktiken verlaufen dabei prinzipiell quer zur Logik funktionaler Differenzierung, die auf hochspezifischen, sinnselektiven Handlungslogiken in gesellschaftlichen Funktionssystemen beruht – also z. B. Profiterzielung in der Wirtschaft, Machterhalt in der Politik, Wahrheitssuche in der Wissenschaft (vgl. Beckert 2014). Konviviales Handeln ist nicht sinnselektiv auf ein einziges Ziel ausgerichtet, sondern peilt an, lebenswerte soziale Kontexte zu kreieren. Konviviale Praktiken versuchen zudem Formen der Lebensführung zu schaffen, die nicht auf Exklusivität und der Externalisierung von Kosten beruhen, sondern sozial und ökologisch verallgemeinerbar sind (vgl. Brand/Wissen 2017). Konviviale Lebensweisen sind also nicht primär interessengeleitet und am Eigennutz orientiert, sie zeigen eine gewisse Abneigung sowohl gegen Hierarchien als auch gegen marktliche und kommodifizierende Vergesellschaftungsformen. Konvivialität beruht auf Formen von Selbstorganisation, die von minimalen Standards der Zivilität bis zu Formen der Solidarität reichen können, die auf Gaben- und Anerkennungsbeziehungen beruhen.

Will man die bisherige Diskussion zusammenfassen und in einem analytischen und normativen Modell von Konvivialität aufheben, dann lassen sich verschiedene Dimensionen von Konvivialität unterscheiden, die man auch als eine Art Stufenmodell hin zu einer umfassenden, kaum jemals erreichbaren Konvivialität begreifen kann. Konvivialität erfordert minimale zivile Standards von Gewaltlosigkeit und Toleranz gegenüber Differenz (a). Konvivialität bezeichnet Interaktionsformen, in denen sich Menschen und nicht wechselseitige Stereotypisierungen begegnen, man vermeidet Verdinglichungen und abwertende Zuschreibungen anderer (b). Konvivialität betont Gleichheit und Selbstorganisation und setzt auf nichthierarchische und demokratische Organisationsweisen (c). In konvivialen Beziehungen versucht man, nicht auf Kosten anderer zu leben, d. h. die Externalisierung von negativen Handlungskonsequenzen soll vermieden werden (d).

Den Sozialwissenschaften käme in einem solchen Modell die Aufgabe zu, empirisch verschiedene Formen von Konvivialität zu identifizieren und zu fragen, was die Voraussetzungen für diese Formen sind. Schließlich wäre es aber genauso wichtig zu analysieren, welche Faktoren einer Konvivialität entgegenstehen. Das konvivialistische Manifest nennt vor allem eine um sich greifende utilitaristische Kultur, die Formen von Konvivialität unterminiert. Dies mag eine wichtige

Dimension sein, doch wird man noch viele weitere Ursachen identifizieren können, wenn man beginnt, empirisch und analytisch danach zu fahnden, warum die Neigung und Fähigkeit der Menschen zu Konvivialität immer wieder von verschiedensten Institutionenordnungen behindert wird. Und umgekehrt ist zu fragen, ob zivilgesellschaftliche Praktiken der Konvivialität nicht viel zu schwach sind, um eine Alternative zum gegenwärtigen kapitalistischen System darzustellen. Konvivialität ist und bleibt ein Nischenphänomen, das dem Lauf der Dinge nichts ernsthaft entgegenzusetzen vermag, lautet der naheliegende Einwand.

Reale Utopien der Konvivialität

In seinem eindrucksvollen Buch *Reale Utopien* (2017) hat der amerikanische Sozialwissenschaftler Erik Olin Wright drei mögliche Wege aus dem Kapitalismus beschrieben und auszuloten versucht, was heute ein gangbarer Weg in eine postkapitalistische Gesellschaft wäre. Der marxistische Weg hat historisch auf Revolution gesetzt, auf einen radikalen Bruch mit Staat und Kapitalismus. Dieser Weg hat angesichts der tragischen Folgen der Revolutionen des 20. Jahrhunderts seine emanzipatorische Glaubwürdigkeit verloren. Revolution und Terror waren aufs Engste miteinander verknüpft, Millionen Menschen starben, Demokratien wurden nicht etabliert und die Wirtschaft wurde im Realsozialismus jeweils auf einen schlecht funktionierenden Etatismus umgestellt. Auch die sozialdemokratische Hoffnung auf eine Zähmung des Kapitalismus durch staatliche Interventionen und starke Gewerkschaften hat angesichts der Kräfteverhältnisse im neoliberalen Zeitalter einiges an Glaubwürdigkeit und Wirkmächtigkeit eingebüßt. »Sowohl Reform als auch Revolution – die beiden grundlegenden Transformationsmodelle des 20. Jahrhunderts – scheinen«, so Wright (2017: 10), »ihre Möglichkeiten erschöpft zu haben.« Doch was wäre eine alternative Transformationsstrategie? Wright plädiert dafür, die Zivilgesellschaft ernster zu nehmen und in den »Räumen und Rissen innerhalb kapitalistischer Wirtschaften emanzipatorische Alternativen« aufzubauen. Also Nischen aufbauen, im Hier und Jetzt schon so handeln, wie man es sich utopisch ersehnt, und dadurch die Wahrscheinlichkeit zu steigern, dass sich Alternativen ausbreiten, die umsetzbar und attraktiv erscheinen. Wright spricht von realen Utopien, die Institutionen und Praktiken schon jetzt zu entwickeln, die die künftige Welt vorwegnehmen und zugleich dazu beitragen, dass sich Gesellschaften mehr und mehr in diese Richtung bewegen.

Teilweise ist diese Strategie im Anarchismus verankert, der ja ebenfalls den Aufbau von Alternativen im Hier und Jetzt betont. Doch Wright ist gegenüber der anarchistischen Staatsferne skeptisch. Was wenn sich in den gesellschaftlichen Nischen so viele emanzipatorische Alternativen zum Kapitalismus entwickeln, dass sie den Kapitalismus bedrohen? Dann würde der Staat eingreifen und zur Rettung des Kapitalismus diese Alternativen zerschlagen, so Wrights Argument. Daher braucht es Allianzen mit staatlichen Akteuren. Diese könnten dann zustande kommen, wenn der Staat selbst ein Interesse an den gesellschaftlichen Alternativen hätte. Der Staat dient nicht allein kapitalistischen Interessen, wie zu simple marxistische Theorien unterstellen, er ist fragmentiert und muss verschiedene Interessen austarieren. Hieran gelte es anzuknüpfen und intelligente Bündnisse einzugehen. Der Staat könnte bspw. durchaus ein Interesse daran entwickeln, ein bedingungsloses Grundeinkommen (BGE) einzuführen, um Reproduktionsprobleme des Kapitalismus, Exklusion und Arbeitslosigkeit angesichts von Digitalisierung und Automatisierung abzumildern. Zugleich könnte ein etabliertes BGE eine Dynamik entfalten, die die Vorherrschaft des Kapitalismus langfristig erodieren lässt, betont Wright. Man könnte sich stärker von der Erwerbsarbeit abkoppeln, hätte Mittel für alternative Tätigkeiten zur Verfügung, zivilgesellschaftliche Organisationen hätten über die Grundfinanzierung ihrer Mitglieder eine solide Handlungsbasis. »Ein steuerfinanziertes, staatlich bereitgestelltes und bedingungsloses Grundeinkommen würde es Arbeitern erlauben, kapitalistische Beschäftigung abzulehnen, um sich stattdessen allen möglichen nichtkapitalistischen Wirtschaftstätigkeiten zu widmen« (ebd.: 21). Und weiter: »Das BGE würde ein Aufblühen der Sozialwirtschaft und solidarischen Ökonomie, der nichtkommerziellen darstellenden Künste, des Gemeinschaftsaktivismus und vieler anderer Dinge befördern und so den Spielraum für nachhaltige, das heißt gesellschaftlich ermächtigte Wirtschaftsverhältnisse erweitern« (ebd.). Das BGE hat für Wright daher das doppelte Gesicht, einerseits und zunächst kapitalistischen Interessen zu dienen und zum anderen trägt es das Potenzial in sich, eine Dynamik freizusetzen, die den Kapitalismus schwächen könnte. So stellt sich Wright das Wechselspiel zwischen dem Aufbau zivilgesellschaftlicher Alternativen in Nischen und der Förderung dieser Nischen durch staatliche Politik vor.

Unabhängig von der Frage, wie plausibel Wrights Vorschläge im Detail sein mögen, an ihnen ist zu erkennen, dass die Suche nach neuen Formen des Zusammenlebens drei Fragen beantworten muss. Ist eine Alternative normativ wünschenswert? Ist eine wünschenswerte Alternative auch gangbar, das heißt, kann sie prinzipiell funktionieren, trägt sie sich selbst, ist sie nachhaltig, vermeidet sie perverse nichtintendierte Effekte? Und schließlich, ist die Alternative auch erreichbar? Kann es eine Strategie geben, wie man die Alternative durchsetzen und etablieren kann? Welche Akteursgruppen könnten und sollten ein Interesse an der Verwirklichung der Alternative haben? Wie wären sie zu gewinnen? Welche Widerstände sind dabei zu überwinden? Alle drei Perspektiven zusammengeführt ergeben eine Theorie der Transformation, die ausbuchstabiert, wohin die Reise in eine alternative Zukunft gehen soll und wie man sie durchführen will.

Klar ist, dass eine postkapitalistische Gesellschaft dem Prinzip der Selbstorganisation einen wesentlich größeren Raum geben muss, als dies die staatssozialistischen Gesellschaften je taten. Sozialismus war dort undemokratisch und beruhte vor allem auf einer Wirtschaftsstruktur, in der die Produktionsmittel sich im Staatseigentum befanden und Staatsbeamte Investitionen und Produktion kontrollierten – eben zentralisierte Planwirtschaft. Mauss' und Wrights Sozialismus ist hingegen einer, der auf eine andere Form von Macht setzt. Er beruht auf der zivilgesellschaftlichen Idee, freiwillig zusammen zu kooperieren. Dies impliziert eine Kollektiveigentumsstruktur und eine radikale Demokratisierung, die auch den Staat zivilgesellschaftlicher Macht unterwirft. Gesellschaftliches Eigentum schließt nicht aus, dass wirtschaftliche Aktivitäten über Märkte koordiniert werden. Sozialismus und Markt, Sozialismus und Demokratie sollten also nicht als Gegensätze verstanden werden, ganz im Gegenteil.

Dabei kann gar nicht oft genug betont werden, dass es keine Blaupause für eine alternative soziale Ordnung gibt und man allen misstrauen sollte, die von sich behaupten, eine zu haben. Eine radikaldemokratische postkapitalistische Alternative muss nach meinem Dafürhalten ganz auf John Deweys Idee des Experimentalismus bauen. In Assoziation und Kooperation wird ein Potenzial kreativen Problemlösens freigesetzt, durch Austausch können neue Welten imaginiert und realisiert werden. Marxismus und Staatssozialismus lehnten das Prinzip des Experimentalismus ab, da sie davon ausgingen, dass es historische Gesetzmäßigkeiten und Stadien gesellschaftlicher Entwicklung gebe. Diese gelte es zu erkennen und dann umzusetzen – eine Haltung mit totalitären Folgen, da man mit Gewalt das durchsetzte, was man für historisch notwendig hielt. Doch erst in sozialen Experimenten lässt sich herausfinden, wie Freiheit und Gleichheit adäquat zu verwirklichen sind (vgl. Honneth 2015). Dies bedeutet auch, dass in vielen Experimenten der Verschränkung von Wirtschaft und Zivilgesellschaft zu erkunden ist, wie wir wirtschaften und zusammenleben wollen. Diese experimentellen Räume müssen geschaffen, ausgeweitet und verteidigt werden. Dem Staat käme in einer solchen Gesellschaft vor allem die regulierende Aufgabe zu, allgemeine Spielregeln zu definieren und durchzusetzen. Denn zumindest heute können wir uns noch nicht vorstellen, dass eine äußerst pluralistische und heterogene Zivilgesellschaft aus sich heraus eine postkapitalistische, inklusive und demokratische Alternative hervorbringen und stabilisieren kann. Doch nur in sozialen Experimenten kann herausgefunden werden, wie die Steuerungsprinzipien von staatlicher Macht, Markt und zivilgesellschaftlicher Assoziation zukünftig produktiv aufeinander zu beziehen sind.

11.
Ästhetische Freiheit oder die Gabe der Kunst

Ist die Kunst eine Gabe? Dies hat zumindest vor einigen Jahrzehnten der Schriftsteller Lewis Hyde (2008 [1979]) behauptet. Seine These Ende der 1970er Jahre lautete, dass Kunst zum einen dem Bereich der Ökonomie und Ware und zum anderen dem der Gabe angehöre. Während Kunst auch ohne Markt existieren könne, gebe es jedoch keine Kunst ohne Gabencharakter. Erst in den letzten Jahren sind solche gabentheoretischen Reflexionen wieder aufgegriffen und mit Blick auf die Künste neu angestellt worden. Und es finden sich vermehrt Ausstellungen, Theaterstücke und Performances, die das Thema des Gebens und des Austauschs künstlerisch verarbeiten. Die künstlerischen Werke reflektieren in der Regel nicht auf Gaben, vielmehr sind sie installativ und kommunikativ angelegt, um selbst Gabenbeziehungen hervorzurufen und zu performieren (Hentschel 2018). Es geht also weniger um Kunstwerke als Objekte als um die Herstellung von Situationen, die auf Partizipation und Interaktion ausgerichtet sind. Dabei kann man an die performative Wende in der Kunst insgesamt denken, etwa daran, dass die Gruppe Rimini Protokoll ihre Zuschauer/innen auf die Bühne holt und die Trennung von Bühne und Zuschauerraum aufhebt. Aber es gibt auch ganz direkte Thematisierungen von Gabe und Austausch.

Den Auftakt machte die Mailänder Ausstellung »The Gift. Generous Offerings, Threatening Hospitality« im Jahr 2001, die weitere Ausstellungen inspirierte. Hannah Hurtzig beispielsweise veranstaltete an verschiedenen Orten einen »Schwarzmarkt des Wissens« und bezog sich dabei explizit auf Gabekonzepte. So ging es ihr 2007 im Schwarzmarkt No. 8, auf dem Experten ihr Wissen mit anderen Menschen teilten, um die Verletzung des Tauschprinzips durch die Logik der Gabe. Der 2017 verstorbene Künstler Ted Purves führte Kunstprojekte durch, die auf Zusammenarbeit beruhen und das unentgeltliche Teilen und Geben von Kunst an die Öffentlichkeit vollziehen und vorführen. Sie haben zum Ziel, die vielfältigen Formen und Bedingungen des Gebens und des Austauschs sichtbar zu machen, die unseren Alltag durchziehen. Im Jahr 2005 gab er ein vielfach rezipiertes Buch mit dem programmatischen Titel *What We Want Is Free* heraus. Im deutschsprachigen Raum erscheint 2011 dann das Buch *Im Modus der Gabe*, das auf ein Symposium zu Gabekonzepten in der Gegenwartskunst zurückgeht und den kunsttheoretischen Gabediskurs erschließt und fortentwickelt (Hentschel et al. 2011). Anfang des Jahres 2017 konnte man im Kunstmuseum Liechtenstein die Ausstellung »Who Pays?« besuchen, die künstlerische Positionen von den 1960er Jahren bis in die Gegenwart vorstellte, die sich mit Geben, Nehmen und Teilhabe, mit Reichtum und Armut auseinandersetzen. Eine besondere Rolle spielte dabei Joseph Beuys' Diktum »Kunst = Kapital«, womit er ausdrücken wollte, dass jeder Mensch durch seine Kreativität etwas zum Gemeinwohl beitragen könne. Die Gleichsetzung von Kunst und Kapital meint nicht, dass Kunst vornehmlich eine lohnende Kapitalanlage sei, sondern verdeutlicht Beuys' erweiterten Kunstbegriff. Kunst ist für ihn menschliche Kreativität und diese ist das größte Kapital einer Gesellschaft. Auf Beuys werde ich gleich noch einmal zurückkommen.

Was hat nun die Gabe genau mit Kunst, mit Schönheit und Ästhetik zu tun? Drei unterschiedliche Dimensionen des Verhältnisses von Kunst und Gabe lassen sich unterscheiden. Es finden sich erstens – wie gerade erwähnt – künstlerische Arbeiten, die direkt das Thema Gabe und Austausch thematisieren. Zumeist tragen sie die Gabe oder ähnliche Ausdrücke schon im Titel. Dann gibt es die Möglichkeit, die performative

Wende in der Kunst als Ausdruck eines Gabeverhältnisses zwischen Künstler/innen und Publikum zu deuten. Wie funktionieren also Kunstprojekte, die auf Interaktion setzen, die eine Reziprozität zwischen Künstler/innen und Rezipienten herstellen wollen? Was wird gegeben, was angenommen, was erwidert? Und schließlich, drittens, kann man noch allgemeiner fragen, ob nicht der Kunst oder noch allgemeiner: ästhetischen Praktiken und Erfahrungen eine Logik der Gabe eingeschrieben ist. Ist also mit Hyde gesprochen Kunst ohne Gabe tatsächlich nicht vorstellbar? Zur Beantwortung dieser Frage muss etwas weiter ausgeholt werden.

Theoretisierungen

Eine These dieses Buches lautet ja, dass es eine menschliche Neigung zur Gabe gibt und dass Gaben Momente des Überschusses, der Kreativität und Unbedingtheit enthalten, die konstitutiv sind für soziale Ordnungen. Am Grund des Sozialen liegen damit Nicht-Äquivalenzen und Asymmetrien. Denn Geben ist nicht auf den Tausch von äquivalenten Werten zurückführbar. Gaben sind also nicht auf kognitive oder normative Erwartungen reduzierbar – ihnen wohnen irreduzible Momente von Freiheit und Überschreitung inne. Gabepraktiken haben damit eine *ästhetische Seite*. Damit meine ich ästhetische Qualitäten, die aufs Engste mit dem Leben insgesamt verbunden sind und sich nicht auf den Spezialbereich der Kunst begrenzen lassen. Für den pragmatistischen Philosophen John Dewey (1988) bedeutet Leben, ästhetische Erfahrungen zu machen. Erfahrungen machen wir im Umgang mit der Welt: Wenn sich Welt und Selbst wechselseitig durchdringen, kann man eine erfüllende und ästhetische Erfahrung machen. Wenn Erfahrungen einen spezifischen Verlauf zeigen, wenn sie vor allem zufriedenstellend zum Abschluss kommen (ein Spiel wird zu Ende gespielt, eine Situation wird als abgerundet erlebt), ergibt sich daraus ein Ganzes: »Es liegt ein Wert darin, eine Erfahrung zum

Abschluss zu bringen. Die Erfahrung mag der Welt Schaden zufügen, und ihr Ergebnis ist vielleicht nicht wünschenswert. Aber sie trägt ästhetischen Charakter« (ebd.: 51).

Solche Erfahrungen beruhen immer auf einem Wechsel von aktiven und passiven Elementen, von Handeln und Hinnehmen. Und es geht darum, in der Interaktion mit der Umwelt Spannungen und Widerstände entweder zu überwinden oder sie hinzunehmen: »Was eine ästhetische Erfahrung ausmacht, ist die Umwandlung von Widerständen und Spannungen, von an sich zur Zerstreuung verleitender Erregung, in eine Bewegung, die auf einen umfassenden, erfüllten Abschluss hinzielt. Wie das Atmen, so ist auch Erfahrung ein Rhythmus von Auf*nehmen* und Ab*geben*« (ebd.: 70, Hervorh. FA). Kunst und Erfahrung gehören auf diese Weise für Dewey eng zusammen. Erfahrungen zu machen ist keine individuelle und innerliche Angelegenheit. Erfahrungen beruhen auf der Auseinandersetzung mit der belebten und unbelebten Umwelt, und ästhetische Erfahrungen reißen die Hüllen des Alltags herunter, sie laufen für Dewey jeder Routine zuwider. Kunstwerke ermöglichen für Dewey daher eine spezifische Kommunikation von Mensch zu Mensch, sie können »Klüfte und Mauern« (ebd.: 124) überwinden, die zwischen uns stehen. Ästhetische Erfahrungen schaffen damit eine Unmittelbarkeit: »Es kann nicht genügend betont werden, dass das, was nicht unmittelbar ist, auch nicht ästhetisch ist« (ebd.: 139).

Die hier vorgebrachte Auffassung von Ästhetik, Kunst und Schönheit liegt in der Tradition von Immanuel Kant und Friedrich Schiller, die Schönheit als Erfahrung auffassen, die Einzelne zu mehr Freiheit und Selbstbestimmung führen können. Es geht ihnen um einen Modus freier Reflexion, der mit Denkroutinen bricht, interesselos ist und belebend wirkt. Schönheit zu erfahren ist zwar auch ein individueller Prozess, doch wissen wir in der Erfahrung der Schönheit stets, dass andere auch so empfinden können. Man kann sich anderen Menschen verbunden fühlen, wenn man etwas gemeinsam als schön erfährt. Ästhetische Erfahrungen und Urteile sind nicht für andere beweisbar, man kann andere nicht argumentativ von der Schönheit eines Gemäldes oder eines Musikstücks überzeugen, dennoch liegt für Kant ein Anspruch auf Verbindlichkeit im Ästhetischen. Subjektivität verbindet sich hier mit dem Anspruch auf Allgemeinheit. Kant nennt dies in der *Kritik der Urteilskraft* eine subjektive Allgemeinheit. Diese beruht auf der Vermittlung und dem freien Spiel der beiden Erkenntnisvermögen Einbildungskraft und Verstand. Ästhetische Urteile sagen für Kant primär etwas über die Beziehung eines Subjekts zu einem Objekt aus.

Schiller interessiert sich hingegen für das Kunstwerk selbst. Er stellt die Frage, wie ein Gegenstand beschaffen sein muss, damit man ihn als schön empfindet. Ein Gegenstand ist für Schiller schön, wenn in ihm Freiheit erscheint. Auch die Natur können wir als schön empfinden, weil es in ihr eine Freiheitsähnlichkeit gibt. Wenn wir an die Diskussionen des 9. Kapitels zurückdenken – an Prinzipien der Aktivität der Materie (Barad), an die Selbstorganisation des Lebens (Varela) und Andreas Webers Insistieren auf die Subjektivität jeden Lebens – ist die Idee nicht zurückzuweisen, dass sich auch in der Natur Freiheit zeigt. Das bedeutet im nächsten Schritt: Die Idee der Selbstbestimmung wird von Kunstwerken und von der Natur ausgestrahlt. Ästhetische Praktiken sind dann solche, in denen sich Eigenart, Eigensinn und Eigenwert von Dingen, Artefakten und des Lebens ausdrücken können. Dies bedeutet auch, dass Künstler/innen nicht dem Material allein und primär ihren Willen aufzwängen dürfen. Kunst entsteht da, wo sich Eigensinn und Freiheit treffen, und nicht dort, wo jemand über Natur und Material herrscht. Mit Schiller gesprochen ist eine ästhetische Welterfahrung eine solche, in der Freiheit zum Vorschein kommt, in der sich der Geist der Freiheit über Kultur und die gesamte belebte und unbelebte Natur ausweitet. Latours Parlament der Dinge ist geradezu der direkte Ausfluss eines solchen ästhetischen Weltverhältnisses. Rüdiger Safranski (2004: 361) bringt es so auf den Punkt: »Das ist der Schillersche Idealismus: wenn die Dinge und Menschen zu sich selbst kommen und in der vollendeten Gestalt ihrer Möglichkeiten und Lebendigkeit ihr Spiel des Lebens aufführen. Wenn der Geist sich zeigt in allem, was lebt, bis hinunter zur stummen und versteinerten Natur. Auch dort findet sich Schönheit, wenn man sie nur zu finden weiß; und man findet sie überall, wenn man sie in der Kraft der eigenen Lebensgestaltung erfahren hat.« Die Erfahrung dieser Art von Schönheit versöhnt zwei scheinbar widerstreitende Aspekte: Es erlaubt dem Einzelnen, bei sich zu bleiben oder gar zu sich zu finden, und zugleich verbindet man sich in ästhetischen Erfahrungen mit anderen menschlichen und nichtmenschlichen Wesen. Ästhetische Erfahrungen sind so aufs Engste mit der Logik der Gabe assoziiert: Ohne Freiheit keine Gabe, ohne Anerkennung der Andersartigkeit und Fremdheit dessen, der gibt, sei es ein Künstler, sei es die Natur, keine Gabenbeziehung. Wenn man nur sich selbst im Kunstwerk erblickt, wenn man diejenige, die gibt, nicht in ihrer Unverfügbarkeit sieht – dann summiert man die Andere nur unter die eigenen Wahrnehmungs- und Denkmuster und lässt sich nicht berühren. Dann lässt man sich nicht von der Andersartigkeit des Anderen ergreifen. Nur wo beide Seiten frei bleiben, wo jede Seite Autonomie wahren kann und sich zugleich von der anderen Seite berühren lässt, da gelingt die Gabe als eine vor allem auch ästhetische Erfahrung. Hartmut Rosa (2016) beschreibt diese Erfahrung des sich gegenseitig Berührens, des aufeinander Antwortens als eine Erfahrung wechselseitiger Resonanz. Diese Resonanz kommt in einem gelingenden Zyklus von Geben, Annehmen und Erwidern zustande.

Wird man jedoch vom Geber überwältigt, drängt sich eine Gabe auf, wird man von ihr geradezu überschwemmt, kann dies von manchen auch als eine ästhetische Erfahrung verstanden werden. Nur kippt hier die Beziehung ins Hierarchische und Asymmetrische. Aktuell findet man erneut ein schwärmerisches und totalitäres Verständnis von Ästhetik in rechtspopulistischen Bewegungen. Die identitäre Bewegung bspw. feiert nicht nur völkische Kategorien, sondern auch ästhetische Erfahrungen des Schocks und der Überwältigung (vgl. Ullrich 2018). Hauptgewährsmänner sind hierfür wieder einmal Martin Heidegger und Ernst Jünger. Mit ästhetischen Mitteln und politischen Aktionen will man »das deutsche Volk« in einen heilsamen Schock versetzen, will »Leuchtfeuer« zünden, will ein Bewusstmachen »des Eigenen« bewirken und eine Abgrenzung »vom Anderen«. So solle »das deutsche Volk« lernen, seinem Erbe zuzustimmen, sein »Aufgegebenes« anzunehmen und umzusetzen. Eine solche Ästhetik der Überwältigung feiert die Erschütterung und das Aufgehen in einer großen Gemeinschaft. Dadurch annulliert sich die Eigenlogik der Schönheit: Nicht mehr Freiheiten, die miteinander in Verbindung treten, kommen zum Erscheinen, sondern kollektive Selbsterhöhungen durch Gleichschaltung. Ästhetischer Totalitarismus statt Ästhetik der Konvivialität.

In Kunstwerken werden Möglichkeiten des Lebens gestaltet, die anderswo nicht realisiert werden – daher ist Kunst zutiefst mit Imaginationen verwoben. Ästhetische Erfahrungen fordern heraus und werden durch Imaginationen hervorgebracht. Ein Kunstwerk ist Ergebnis der Imagination und zugleich liegt seine Wirkung im Bereich der Imagination, also im Bereich des Als-ob. Auch die Gabe ist – wie wir oben sahen – ein Phänomen, das im Modus des Als-ob operiert und damit eine imaginäre Dimension beinhaltet. In den letzten Jahren ist der Begriff der Imagination bzw. des sozialen Imaginären in den Sozial- und Kulturwissenschaften vermehrt rezipiert und in Studien fruchtbar gemacht worden. Damit wird der Tatsache Rechnung getragen, dass Individuen und Gruppen die Welt nicht nur kognitiv begreifen und sprachlich repräsentieren, sondern dass gerade auch Bilder, Vorstellungen, Stimmungen, Gefühle oder Erzählungen menschliches Denken und Handeln prägen. Imaginationen begleiten soziale Praktiken nicht nur, sondern ermöglichen diese. Sie sollte man auch nicht als vornehmlich individuelle Fähigkeit betrachten, sondern als eine kollektiv geteilte Bedeutungsdimension. Imaginationen sind häufig dezidiert kollektiven Ursprungs.

Imaginationen haben eine kreative Seite, die es ermöglicht, Neues zu schaffen (Castoriadis 1984 [1975]). Dabei geht es nicht allein um neue Einsichten oder neues Wissen, da Imaginationen eine affektive und wertende Seite haben. In Imaginationen verknüpfen sich kognitive, wertende und affektive Dimensionen zu attraktiven oder negativen Vorstellungswelten. Vorstellend werden Gegenwirklichkeiten und Zukünfte entworfen, ständig begleitet uns ein Überschuss an vorgestellter, affektiv konnotierter Realität. Dabei wird Abwesendes und Zukünftiges vergegenwärtigt, und zwar häufig bildhaft, da die westliche Tradition stark auf das Primat des Sehens und auf visuelle Bilder festgelegt ist. Neben Bildern können insbesondere auch Fiktionen als Experimentierfeld zur Exploration des noch nicht Gegebenen betrachtet werden (Fluck 1997). Fiktionen – in Form bspw. von Geschichten, Spielfilmen, Science-Fiction, aber auch Zukunftsvorhersagen und Prognosen – bringen den Strom von Bildern und Stimmungen in eine artikulierbare Form. Imaginationen werden akzeptabel durch die Vorstellung einer Welt, »die so plausibel ist, daß sie wahr sein könnte« (Esposito 2007: 13). Künstlerische, aber auch wissenschaftliche und stochastische Fiktionen stellen somit zwar irreale, aber mögliche Realitäten dar.

Imaginationen beinhalten somit Momente der Freiheit, die für das Wesen der Kunst konstitutiv sind. Etwas wird in einen neuen Rahmen gestellt, es wird so getan, als ob eine erneuerte Sichtweise denkbar und eine andere Welt möglich wäre. Imaginationen überschreiten damit die Grenzen des sozial Normierten und Festgezurrten. Für den Philosophen Christoph Menke liegt daher das Wesen der Kunst in ihrer Kraft. Kraft zu haben ist dabei nicht identisch mit dem Können oder Vermögen, etwas Eingeübtes gelingen zu lassen. Kraft ergibt sich nicht aus unserer sozialen Abrichtung und Disziplinierung, sondern wirkt wie von selbst. Kraft ist formierend, aber selbst formlos, sie bildet Formen und bildet diese stets um: »Das Wirken der Kräfte ist Spiel und darin die Hervorbringung von etwas, über das sie immer schon hinaus sind« (Menke 2013: 13). Kräfte sind für Menke vor- und übersubjektiv, aktiv, erfinderisch und ohne Zweck. Kunst changiert zwischen den Polen des sozial konstituierten Vermögens und der Übersubjektivität der Kraft. Kunst ist damit nicht einfach eine normierte soziale Praxis, sondern schafft auf diese Weise ein Feld »einer Freiheit nicht im Sozialen, sondern vom Sozialen« (ebd.: 14). Das Ästhetische kann so befreiend und verändernd wirken.

Diese Kraft der Kunst ist zugleich, so meine These, die Kraft, die aus der Gabe kommt. Auch sie hat eine Kraft, die das Soziale konstituiert und es zugleich überschreitet. Sie kann Wechselseitigkeiten und soziale Kreisläufe kreieren, indem sie sie zugleich immer wieder durchbricht. Für Menke ist jedes Kunstwerk ein Experiment, da jedes Kunstwerk bei null beginnen muss. Ein Kunstwerk, das sich für gesichert hält, ist keins – es ist dann nämlich nur konventionell. Im Experiment schafft man Arrangements und Situationen, in denen etwas geschehen kann, was wiederum von der Rezeptivität und Aktivität der daran Beteiligten abhängt. Kein Kunstwerk kann hervorgebracht werden ohne Auf*gabe*: Man muss in eine fremde Umgebung eintauchen, Vertrautes und Gewohnheiten *aufgeben*. Dies erfordert eine Einbildungskraft, die neue Bilder hervorbringt und diese wiederum verändert. »Das ist die Grunddefinition der ästhetischen Freiheit: Sie ist als Freiheit des Spiels (der ein- und umbildenden Kräfte) Freiheit vom Gesetz, von der Normativität« (ebd.: 155). Die ästhetische Freiheit, das heißt die Freiheit der extraordinären, agonistischen Gabe, liegt unseren normierten sozialen Praktiken zugrunde. Kunst, Ästhetik und Freiheit sind keine vom Leben abgetrennten Bereiche, sondern notwendige Voraussetzungen für unsere alltäglichen genormten Handlungsvollzüge. Kunst kann es ohne diese Form der ästhetischen Freiheit nicht geben, aber sie kann auch niemals außerhalb der normierten Praktiken für sich allein bestehen.

Ästhetische Erfahrungen – so können wir Schiller, Dewey und Menke zusammenführen – sind der Einbruch des Spiels (und damit des Überschusses, des Risikos, der Freiheit und Kraft) in die Praxis. Und das Spiel wird – wie wir oben sahen – durch Gaben konstituiert. In der Gabe liegt eine ästhetische Kraft der Befreiung von der Normalität und Gewohnheit der sozialen Praxis. In unserer ästhetischen Befähigung, sich von Geburt an (und noch früher) der Welt zu öffnen, Dinge zu nehmen, zu geben, sie zu erwidern, sich zu entziehen, zu verweigern, sich zu verbinden und zu lösen, liegt die Möglichkeitsbedingung für das Einüben von sozialen, normierten Praktiken. Nicht das Soziale und jeweils Normierte teilen wir als Menschen gleichermaßen, sondern uns ist gemeinsam, dass wir als Menschen vorgegebene soziale Rahmen überschreiten können.

Auf diesen ästhetischen Dimensionen der Gabe baut nun m. E. die Kunst auf. Beispielhaft möchte ich einen knappen Außenblick auf das Theater werfen, um zu zeigen, was diese These besagt. Auch im Theater kann eine Reziprozität zwischen den Schauspieler/innen und dem Publikum nicht einfach unterstellt werden. Die Schauspieler/innen bieten etwas dar, sie geben dem Publikum etwas, ohne zu wissen, ob die Gabe angenommen und mit Dankbarkeit und Begeisterung erwidert wird. Eine Aufführung hat so einen agonistischen Charakter, es liegt eine Herausforderung und Überschreitung des Normierten vor, die sich nicht auf ein präetabliertes Spiel verlassen können. Würde man sich auf die Norm der Reziprozität verlassen können, also auf die Existenz eines etablierten Spiels, würde es sich nicht um Kunst handeln – man hätte es mit einer Aufführung zu tun, die gerade wegen der fehlenden Kontingenz und des mangelnden ästhetischen Überschusses als künstlerische Aufführung scheitern würde. Bewegt sich der Überschuss oder die ästhetische Kraft zu sehr weg von den Erwartungsstrukturen des Publikums, kann es wiederum sein, dass der Kreislauf von überschreitender Gabe, Annahme und Erwiderung nicht zustande kommt. Eine ästhetische Erfahrung – im Sinne Deweys – kann es nur geben, wenn die agonistische Gabe in ihrer Kraft, soziale Rahmensetzungen zu überschreiten, auf Resonanz trifft und eine Erfahrung zum Abschluss bringt.

Zusammengefasst zeigt sich also in der Kunst eine ästhetische und experimentelle Freiheit von der Welt der etablierten

Normativität. Darin liegt die Kraft der Kunst, welche wiederum auf der agonistischen Gabe beruht. Ästhetische Freiheit ist daher assoziiert mit der Freiheit der extraordinären, agonistischen Gabe. Kunst, Ästhetik, Überschreitung und Freiheit sind dabei keine vom Leben abgetrennten Bereiche, sondern notwendige Voraussetzungen alltäglicher genormter Praktiken. Ästhetische Erfahrungen werden also durch Gaben konstituiert, zugleich können ästhetische Erfahrungen, die auf Freiheit und Überschreitung beruhen, Reziprozität evozieren. Mit anderen Worten: Der Bruch mit der Symmetrie kann Symmetrie hervorbringen. Diese Nicht-Symmetrie ist eine notwendige Bedingung für Sozialität und wird in der Kunst paradigmatisch vor Augen geführt.

Kunst und Leben verbinden?

Die Kunst der letzten Jahre ist vermehrt in die Interaktion mit der Lebenswelt der Leute getreten. Man verlässt zunehmend die Institution des bürgerlichen Museums und der Galerie und setzt auf direkte Aktionen und soziale Resonanzen. Ingrid Hentschel (2018: 122) bringt dies so auf den Punkt: »Man kann geradezu von einer gezielten Destabilisierung der Grenzen zwischen Kunst und Gesellschaft, Darstellung und Leben sprechen, die mit der performativen Wende in der Kunst verbunden und als ›Entkunstung‹ thematisiert wird.« Der Grad der Fiktionalisierung der Kunst nimmt damit ab, der Modus des Als-ob wird dabei aber nicht aufgelöst, sondern in den Dienst einer Herstellung von neuen gesellschaftlichen Praktiken gestellt. Nicht *l'art pour l'art*, sondern künstlerische Praktiken, die zwischen vollkommen autonomer Kunst und sozialer Praxis stehen und aktiv auf den Modus der Gabe zurückgreifen. So finden sich im Artivismus künstlerische Praktiken, die Kunst sozialen Bewegungen und Aktionen annähern (Schmitz 2015). Dabei wird mit künstlerischen und politischen Mitteln um ein gutes Leben gerungen. Im Fokus liegt häufig der städtische Raum, der in den letzten Jahrzehnten mehr und mehr von ökonomischen Konsuminteressen dominiert wird. Dem wird eine andere Nutzung des öffentlichen Raums gegenübergestellt, Mitgestaltungen werden eingefordert, Räume zurückerobert, wie beispielsweise in der Bewegung Recht auf Stadt. Insgesamt sind so die Verbindungen zwischen Politik, Leben und Kunst wieder enger geworden.

Teilweise erinnert dies an Entwicklungen der 1970er Jahre, doch sind die neuen Gruppen undogmatischer, spielerischer, ästhetischer und insgesamt kunstaffiner. Dabei öffnet sich der Kunstbegriff ins Weite. Es geht um das Leben von Utopien im Hier und Jetzt, man arbeitet zusammen und versucht sich in Formen neuer Lebenskunst. Die Grenzen sind hier fließend: In Kontexten des DIY (Do it yourself) oder DIT (Do it together) geht es um das Erproben von gemeinschaftlichen Formen des Herstellens und Reparierens, beim Urban Gardening um eine gemeinschaftliche, Commons-basierte, regionale Lebensmittelproduktion, Open-Source-basierte Mediennutzungen und -entwicklungen sind hier ebenfalls erwähnenswert (Baier et al. 2016). Wir finden zudem Kunstprojekte, die sich mit dem Zusammenleben von menschlichen und nichtmenschlichen Lebewesen auseinandersetzen, bspw. in Projekten, die darauf abzielen, in nichtmenschliche Formen des Lebens einzutauchen und uns dadurch das Leben von Tieren und Pflanzen näherzubringen. In all diesen Praktiken geht es um soziale Experimente, die auf kollektiver Kreativität beruhen. Es geht um andere Lebensmodelle und Visionen der Konvivialität jenseits des neoliberalen Finanzkapitalismus. Dies erklärt die Nähe solcher Projekte zur Kunst, kreiert diese doch andere Formen der Wahrnehmung und Alternativräume des Als-ob.

Der moderne Klassiker eines erweiterten Kunstbegriffs ist natürlich Joseph Beuys (1921–1986), der mit seinem Konzept der Sozialen Plastik oder der Aussage »Jeder Mensch ist ein Künstler« vielfach zitiert und oft auch missverstanden wurde. Er behauptete nicht, dass jede/r das Zeug zu einem genialen Künstler habe. Ihm geht es im erweiterten Kunstbegriff darum, dass jede und jeder an der Gestaltung der Gesellschaft mitwirken sollte (vgl. Hasecke 2016). Alle Menschen sind kreativ, und ihre Kreativität gelte es, in die politische Gestaltung des Gemeinwesens einzubringen. Daraus ergibt sich für ihn die Gleichung Kunst = Mensch = Kreativität = Freiheit. Freie Menschen sollten sich selbst organisieren können, müssten die Gesellschaft durch und durch demokratisch gestalten und sollten sich nicht den blinden Kräften des technologischen und ökonomischen Wandels überlassen. So wie eine Künstlerin ihr Kunstwerk gestaltet, so sollte jede und jeder an der Gestaltung der Gesellschaft mitwirken können.

Auch der französische Situationismus der 1960er Jahre radikalisierte die Kunst im Dienste neuer Formen des Alltags und der Politik. Am Situationismus und seinen zeitgenössischen Nachfolgern wie dem anarchistischen Autorenkollektiv des Unsichtbaren Komitees lässt sich die Ambivalenz eines solchen Projekts ablesen. Kunst, Politik und Leben zu verbinden, kann neue Kreativitätsräume für das Zusammenleben eröffnen; die Gefahr, dass dies in einer Überwältigungsästhetik und in einem Freund-Feind-Schema endet, ist aber auch virulent.[10]

»Arbeitet nie« (1954 auf eine Wand in Paris geschrieben, vielleicht von Guy Debord), gegen die zentralistische Macht des Staats vorzugehen und Kunst gegen das System zu schaffen, so lauten die Devisen des Situationismus und seines Protagonisten Guy Debord. Die Internationale situationniste war eine revolutionäre Bewegung, die ab 1957 alle vorherigen politischen und künstlerischen Avantgarden (Dadaismus, Surrealismus, Lettrismus) hinter sich lassen und die Alltagspraktiken umstürzen wollte. Theoretisch steht der Situationismus dem marxistischen Denken nahe, allerdings eher den Häretikern der Gruppe »Sozialismus oder Barbarei« (Cornelius Castoriadis und Claude Lefort) und dem Philosophen Henri Lefebvre, der hierzulande vor allem für sein Buch *Das Recht auf Stadt* berühmt wurde. Situationisten hinterfragen Hierarchien, Grenzen und Klassen, wollen den Kapitalismus und die Konsumgesellschaft abschaffen. Ihr großer Moment kam 1968, denn im Pariser Mai 1968 spielten sie eine sehr aktive Rolle.

Das Leben uneingeschränkt poetisch zu gestalten, jenseits der Ordnung der sozialen Welt zu leben, ist die situationistische Grundidee. In Frankreich sind die Situationisten Teil der Alltagskultur, ihr Erbe ist fast überall zu finden: im Humor, in Werbung und Kunst, im anarchistischen Programm des Unsichtbaren Komitees (dazu gleich mehr), der Literatur, in der Art mit Worten zu spielen – auch dann, wenn man die situationistische Bewegung gar nicht explizit kennt. Raoul Vaneigem, eine der wichtigsten Personen des Situationismus, war bewusst, dass das neue anvisierte Leben zutiefst auf die Re-Etablierung der Gabelogik verweist. In seinem 1967 erschienenen *Handbuch der Lebenskunst für die jungen Generationen* schreibt er: »Für die Begründung einer neuen Wirklichkeit gibt es kein anderes Prinzip als das der *Gabe*« (Vaneigem 2008: 33, Hervorh. im Orig.). Der Alltag solle revolutioniert werden, und für Vaneigem ist klar, dass »das alltägliche Leben eine Energie birgt, die Berge versetzen und Entfernungen aufheben kann« (ebd.: 76). Ziel ist ihm die Aufhebung der Trennungen zwischen den Menschen und von sich selbst. Der Weg dahin führe über den Aufbau von parallelen Mikrogesellschaften, die Alternativen zum Leben in der Mehrheitsgesellschaft experimentell entwickeln.

Diese Grundideen werden Jahrzehnte später vom Unsichtbaren Komitee aufgegriffen. In Frankreich ist allen Interessierten klar, dass Julien Coupat mit zum Unsichtbaren Komitee gehört. Coupat lebte längere Zeit in einer Kommune in Tarnac und war der Kopf der sog. Tarnac Nine. 2008 wurde gegen diese Gruppe Anklage wegen Sabotage und Terrorismus erhoben, die jedoch nach neun Jahren fallengelassen wurde. Coupat und seine anderen ultralinken Ko-Autoren gelten als anarchistische Erben des Situationismus.

Die Überwindung der bestehenden Gesellschaftsordnung gelingt aus Sicht des Unsichtbaren Komitees nur, wenn sich neue Praxisformen herausbilden, in denen das Ändern der sozialen Umstände und die Selbstveränderung in eins fallen. Es gibt keine Trennung zwischen Innen und Außen, keine zwischen Selbst und Gesellschaft oder Natur und Kultur. Das Komitee vertritt in seinen kämpferischen und zugleich sehr poetischen Texten eine sozialontologische Position, die auf eine Überwindung der westlichen Dualismen abzielt. Für das Komitee hängen Individualismus und innere Leere zusammen. Ihre drei bisher erschienenen Bücher zielen dem gegenüber auf eine Theorie und Praxis der Interdependenz des Lebens ab. Wir sind nämlich gebunden an »Orte, Leiden, Vorfahren, Freunde, Liebschaften, Ereignisse, Sprachen, Erinnerungen, an alle möglichen Dinge, die nicht Ich sind« (Unsichtbares Komitee 2010: 13). Unser Individualitätsglaube beruht auf dem Unsichtbarmachen der Verbindungen zwischen den menschlichen und nichtmenschlichen Wesen. Und dieses Getrenntsein ist »reine Langeweile, ohne Leidenschaft und wohl geordnet, eisiger, leerer Raum, durch den nur noch registrierte Körper (…) und ideale Waren hindurchgehen« (ebd.: 14). Dem werden Gemeinschaften gegenübergestellt, die mit neuen Formen des Teilens, der kollektiven Affektivität und Bedingungslosigkeit experimentieren. Abgelehnt wird die Vorstellung von einer von uns getrennten Welt, einer Umwelt, die uns umgibt, ohne uns zu konstituieren (ebd.: 54). Diese Trennung führt in den Augen des Unsichtbaren Komitees zu einem Verlust von Präsenz: »Die Krise ist nicht wirtschaftlicher, ökologischer oder politischer Natur, die Krise ist vor allem eine der Präsenz« (Unsichtbares Komitee 2015: 24).

In weiteren Passagen, die wie die Ausführungen Bruno Latours in *Kampf um Gaia* klingen, betonen sie, dass es der Linken nicht darum gehen sollte, den Menschen ins Zentrum von Politik und Ethik zu rücken – im Gegenteil, von den indigenen Völkern Lateinamerikas wäre zu lernen, die Erde ins Zentrum zu rücken (ebd.: 26f.). Es gibt keine Menschheit, nur Erdenbewohner (Latour spricht von den Erdverbundenen) und ihre Feinde – das sind die Zerstörer des ökologischen Erdsystems. Es geht dem Autorenkollektiv um die Überwindung des Gegensatzes von Gesellschaft und Natur – es gilt, wiederum wie bei Latour, Kollektive aus menschlichen und nichtmenschlichen Wesen aufzubauen. Denn die Lebensweise des Westens ist *die* Katastrophe.

Doch was ist die Alternative? In Kontakt treten, Kontinuität statt Trennung erleben. Nicht mehr zuschauen, sondern sich einlassen auf ein genaues Wahrnehmen. Aus gemeinsamen Wahrnehmungen resultiert auch, sich zu organisieren. Eine »Kontinuität zwischen Fragmenten ist es, was sich als ›Gemeinschaft‹ empfindet. Ein Zusammenhang. Diese Erfahrung machen wir in jeder wirklichen Begegnung. Mit jeder Begegnung zeichnet sich in uns ein eigenes Gebiet ab, in dem sich Elemente der Welt, des anderen und unserer selbst ununterscheidbar vermengen. Die Liebe bringt nicht Individuen miteinander in Verbindung, sondern vollzieht eher einen Schnitt in jedem von ihnen, als wären sie plötzlich von einer besonderen Ebene durchzogen, in der sie nun gemeinsam durch die Welt ziehen« (Unsichtbares Komitee 2017: 112). Von Revolution ist in ihrem aktuellen Buch *Jetzt* keine Rede mehr, wie bspw. noch in ihrem ersten Band *Der kommende Aufstand* von 2008 – vielmehr versteht sich *Jetzt* als Wahrnehmungsübung. Kommunismus ist nicht alleinig oder primär eine Eigentumsfrage: »Es hat überhaupt keinen Sinn, Dinge zu teilen, wenn man nicht damit beginnt, die Fähigkeit zu sehen zu vergesellschaften. Den Kommunismus zu leben verkommt sonst zu einem wütenden Tanz in absoluter Dunkelheit: Man prallt zusammen, verletzt sich, man verpasst der Seele und dem Körper blaue Flecken, ohne das wirklich zu wollen und ohne wirklich zu wissen, wem genau man böse sein soll. Sich überall diese Fähigkeit zu sehen anzueignen, (…) neue Wahrnehmungen zuzulassen und sie unendlich zu verfeinern ist der zentrale Gegenstand jeder kommunistischen Entwicklung, der unmittelbare Machtzuwachs, den sie bringt« (ebd.: 120). Kommunismus als Aisthesis, als Schulung der Wahrnehmung.

Das anarchistische Unsichtbare Komitee will sich nicht nur dem Bereich der politischen Macht entziehen, diese Strategie wird auch auf den Bereich der Ökonomie ausgeweitet: Es gehe nicht darum, eine andere Ökonomie aufzubauen, sondern die Ökonomie zu verlassen. »Je nach dem Grad an Nähe zwischen den Menschen gibt es Gütergemeinschaften, werden gewisse Dinge geteilt, gegenseitig fair getauscht, gehandelt, oder es gibt gar keinen Tausch. (…) Idioten zahlen zu lassen ist legitim. Wer liebt, rechnet nicht« (ebd.: 83). Maß, Berechnung, Geld – alles dies zählt für das Komitee zur feindlichen Welt und aus dieser solle man sich zurückziehen. Zurecht weisen die Autoren darauf hin, dass die Spezifik des zeitgenössischen Kapitalismus nicht in seinen Methoden zur Mehrwertgenerierung in der Produktion (à la Marx) liegt: »Der Kapitalismus besteht nicht so sehr darin zu verkaufen, was erzeugt wurde, sondern darin, verbuchbar zu machen, was noch nicht erzeugt ist, bewertbar zu machen, was noch am Tag vorher absolut unschätzbar war, neue Märkte zu schaffen: Hierin liegt die unermessliche Reserve der Akkumulation. Der Kapitalismus ist die universelle Ausweitung der Messung« (ebd.: 76).

Doch darüber hinaus gibt es ganz andere Töne; nicht umsonst wird das Unsichtbare Komitee immer wieder mit dem Thema Gewalt in Verbindung gebracht (so beispielsweise auch in den deutschen Feuilletons nach den gewalttätigen Ausschreitungen im Zuge des G20-Gipfels in Hamburg im Jahr 2017). Viele Passagen ihrer Texte sind gewaltaffin und feiern die eruptive Gewalt etwa des »schwarzen Blocks« im Zuge von Demonstrationen. Es geht dem Komitee um eine Gewalt, die aus dem Kreislauf von rechterhaltender, rechtbrechender und rechtsetzender Gewalt auszubrechen versucht. Etwas Erhabenes soll offenbar in die Geschichte einbrechen – man fühlt sich hier unweigerlich an Walter Benjamins Text *Kritik der Gewalt* aus dem Jahr 1921 erinnert. Für Benjamin kann eine solche Gewalt nur eine göttliche sein. Dieses messianische Motiv findet sich auch im Gewaltverständnis des Unsichtbaren Komitees wieder; ebenso eine Gewaltmythologie, wie wir sie bei Georges Sorel finden, dessen Text *Über die Gewalt* (1908) zur Inspirationsquelle sowohl linker wie auch rechter Gewalt wurde. Für Sorel geht von der Idee des (gewalttätigen) Generalstreiks eine mobilisierende Kraft aus. Auch das Unsichtbare Komitee spricht von der Gewalt als einer Mobilisierungs- und Gemeinschaftserfahrung. Gewalt soll offenbar enthusiasmieren, neue gemeinsame Werte kreieren und bestehende Identitätsgrenzen überschreiten. Diese Rhetorik der Außeralltäglichkeit und befreienden Wirkung von Gewalt gehört zum Kern der intellektuellen Gewaltgeschichte des beginnenden 20. Jahrhunderts (Joas 2000). Dies gilt für kommunistische und faschistische Bewegungen genauso wie später für die von Frantz Fanon ins Spiel gebrachte befreiende Gewalt von der Kolonialherrschaft. Gewalt wird hier nicht instrumentell, sondern als Selbstwert verstanden, der Gemeinschaften herstellt und zugleich eine absolute Grenze gegenüber den Gegnern aufbaut – im Falle des Unsichtbaren Komitees und beim »schwarzen Block«: gegenüber der Polizei.

Wie passt dies nun mit den vorhergehenden Passagen über die Interdependenz des Lebens zusammen? Die Theorie des Lebens und Politischen des Komitees ist auch als eine ästhetische Theorie zu verstehen, die gekennzeichnet ist von der Suche nach einer ästhetischen Freiheit und Kraft (Christoph Menke), die alle Fesseln überkommener Ordnungen zu sprengen vermag. Das Buch *Jetzt* ist deshalb vor allem als ein poetischer Eingriff zu lesen. Die Gruppe um Coupat sucht nach Gemeinschaft und starker Verbindung, nach Gewalt und Poesie. Es ist die Suche nach Kraft und ästhetischer Freiheit, die sich in den beschriebenen Aktionen des »schwarzen Blocks« genauso wie in den verwendeten sprachlichen Mitteln ausdrückt. Im Grunde soll die Ästhetik der Kraft und Intensität den Bereich des politischen Handelns (mit Max Weber gesprochen: dem Bohren dicker Bretter) übertrumpfen.

In diesem Sinne drückt sich in den Texten des Unsichtbaren Komitees eine romantische Koketterie der linksliberalen, intellektuellen bürgerlichen Schichten mit der Kraft ästhetischer Freiheit aus, die jede Norm und soziale Ordnung sprengt – genau wie bei der »Vätergeneration« vor fünfzig Jahren. Die Sehnsucht danach, unregierbar zu sein und im Modus einer Politik der Gabe zu leben, wird wunderbar poetisch ausgeführt und sprachlich performiert. Zugleich werden die Gewalt, der Aufstand und der Ausnahmezustand fetischisiert – die zarte Poesie der Gabe kippt in eine Ästhetik der Überwältigung. Das Beispiel des Unsichtbaren Komitees zeigt, wie nahe Kreativität, Verbundenheit und ästhetische Freiheit bei einer Rhetorik der Überwältigung liegen können, die auch vor Gewalt nicht zurückschreckt. Wirklich radikal wäre es hingegen, mit der Suche nach der außeralltäglichen Kraft der Gewalt zu brechen. Das wäre eine Poesie schöpferischer und verbindender Kraft, die völlig neue Perspektiven auf den kommenden Kommunismus eröffnen würde. Kunst und Kommunismus als Wahrnehmungsübungen: Dies hieße dann lernen, Interdependenz zu fühlen statt Kraftfetischismus zu betreiben.

12.
Pluriversalismus: Für eine europäische und globale Politik der Konvivialität

Der Kapitalismus hat in seiner Geschichte schon verschiedene Formen und Gesichter gezeigt: als Manchester-Kapitalismus, als sozialstaatlich befriedeter Kapitalismus in den Nachkriegsjahrzenten der westlichen Länder, als global-neoliberaler Finanzkapitalismus, nun vielleicht als nationalistisch-neoliberaler Kapitalismus unter Trumps Führung und schließlich als kapitalistischer Autoritarismus in China oder Russland. Dem Kapitalismus war jedoch in all seinen Phasen gemeinsam, dass Ressourcen zu seiner Reproduktion eingesetzt werden, die fast umsonst sind: die (post)koloniale Ausbeutung von Ressourcen des globalen Südens, die Ausnutzung der Arbeitskraft von Frauen zum Zwecke der sozialen Reproduktion und die Ausbeutung der Natur. Vordergründig beruht der Kapitalismus auf Tauschgeschäften zwischen Gleichen, doch der liberale Gedanke gleicher Rechte auf Eigentum und Tauschchancen verschleiert, dass es sich um einen ungleichen Tausch handelt, der auf einer ungleichen Verteilung von Macht- und Herrschaftschancen gegründet ist.

Wir erleben derzeit eine fundamentale Krise unserer bislang westlich geprägten Weltordnung: 500 Jahre westliche Dominanz neigen sich dem Ende zu und 100 Jahre Hegemonie der USA ebenfalls. Das westliche Dominanz- und Kolonialmodell weicht Chinas wachsendem Einfluss. Doch was folgt daraus nun? Für die meisten Europäer/innen dürfte klar sein, dass es gegenwärtig darum geht, unsere Privilegien und unseren Wohlstand zu retten. Die Fortsetzung dieses europäischen Wohlstandsmodells ist jedoch weder durchführbar noch aus ökologischen und aus Gründen sozialer Gerechtigkeit normativ wünschenswert. Es braucht eine völlig neue Vision für das Zusammenleben in Europa, eine, die den Ökonomismus und die Externalisierung sozialer und ökologischer Probleme hinter sich lässt und auf globale Konvivialität abzielt. Doch auf welche Visionen kann man dabei zurückgreifen? In der Auseinandersetzung mit Mauss haben wir gesehen, dass man verschüttete europäische Praktiken des Gebens im Sinne einer solidarischen Ökonomie wiederbeleben kann. Doch darüber hinausgehend scheint die politische Phantasie in den westlichen Ländern deutliche Grenzen zu haben. Die kanadische Aktivistin und Autorin Naomi Klein schreibt: »Die Bevölkerungen der westlichen Länder verfügen kaum über Erinnerungen an irgendein anderes Wirtschaftssystem« (Klein 2017: 296). In anderen Teilen der Welt gibt es hingegen andere Lebensmodelle, die nicht auf Privateigentum und Profitmaximierung beruhen. Wer der Matrix des zeitgenössischen Kapitalismus etwas entgegensetzen möchte, tut also gut daran, in andere Richtungen zu blicken. Ein Nein zur Bankenwelt, zur Gier und Hybris, zum Rechtspopulismus und Nationalismus reicht alleine nicht aus. Es braucht positive Visionen für das Zusammenleben. Daher wollen wir nun den Blick in andere Teile der Welt richten. Wir sollten uns von der Vorstellung verabschieden, dass die Welt etwas von Europa oder spezieller noch von Deutschland zu lernen habe. Stattdessen können wir vom globalen Süden lernen.

Kolonialismus und Postkolonialismus

Nachdem Europa 500 Jahre lang anderen gesagt hat, wie sie ihre Probleme lösen sollen, ist es Zeit für ein Umdenken. Die Europäer werden auf der politischen Weltbühne zunehmend unbedeutender und können kaum noch ihre eigenen Probleme lösen – man denke nur an die schon Jahre andauernde Krise der EU, die im Brexit ihren augenfälligsten Ausdruck findet. Dabei hat Europa nun offensichtlich Schwierigkeiten damit, nicht mehr als Lehrer, sondern als Zuhörender aufzutreten. Die Ursache ist im europäischen Kolonialismus zu suchen (Santos 2017), der als koloniale Haltung den historischen Kolonialismus jahrzehntelang überlebt hat. Nicht nur Kolonialismus und Imperialismus traten als eurozentristische Lösungen für die Probleme der Welt auf, auch Entwicklungspolitik, Menschenrechtspolitik und humanitäre Hilfe beruhen weitgehend auf eurozentristischen Vorstellungen, die nur sehr allmählich hinterfragt werden. Eine neue Ära des europäischen Lernens müsste durch horizontale Beziehungen mit dem globalen Süden und den Respekt vor Differenzen eingeleitet werden. Wechselseitiges Lernen zwischen Nord und Süd kann nur auf Gleichheit beruhen. »Süden« bezeichnet dabei ein Außen wie auch ein Innen Europas.

Zum einen umfasst der Süden die ehemaligen Kolonien des Nordens, deren natürliche Ressourcen heute von transnationalen Unternehmen des Nordens extrahiert werden, und die mit Armut, Flucht und ökologischen Katastrophen zu kämpfen haben. Zum anderen liegt der Süden in Europa selbst, da Europa ein Ort der Immigration ist. Die Nachkommen von Immigranten aus dem Maghreb und der Türkei sind hier ebenso zu nennen wie die vor Krieg und Not Geflüchteten Syriens und Afghanistans.

Schließlich ist auch der Süden Europas ein Ort der kulturellen Peripherie: Insbesondere im Zuge der Bankenkrise von 2008 gelten Portugal, Italien, Griechenland und Spanien (zynischerweise als PIGS bezeichnet) als politische, ökonomische und kulturelle Problemzonen der Verschuldung, die nicht den Sparprinzipien des Nordens entsprechen. Dem gegenüber stehen Versuche, das Mittelmeer als einen gemeinsamen Kulturraum zu kennzeichnen, der Zivilisation, Rationalität und Maß in sich vereint. So war beispielsweise Albert Camus ein Verfechter der Idee, dass Europa als zivilisatorisches Projekt ohne das »mittelmeerische Denken« zum Scheitern verurteilt sei. Für

Camus charakterisiert den mediterranen Raum eine Kultur der Einfachheit, des Maßes und der regionalen Verbundenheit (Radisch 2013). Er stellt der Besinnung auf den mediterranen Wert des Maßes die potenzielle Selbstvernichtung der Menschheit durch die kalte instrumentelle Rationalität des Nordens gegenüber. Dies ist ein Topos, der auch das sozialökologische Denken seit seinen Anfängen begleitet, sei es mit Blick auf eine mögliche atomare Selbstvernichtung, sei es aktuell angesichts der globalen Erderwärmung. Zudem wurde in den letzten Jahren auch das Mittelmeer als Raum konzipiert, der Europa, Nordafrika und den Nahen Osten miteinander verbindet und eine friedensstiftende Funktion in Nahost übernehmen könnte (Leggewie 2012). Diesen Gedanken formulierte in den 1940er Jahren schon Hannah Arendt. Sie brachte die Idee einer Mittelmeerföderation ins Spiel, auch als Lösung des jüdisch-palästinensischen Konflikts.

Fakt ist heute jedoch, dass sich ein manifester ökonomischer und kultureller Bruch durch Europa zieht, der nicht durch Unterwerfungen des Südens unter die Prinzipien des Nordens zu heilen ist. Der Süden Europas und seine Antworten auf die Krise der EU sind m. E. viel ernster zu nehmen, als es jemals ein deutscher Finanzminister zuließe. Als Sarkozy 2007 versuchte, eine Mittelmeerunion unter französischer Führung zu gründen, scheiterte er am Veto von Kanzlerin Merkel.

Kommen wir zurück zum globalen Süden. In Europa sollte man sich mit der Tatsache vertraut machen, dass in den Regionen, die von Europäern angeeignet und ausgebeutet wurden, europäische und einheimische Traditionen eine lebendige Mischung eingegangen sind, die es zu rezipieren gilt. Dem stehen tief sitzende Stereotypen von den Ländern des Südens gegenüber, die kolonialen Ursprungs sind. Der historische Kolonialismus stellte eine Herrschaftsbeziehung zwischen Kollektiven dar: Eine nicht anpassungswillige Minderheit von Kolonialherren traf fundamentale Entscheidungen über die Lebensführung von Kolonisierten, und zwar vorrangig auf Grundlage externer politischer und ökonomischer Interessen (Osterhammel 1995).

Die durch Invasion entstandenen Kolonien waren politische Gebilde, die sich in dauerhafter Abhängigkeit zum räumlich entfernten Zentrum befanden. Ideologisch wurde der Kolonialismus von einem Sendungsbewusstsein und Missionswillen getragen: Die »Zivilisierung der Barbaren oder Wilden« galt als Ziel, und es dominierten Vorstellungen von kultureller Höherwertigkeit und offener Rassismus. Im Zeitalter des Imperialismus (1870–1914) wurden die Kolonien zudem systematisch kapitalistisch durchdrungen.

Nun sind die Zeiten des Kolonialismus und der offenen Rassendiskriminierung zwar seit Jahrzehnten vorüber, doch sind postkoloniale Ausbeutungsstrukturen und rassistische Vorstellungen immer noch wirksam. Die emanzipierten früheren Kolonien sind freilich formell unabhängige und souveräne Nationen, können aber aufgrund der postkolonialen Fortführung der früheren kolonialen Unterdrückungs- und Ausbeutungsverhältnisse de facto nicht über ihr Schicksal bestimmen (McCarthy 2015). Daran hat auch eine Politik der Entwicklung nichts geändert, wie sie vom amerikanischen Präsidenten Harry Truman im Jahr 1949 ausgerufen wurde. Die Länder des Südens sind weiterhin in Wirtschaftsbeziehungen gegenüber dem globalen Norden eingebunden, die ihnen nur schwerlich zum Vorteil gereichen. Unfaire Tauschverhältnisse setzen sich trotz »Entwicklungshilfe« bis heute fort. Im Jahr 1960 – dem Ende des Kolonialismus – war das Pro-Kopf-Einkommen in den reichsten Ländern der Welt 32-mal höher als im ärmsten Land. Vier Jahrzehnte Entwicklungshilfe veränderten diese Relation nicht zum Positiven, im Gegenteil: Im Jahr 2000 lag das Verhältnis bei 134:1 (Hickel 2018: 29). Saldiert man sämtliche Finanzressourcen, die zwischen armen und reichen Ländern hin und her fließen, stellt sich für das Jahr 2012 heraus, dass die »Entwicklungsländer« rund 2 Billionen Dollar erhielten, während zugleich fünf Billionen Dollar in den Norden abflossen. Drei Billionen Dollar Nettoabflüsse aus den armen Ländern also allein in einem Jahr. Das ist der 24-fache Wert der jährlichen Entwicklungshilfebudgets (ebd: 44)!

Nur ein konkretes Beispiel aus den letzten Jahren soll zur Illustration genügen, das kaum in der deutschen Presse Erwähnung fand: das Economic Partnership Agreement (EPA, ein Freihandelsabkommen) zwischen der EU und den ACP-Staaten (African, Caribbean and Pacific Group of States), das der Marktöffnung ostafrikanischer Länder für Produkte der EU dient. Der Präsident Kenias, Uhuru Kenyatta, sah in diesem von der EU lancierten Abkommen kaum Vorteile für sein Land und entschied, es nicht zu unterzeichnen – woraufhin die EU Importzölle gegen kenianische Schnittblumen und Bohnen verhängte. Kenia wurde dadurch wirtschaftlich so sehr unter Druck gesetzt, dass Kenyatta im Jahr 2016 letztlich unterschrieb. Von einer globalen Gerechtigkeit und von fairen Handelsbeziehungen ist man also noch weit entfernt, ganz zu schweigen von einer direkten Begünstigung der ärmsten Länder der Welt, um die Folgen der früheren Kolonialherrschaft wiedergutzumachen.

Gleiches gilt für den Rassismus. Auch wenn der naturwissenschaftlich-biologische Rassenbegriff schon lange diskreditiert ist, setzen sich heutzutage neorassistische Diskriminierungen fort. Wir haben es heute mit einem postbiologischen Rassismus zu tun, der selbst mit den Werten von formeller Freiheit und Gleichheit vereinbar scheint, wie das Beispiel des sogenannten Ethnopluralismus aus dem Umkreis der Neuen Rechten zeigt. Rassismus und Nationalismus gehen seit dem 19. Jahrhundert eine enge Allianz ein, geht es doch beiden darum, ein »Wir« von einem »Sie« zu scheiden: »[B]eide identifizieren bestimmte ›Andere‹ als eminente Bedrohungen der rassischen respektive nationalen Reinheit. Das galt umso mehr, wenn es ›fremde Elemente‹ im Landesinnern betraf, etwa die europäischen Juden« (McCarthy 2015: 21). Rassifizierte Nationalismen gründen nicht auf Biologie, sondern auf Kultur und spielen in migrationspolitischen Debatten auch heute noch und verstärkt wieder eine große Rolle. Dabei werden (genauso wie beim biologischen Rassismus) stereotypisierte körperliche Unterschiede als Anzeichen für stereotypische Kultur- und Charakterunterschiede herangezogen. Dass weltweit rassistische Privilegien abgenommen haben, destabilisiert offenbar westliche Identitäten von »Weißsein«. Vor diesem Hintergrund können wir das Erstarken rassistischer Ideologien auf Seiten der extremen Rechten verstehen: Man versucht, kulturelle, politische und ökonomische Privilegien der weißen Vorherrschaft zu verteidigen (vgl. Mishra 2018).

Scheitern Gruppen oder ganze Gesellschaften in ihren Versuchen, Wohlstand und geordnete westliche Institutionenordnungen aufzubauen, wird dies im nächsten Schritt auf deren innerliche Unzulänglichkeiten (wie Werte, Einstellungen und Gewohnheiten) zurückgeführt. Kulturalistische Formen des Rassismus legitimieren dann vor allem eine Politik, die auf Selbsthilfe statt struktureller Ursachenbekämpfung und Wiedergutmachung abzielt. Ungleichheiten werden auf diese Weise legitimiert, und letzten Endes können sich die Armen und Ausgeschlossenen dieser Sicht zufolge nur selber helfen.

Von hier aus ist es nicht weit zum Konzept der »Entwicklung«, das für die westliche Moderne des 20. und 21. Jahrhunderts so bedeutsam ist. Länder gelten als separate und unverbundene Einheiten, die einem Stufenmodell der Entwicklung zu folgen haben. Jedes Land ist dabei für seine Leistungen selbst verantwortlich. Ausbeutung kommt in dieser Weltsicht nicht vor. Der Entwicklungsbegriff beruht auch auf einer Wir/Sie-Dichotomie, die davon ausgeht, dass die Anderen sich nur auf eine Weise entwickeln können, die sie »uns« ähnlicher macht. Entwicklung hat ein Ziel: Prosperität, Wohlstand und Demokratie wie im Westen zu etablieren. Allerdings kann man dem Original (dem Westen bzw. Norden) nie ähnlich genug werden – im Grunde kann man nie so »weiß« wie der Westen sein. Der Philosoph und politische Theoretiker Thomas McCarthy folgert daher, dass die aus Rassismus und Kolonialismus hervorgegangenen Ungerechtigkeiten zunächst einmal anzuerkennen und die verursachten Schäden dann wiedergutzumachen sind. »Fünf Jahrhunderte des Imperialismus und des Rassismus sind durch fünf Jahrzehnte des Erfolgs von Entkolonialisierungsbemühungen und Bürgerrechtsbewegungen keineswegs ausgelöscht« (McCarthy 2015: 37).

Vom Universalismus zum Pluriversalismus

Nun ist die westliche Moderne natürlich nicht nur Quelle der Ungerechtigkeit und Ausbeutung. Es gibt den Humanismus, Vorstellungen einer universalistischen Moral, die Achtung der Menschenwürde und die Idee der Menschenrechte. Diese kulturellen Traditionen ermöglichen es, ungerechte Herrschaftsverhältnisse zu kritisieren. Auf einen kulturellen und normativen Relativismus zu setzen, der davon ausgeht, dass kulturelle Traditionen nebeneinander bestehen und es keine Möglichkeit gebe, einander moralisch zu kritisieren, hieße, das Kind mit dem Bade auszuschütten. Ein solcher Relativismus behauptet nicht nur, dass sich die Moralvorstellungen zwischen Gesellschaften und Gemeinschaften deutlich unterscheiden können, sondern auch, dass ein moralisches Urteil schlicht dann gültig sei, wenn es vom moralischen Standpunkt der Gesellschaft des Urteilenden aus gesehen richtig ist. So würden moralische Traditionen die letzten Maßstäbe der Moral bilden, und man könnte moralische Konflikte zwischen unterschiedlichen Traditionen nicht lösen. Der westliche Universalismus, der auf den aufklärerischen Begriff der menschlichen Vernunft zurückgeht, setzt hingegen auf die Vorstellung nur einer Welt. Es gibt dieser Sicht zufolge letztlich nur eine Wahrheit und eine universalistische Moral. Innerhalb des Rahmens des Universalismus kann man noch unterschiedliche Grade der Universalisierbarkeit von normativen Fragen unterscheiden (Habermas 1992). Moralische Diskurse zielen aus dieser Sicht auf eine unparteiische Regelung von Handlungskonflikten, sie beziehen sich auf Fragen universeller Gerechtigkeit und beispielsweise nicht auf die Aspekte eines gelungenen, guten Lebens innerhalb einer partikularen Gemeinschaft.

Der westliche Universalismus ist jedoch mit guten Gründen in den letzten Jahrzehnten kritisiert worden und in den Ruf geraten, dass sich hinter ihm letztlich nur die Macht des Westens verbirgt, partikulare Vorstellungen global durchzusetzen. Der Westen habe seine partikulare Kosmologie universalisiert: Eine einzige – eigentlich lokale und provinzielle – Sichtweise setzt sich so gegenüber allen und überall auf der Welt durch. Der westliche Universalismus beruht – so die Kritiker/innen – dabei auf einer Ontologie der Trennung: Nicht Interdependenzen, sondern getrennte Entitäten bilden den Ausgangspunkt für ein Nachdenken über die Welt. Es wird eine Trennung von Natur und Kultur unterstellt, individuelle Freiheit, Autonomie und Vernunft werden verabsolutiert. Das westliche Weltbild beruht auf der Vorstellung, dass es weltweit nur eine Kosmologie gebe – eine offenkundig falsche Vorstellung, wie wir aus der Diskussion der Arbeiten von Philippe Descola wissen (vgl. Kapitel 8). Aus diesem Grund ist in den letzten Jahren das Konzept des Pluriversalismus ins Gespräch gebracht worden.

Es nimmt ernst, dass es eine Vielzahl verschiedener Kosmologien und Moralwelten gibt und normativ geht es beim Pluriversalismus um die Forderung nach einer Vervielfältigung der Sichtweisen. Diese stehen jedoch nicht relativistisch nebeneinander, sondern sind verwoben, beziehen sich aufeinander, sind in Machtbeziehungen verbunden, argumentieren mit- und gegeneinander. Es gibt also nicht nur ein Universum, sondern Pluriversen, die nicht unabhängig, sondern interdependent existieren (Mignolo 2015). Ihre Interdependenz wiederum ist im weltweiten Maßstab betrachtet nicht von den globalen Ungleichheiten loszulösen, die das Erbe von Kolonialismus und Rassismus bilden. Für einen Pluriversalismus zu argumentieren, bedeutet zugleich, für die Dekolonialisierung des Denkens und Handelns einzutreten. Zudem wird im Konzept des Pluriversalismus herausgestellt, dass nur der Westen die Idee der Relationalität weitgehend hinter sich gelassen hat und zu sehr auf die Vorstellung eines autonomen Individuums gesetzt hat, das sich von nichtmenschlichen Wesen durch seine Vernunft unterscheidet. Die meisten Kosmologien sind hingegen relational. Arturo Escobar (2015: 341) fasst dies so zusammen: »Die Idee des Pluriversums (…) speist sich aus zwei Hauptquellen: der theoretischen Kritik am Dualismus und der Beharrlichkeit von pluriversalen, mithin nichtdualistischen Welten (…), die uns eine tiefgreifend relationale Auffassung vom Leben spiegeln.« Hieraus folgt auch, dass wir Formen der nichtmenschlichen Welterzeugung in den Blick nehmen müssen. Welt*erzeugung* gehört zum Leben – auch Biber arrangieren Bäche um und bauen Kanäle und Dämme. Alle Organismen gestalten ihr ökologisches Lebensumfeld. »Dabei verändert jeder Organismus die Welt aller anderen Organismen. Bakterien erzeugen unsere Sauerstoffatmosphäre und die Pflanzen tragen zu ihrer Erhaltung bei. Pflanzen können an Land leben, weil Pilze ihnen den Boden bereiteten, indem sie Gestein zersetzten. Wie diese Beispiele darlegen, können sich welterzeugende Bestrebungen überlappen und Raum für mehr als eine Art bieten. Auch die Menschen sind in artenübergreifende Welterzeugungsprozesse verwickelt«, schreibt die Anthropologin Anna Lowenhaupt Tsing (2018: 38f.).

Dieser Pluralismus der Welten und Welterzeugungen muss zugleich mit einem universalistischen Konzept verbunden werden, um dem Relativismus vorzubeugen. Alain Caillé plädiert im Bereich des menschlichen Zusammenlebens für ein Maximum an Pluralität innerhalb und zwischen Gesellschaften, das noch möglich ist, ohne den Zusammenhalt zu gefährden, und er votiert für ein gleiches Recht auf Verwurzelung wie auf Entwurzelung, auf das Gleichheitsrecht der Kulturen und zugleich auf ihr Recht, sich voneinander radikal zu unterscheiden. Pluriversalismus ist so gesehen ein relativistischer Universalismus (Les Convivialistes 2014: 42; Caillé 2011a: 93). Aus konvivialistischer Sicht ergeben sich aus diesen Argumenten zwei Forderungen:

1.) Es ist im Namen einer gemeinsamen Menschheit und Sozialität ein globaler Kampf gegen die Maßlosigkeit zu führen, konkret: gegen extreme Armut und extremen Reichtum.[11]

2.) Zwischen den Nationen sollte ein Maximum an Pluralismus und Gleichheit bestehen. Momentan tritt der Westen als ein kultureller Hegemon in Erscheinung, der sich bspw. auch in den Entwicklungsbeziehungen als derjenige versteht, der den anderen etwas gibt (Entwicklung, Geld, Technik, Waffen, Bildung, Demokratie, Literatur etc.). Wechselseitige Anerkennung kann es jedoch nur geben, wenn sich niemand zum alleinigen Geber aufschwingt, sondern sich die Positionen des Gebens und Nehmens abwechseln.

Nimmt man den zweiten Punkt ernst, bedeutet dies, dass auf der Ebene der Kosmologien eine Gleichheit Einkehr halten müsste, die bislang nicht vorliegt. Der portugiesische Soziologe Boaventura de Sousa Santos (2014) spricht von einer epistemischen Gerechtigkeit, die herzustellen wäre. Die Epistemologien (also Erkenntnisweisen) des Südens sind im Zuge des Kolonialismus bis in unsere Gegenwart verdrängt, unterdrückt und sogar zerstört worden. Lokale Wissensbestände wurden beiseitegeschoben, vorhandene politische Institutionen wurden abgelöst und vornehmlich christlich orientierte Bildungsinhalte vermittelt. Doch gibt es immer noch mehr Weisen der Welterkenntnis, als das wissenschaftlich-rationalistische Modell des Westens anerkennt. Dass es Lösungen für die zeitgenössischen globalen Probleme geben könnte, die aus dem Süden kommen, wird übersehen, solange man glaubt, dass im Süden kein valides Wissen hervorgebracht wird. Es braucht nicht nur Alternativen für das Zusammenleben, sondern ein alternatives Verständnis von Alternativen. Sonst werden die vorhandenen Alternativen übersehen oder abgewertet, da sie nicht der westlichen Kosmologie entsprechen. Für Santos folgt daraus, dass es keine globale Gerechtigkeit ohne globale epistemologische Gerechtigkeit geben kann.

Aus diesem Grund braucht es eine Soziologie der Absenzen, die wieder sichtbar macht, was normalerweise durch die Abwertung und Negation der Epistemologien des Südens unsichtbar gemacht wird. Die Lösung globaler Probleme kann sich nicht auf die Wissensbestände des globalen Nordens verlassen, sondern muss alternative, nichtwissenschaftliche Formen des Wissens anerkennen. Wissenschaftliches Wissen wird damit nicht entwertet, aber es ist nur eine Form des Wissens neben anderen. Es ermöglicht Reisen zum Mond, doch indigenes Wissen gestattet den Schutz der Biodiversität im Amazonas. So ist natürlich jede Wissensform begrenzt. Es gibt Grenzen ihres Wissens und Grenzen des Wissens um das, was andere Wissensformen wissen. Der globale Norden, so Santos, weiß in seiner hegemonialen Epistemologie nicht, was er nicht weiß und was hingegen andere wissen. Er glaubt, über das einzig wahre epistemologische Schema zu verfügen.

Im Dialog der Pluriversen können jedoch neue Dinge entstehen. Kulturelle Übersetzungen sind vonnöten sowie eine Suche danach, was im Keim schon existiert, aber noch wachsen und sich ausbreiten müsste. Daraus resultiert für Santos eine Soziologie der Emergenzen, die Lösungen und Alternativen identifiziert, die emergieren (könnten), aber noch nicht voll ausgebildet sind.

Was bedeuten diese Ausführungen nun konkret? Neue Hybride westlichen und indigenen Denkens sind bspw. in den letzten Jahren in Lateinamerika intensiv diskutiert und sogar in Gesetze gegossen worden. So wird der Natur im Artikel 71 der Verfassung Ecuadors aus dem Jahr 2008 das Recht auf Existenz, Bewahrung und Pflege ihrer vitalen Zyklen, ihrer Struktur, ihrer Funktionen und evolutionären Prozesse zugesprochen. Zugleich erhält jede Person, Gemeinschaft und Nation explizit die Möglichkeit, die Rechte der Natur bei staatlichen Einrichtungen einzufordern. Die Vorstellung von Rechten der Natur ist ein hybrides Phänomen, da die westliche Idee von (Menschen)Rechten mit indigenen Naturvorstellungen kombiniert wird. Während im westlichen Modell die Natur kein Eigenrecht für sich beanspruchen kann, wurde in Ecuador auf das kulturelle Topos von *pachamama* (Mutter Natur) oder auch das des *buen vivir* zurückgegriffen, das indigenen Ursprungs ist, aber in den letzten Jahren im Dialog mit internationalen NGOs in die Verfassungsdebatten Ecuadors eingebracht wurde. *Buen vivir* greift auf indigene Wissensvorräte hauptsächlich aus den Anden zurück, die kommunitären und nichtkapitalistischen Ursprungs sind, und umreißt ein soziales und ökologisches Konzept des guten Lebens. Dieses liegt jenseits herkömmlicher Entwicklungskonzepte, die von einem linearen Fortschritt ausgehen, anthropozentrisch sind und auf Wirtschaftswachstum abzielen. Der Bruch mit dem Anthropozentrismus ermöglicht die Anerkennung von intrinsischen Werten der Natur und zielt auf die wechselseitige Abhängigkeit aller Lebewesen ab (Acosta 2015).

Andere Beispiele für Kosmologien, die ein Lösungspotenzial für viele Fragen sozialer und ökologischer Gerechtigkeit in sich tragen, sind Ecoswaraj oder Radikale Ökologische Demokratie aus Indien und das Konzept des Ubuntu aus Süd- und Ostafrika. Der Begriff Ecoswaraj umfasst eine selbstorganisierte Bewegung in Südindien, die von ärmeren Gemeinschaften getragen wird und auf ökologische Nachhaltigkeit, Suffizienz, das gute Leben, Gerechtigkeit sowie Direkte und Wirtschaftsdemokratie abzielt (vgl. alternativesindia.org). Ubuntu (häufig übersetzt mit Menschlichkeit) fand vor allem in Südafrika in der Zeit der Postapartheid Aufmerksamkeit. Es beruht auf einer relationalen Ontologie, nach der nicht nur Menschen stark miteinander verbunden sind, sondern auch Menschen mit nichtmenschlichen Wesen (Dübgen/Skupien 2015). Ubuntu als Menschlichkeit zeigt sich vor allem in Gastfreundschaft, Fürsorge, Respekt und gemeinschaftlichen Orientierungen, ähnlich dem europäischen Konzept der Konvivialität. Darüber hinaus werden Pflichten stärker betont als Rechte; man kann Ubuntu also als eine kommunitaristische Philosophie verstehen. In Südafrika spielte Ubuntu vor allem im Zuge des Versöhnungsprozesses eine Rolle, da es auf Vergebung abzielt und nicht auf Vergeltung. Im Bereich des Wirtschaftens gelten Suffizienz und Zufriedenheit als normative Maßstäbe.

Was diese Beispiele eint, ist ihr alternatives Verständnis bzw. eigentlich: ihre Ablehnung des Entwicklungskonzepts. Mit dem Begriff Entwicklung und seinen Spielarten wie Modernisierung oder heutzutage nachhaltige Entwicklung verbindet sich ein Fortschrittsversprechen. Die Welt wird mit diesen Begriffen unterteilt in einen Bereich der entwickelten oder modernen Gesellschaften und in jenen Bereich des globalen Südens, in dem die Gesellschaften als unterentwickelt oder traditional angesehen werden. Die europäischen und nordamerikanischen Gesellschaften sind das Modell, an dem sich die anderen Nationen zu orientieren haben. Die Schwerpunkte der Entwicklungspolitik wechseln: Mal steht die Schaffung von Märkten im Vordergrund, dann die Armutsbekämpfung oder die Entwicklung des Gesundheits- und Bildungssystems usw. Dabei geht es immer um Fortschritte im sozialen und ökonomischen Bereich. Insbesondere die Idee des Wirtschaftswachstums wird seit den 1950er Jahren in großer Kontinuität in einen engen Zusammenhang mit den Entwicklungschancen von Gesellschaften gesetzt.

In all diesen Varianten geht man davon aus, dass in den Beziehungen zwischen »entwickelten Ländern« und den »Entwicklungsländern« erstere den zweiten etwas Spezifisches geben, nämlich Entwicklung. »Entwicklung zu geben« ist mit einer Reihe von Abwertungen, Ungleichheiten und Spannungen verbunden (Karagiannis 2005). Entwicklungsbeziehungen sind durch die prinzipielle Ungleichheit zwischen den Gebenden und den Empfangenden charakterisiert, eine Umkehrung des Verhältnisses ist nicht vorgesehen. Dadurch wird eine Welt ungleicher Wertigkeiten geschaffen. Vorstellungen über die Modernität oder den Entwicklungsgrad von Gesellschaften korrespondieren mit Selbstcharakterisierungen von modern und fortschrittlich einerseits und unterentwickelt, defizitär und rückständig andererseits. In den letzten Jahren hat sich zwar die Entwicklungspolitik in Richtung eines ökonomischen Austauschs zwischen dem Norden und Süden entwickelt (»Entwicklungspolitik soll beiden Seiten nützen«), doch verbirgt sich dahinter zumeist nur ein ungleicher ökonomischer Tausch, der dem Norden einseitig zum Vorteil gereicht. In Reaktion auf diese internationale Konstellation des Gebens und Nehmens ist der Entwicklungsbegriff schon verschiedentlich in Frage gestellt worden.

Dabei gibt es Alternativen zum einen innerhalb des Entwicklungsparadigmas und zum anderen Alternativen zur Entwicklung. In den letzten Jahren wurde in Lateinamerika beispielsweise der Neoliberalismus innerhalb des Entwicklungsparadigmas deutlich kritisiert. Dem Marktradikalismus stellten linke Regierungen einen starken Staat und das Ziel der Armutsbekämpfung gegenüber. Alberto Acosta (2015: 192) bemerkt hierzu jedoch kritisch: »Nichtsdestotrotz ist auch ihre Politik vom Entwicklungsgedanken geprägt: Sie setzen auf eine Entwicklungsstrategie, die sich (wie einst der Kolonialismus) der Ausbeutung von Rohstoffen und Agrarland für den Export verschrieben hat – den sogenannten Extraktivismus des 21. Jahrhunderts.« In den 1970er Jahren kritisierte schon die Dependenztheorie das westliche Entwicklungs- und Modernisierungsverständnis. Unterentwicklung galt dabei nicht als historische Phase, auf die dann Entwicklung folgt, sondern als Konsequenz der Ausbeutung des Südens durch Kolonialismus und Kapitalismus. Obwohl diese heterodoxe, marxistisch inspirierte Sichtweise Grundaxiome des westlichen Entwicklungsmodells angriff, blieb sie zugleich einer Grundidee verhaftet, nämlich dass Entwicklung hauptsächlich durch ökonomisches Wachstum zu erreichen sei. Industrialisierung und eine effiziente Ausbeutung natürlicher Ressourcen galten auch hier als probate Mittel, um Entwicklungsprozesse zu initiieren.

Im Zuge der Debatten um den Bericht an den Club of Rome über die Grenzen des Wachstums (1972), der Diskussionen um die Erfordernisse ökologischer Nachhaltigkeit Ende der 1980er Jahre und später um den Klimawandel hat sich der Fokus seit den 1990er Jahren verschoben. Das Konzept der nachhaltigen

Entwicklung soll Ökologie und Ökonomie nun miteinander versöhnen. Dabei gilt die UNO-Konferenz über Umwelt und Entwicklung im Jahr 1992 in Rio de Janeiro als wichtiger Wendepunkt. In den Grundsätzen der Rio-Deklaration wurde erstmalig das Recht auf nachhaltige Entwicklung verankert. Man spricht seitdem auch zunehmend von einer »Green Economy«, von »Green Growth« oder einem »Green New Deal«. Die dahinterliegende Vorstellung lautet, dass sich durch zunehmende technische Effizienz ökonomisches Wachstum und Ressourcenverbrauch entkoppeln lassen – wofür es bislang keine Belege gibt (Jackson 2011). Der *trade off* zwischen ökonomischem Wachstum und der Erhaltung natürlicher Ressourcen sowie der Eindämmung des Klimawandels wird auf diese Weise systematisch ausgeblendet.

Dem gegenüber sind die oben genannten Konzepte wie *buen vivir* und *degrowth* Alternativen zum Entwicklungsparadigma selbst. Als Oberbegriff für diese Vorhaben bietet sich auch der des Post-Development an. Dabei bezieht man sich in diesem Diskurs auf Autoren wie Wolfgang Sachs, Gustavo Esteba und Arturo Escobar, die schon vor Jahrzehnten den Entwicklungsbegriff dekonstruiert und vor allem den darin enthaltenen linearen Fortschrittsgedanken kritisiert haben (Demaria/Kothari 2017). Es geht in den Praktiken und Diskursen des Post-Development um die Etablierung pluraler Modelle des guten Lebens, die sich vom westlichen Wachstumsmodell unterscheiden. Wie oben schon ausgeführt, gehören dazu relationale, nichtanthropozentrische Ontologien, die die Natur-Kultur-Spaltung ablehnen, lokale Praktiken nichtkapitalistischen Wirtschaftens und gemeinschaftsbezogene Vorstellungen des guten Lebens (Escobar 2011). Kritisiert werden auf diese Weise nicht nur die Entwicklungsmodelle des globalen Nordens, sondern ebenso sozialistische bzw. marxistische Entwicklungsvorstellungen (Gudynas 2013). Damit liegt hier eine grundsätzliche Kritik der Moderne vor, wie sie im globalen Norden ebenfalls von Vertreter/innen beispielsweise des Ökofeminismus, der Tiefenökologie, des Gaia- oder des Postwachstumsansatzes geübt wird.

Um die Beziehungen zwischen den Ländern des Nordens und des Südens auf eine neue konviviale Ebene zu bringen und den linearen Entwicklungsbegriff zu überwinden, brauchte es horizontale gleichberechtigte Beziehungen. Doch wie können solche Beziehungen in einer Welt postkolonialer Machtasymmetrien überhaupt etabliert werden? Wie kann das Ideal einer gemeinsamen Menschheit realisiert werden, wenn historisch einem Teil der Menschheit der Status des Menschlichen und damit jede Würde abgesprochen wurde? Anerkennung kultureller Vielfalt und formale Anerkennung der Würde aller reichen nicht, man muss die Machtmechanismen auflösen, die diese Ungleichbehandlungen immer wieder aufs Neue hervorbringen. Dies kann nur durch materielle Wiedergutmachungs- und politische Versöhnungsprozesse geschehen, lautet knapp die Antwort.

Die politische Theoretikerin Ina Kerner (2015) hat in Auseinandersetzung mit postkolonialen Theorien und dem Konvivialismus darauf hingewiesen, dass extraordinäre Gaben (vgl. Kapitel 5) einen Prozess der Vergebung und überhaupt der Herstellung einer Gemeinschaft von Gleichen einleiten können. Dies bedeutet nicht, von den Entwürdigten und Ausgebeuteten zu verlangen, dass sie nun auch noch denen verzeihen mögen, die ihnen Leid zugefügt haben. Die Bringschuld liegt auf der Seite des globalen Nordens. Schon der anti-koloniale revolutionäre Schriftsteller Frantz Fanon (1925–1961) hielt Reparationen für notwendig. Sie sind Bedingung für »einen doppelten Neuanfang: für einen ökonomischen Neuanfang der Postkolonien und für einen politischen Neuanfang im Nord-Süd-Verhältnis« (Kerner 2015: 235). Die materielle Wiedergutmachung bekräftigt zugleich moralisch, dass Unrecht stattgefunden hat und dass der Norden dem Süden etwas schuldet. Nur so lässt sich eine gemeinsame Welt herstellen, die beide Seiten auf gleicher Augenhöhe platziert. Am globalen Süden läge es dann zu entscheiden, ob das Angebot ökonomischer und moralischer Wiedergutmachung angenommen wird. Die Nehmerseite entscheidet schließlich darüber, ob eine paritätische Gabenbeziehung zustande kommt, in der beide Seiten Geber und Empfänger von Gaben sind. Nur so kann sich erst das konvivialistische Prinzip einer gemeinsamen Menschheit realisieren.

International müsste Europa also von der Logik der sogenannten Realpolitik abrücken. Die Rolle des Weltpolizisten, wie ihn die USA einmal spielte, kann und sollte die EU aus konvivialistischer Sicht nicht übernehmen, auch nicht an der Peripherie Europas. Doch wie könnte ein effektiver internationaler Kampf bspw. gegen den islamistischen Terrorismus aussehen, der am Ende mehr transnationale Konvivialität ermöglichen würde und nicht weniger? Diese Frage ist natürlich nicht leicht zu beantworten – aber als ersten Schritt gilt es, die westliche Strategie im Mittleren Osten der letzten 100 Jahre grundsätzlich auf den Prüfstand zu stellen und zu revidieren (vgl. Adloff 2016b). Dies besagt, dass der Westen zunächst einmal anerkennt, dass seine Politik in der Region vor allem auf Kolonialismus, Unterdrückung, willkürlichen Gunstbezeugungen und Grenzziehungen, Enteignungen von Bodenschätzen und Einflussnahme auf deren Förderung und Verteilung, Rüstungsaufträgen und einem permanenten Ringen um Einflusszonen beruht. Im Nahen Osten wurde die Moderne zumeist als Ausbeutung und Despotie erfahren. Nimmt man dies ernst, könnte man sich der beunruhigenden Frage stellen, warum »so viele Menschen sich vom Westen verletzt und gedemütigt fühlen und warum es für den Terrorismus infolgedessen ein offenbar unerschöpfliches Reservoir an Menschen gibt« (Bernd Ulrich in *Die ZEIT* vom 19.11.2015). Die (post)migrantische Realität vieler Jugendlicher in Frankreich, Belgien, aber auch Deutschland sieht alles andere als konvivial aus. Angesichts dieser täglich erlebten Unredlichkeit und auch mangels ideologischer Alternativen für produktive Formen des Zusammenlebens scheint manchen Jugendlichen dann der globale Dschihad die einzige ideologische Alternative darzustellen.

Eine neue, konviviale Politik etwa gegenüber den Ländern des Mittleren Ostens hätte also damit zu beginnen, die Geschichte dieser Regionen als verfehlte Kolonialgeschichte und verquere »Realpolitik« neu zu lesen, die vor allem auf dem Verstoß gegen die eigenen proklamierten Werte beruht. Konsequenterweise kann ein neues Kapitel westlicher Politik auch erst aufgeschlagen werden, wenn die ehemaligen Kolonialstaaten und imperialen Mächte öffentlichkeitswirksam ihre Schuld bekunden – für ihren Kolonialismus, ihren Rassismus, ihre Profitinteressen und herrschaftlichen Willkürakte. Solch eine Konvivialität zielt mit Reparationen darauf ab, unter Bedingungen der Dekolonisation tatsächlich allen Menschen Gleichheit zu garantieren. Bei diesen uns heute schwerlich vorstellbaren Prozessen ließe sich bspw. an Erfahrungen der Wahrheits- und Versöhnungskommission in Südafrika in den Jahren nach der Apartheid anknüpfen.

Diese Ausführungen zum globalen Nord-Süd-Verhältnis lassen sich auch auf die Verhältnisse in Europa übertragen. Nach der Finanzkrise von 2008 haben der IWF, die EZB und die Europäische Kommission als sogenannte Troika Griechenland als Gegenleistung für die dringend benötigte Hilfe radikale Reformen und Sparmaßnahmen aufgezwungen. Privatisierungen, Einschnitte bei Gehältern, Renten und in der medizinischen Versorgung wurden harsch durchgesetzt. Unabhängig von der Frage nach der ökonomischen Sinnhaftigkeit dieser Einschnitte kann diese Politik nur als eine Politik vollständiger Demütigung und Schuldknechtschaft interpretiert werden. Dem stünde eine Politik des Neuanfangs gegenüber, der auf einem Schuldenerlass für Griechenland gründen müsste (Leggewie 2015).

Auch auf die USA bezogen bietet es sich an, den Gabegedanken der Wiedergutmachung ins Spiel zu bringen. Die Ausrottung indigener Bevölkerungen sowie die Sklaverei bieten Anlass für heftigste Debatten. Während sich unter Trump der Rassismus verschärft, ist an der Einsicht festzuhalten, dass eigentlich nur über Reparationszahlungen ein Versöhnungsprozess in der amerikanischen Gesellschaft eingeleitet werden kann, wie jüngst der amerikanische Journalist Ta-Nehisi Coates (2016) eindrücklich formuliert hat.

Und Europa?

Diese Themen können hier nicht weiter vertieft werden, abschließend soll vielmehr ein kurzer Blick auf die innere und äußere Lage Europas geworfen werden. Denn schließlich steht angesichts der Krise Europas die Frage im Raum, was man sich unter einem konvivialen Europa vorstellen könnte. Vieles, was über den Ökonomismus und den Wachstumsglauben in vorherigen Kapiteln gesagt wurde, wäre auf Europa zu übertragen. Darüber hinaus wirft die Krise Europas die Frage auf, was Europa uns eigentlich bedeuten kann. Soll das Projekt Europas fortgesetzt und vertieft werden, oder sollte man eher den Nationalstaaten etwas von ihrer verlorengegangenen Souveränität zurückgeben? Letzteres fordern nicht nur Anhänger rechtspopulistischer Bewegungen und Parteien, sondern durchaus auch Verfechter eines linken Projekts – man denke an Mélenchon in Frankreich oder Wagenknecht und Lafontaine in Deutschland. Dies erscheint mir jedoch kein vernünftiger Weg zu sein – hier schließe ich mich dem französischen Philosophen Étienne Balibar an, der im Interview mit dem *Freitag* (vom 22.03.2018) sagt: »Die Linken, die die Nation zum Bollwerk gegen den Neoliberalismus machen, irren sich. Aber ich muss zugeben, dass meine Position genauso schwach ist wie ihre: Wir brauchen ein vereintes Europa, aber nicht so, wie es derzeit existiert.« Dieses andere Europa müsste postnational sein und braucht ein starkes parlamentarisches Gegengewicht zur europäischen Exekutive und Bürokratie. Das andere Europa muss zum sozialen Gedanken zurückfinden: Die Politik des Sozialabbaus und die neoliberale Deregulierung des Finanzkapitalismus müssen gestoppt werden. Es gilt, Wege hin zu einer solidarischen Ökonomie zu eröffnen, die sich aus dem Wachstumszwang befreit. Denn nur so ist dem tödlichen Wettlauf um die Wettbewerbsfähigkeit von Wirtschaftsregionen zu entkommen. Stattdessen kann dann gefragt werden, was Europa vom Süden zu lernen hat – vielleicht ja auch vom Süden Europas. Ziel müsste also sein, aus der Welt der Asymmetrien und konkurrenziellen Ausbeutungsbeziehungen auszusteigen.

Europa konnte sich eine Weile als das Zentrum der Welt betrachten. Dies ist nun vorbei – Europa ist provinzialisiert (Dipesh Chakrabarty). Statt auf eine neue mächtige Rolle in der Weltpolitik zu setzen, käme es darauf an, den europäischen Humanismus zu erweitern, um ihn dadurch zu retten. Man müsste wahre Egalität anstreben, zwischen den Menschen, den Nationen und zwischen Menschen und Natur. Denn wenn man sich fragt, warum man denn – jenseits des Ziels der ökonomischen Wohlstandswahrung – überhaupt für ein geeintes Europa sein sollte, wird klar, dass es nur um Folgendes gehen kann (vgl. Offe 2016: 87ff.): Die europäische Integration hat Frieden zwischen den europäischen Nationen gewährleistet und die Aggressivität des Nationalismus eingedämmt. Europa repräsentiert zudem ein Modell der sozialen Inklusion. Ein vereintes Europa könnte im Kontrast zu den USA außenpolitisch als normative Kraft auftreten, die auf *soft* statt auf *hard power* setzt. Und schließlich liegt in der Selbstkritik und der Verurteilung von Unrecht ein spezifisches Potenzial Europas, das nicht verschenkt werden sollte. Die blutige Geschichte Europas, von den Religionskriegen über die Kolonialherrschaft zu den Weltkriegen und dem Holocaust, hat Anlass zu kollektiven Lernprozessen gegeben, die auf postnationale Dispositionen in vielen Teilen der europäischen Bevölkerung hinauslaufen und unbedingt fortgesetzt werden sollten. Es geht also um die Vision eines Europas, das aus Kolonialismus und letztlich auch aus dem Kapitalismus aussteigt und eine Gesellschaft der Konvivialität, also gewissermaßen der Fürsorge anvisiert.

Das Problem jedoch ist: Wir finden nur wenige progressive zivilgesellschaftliche Akteure, die dezidiert auf der europäischen Ebene agieren. Viele Bewegungen sind aktuell regional und lokal orientiert (Regionale Ökonomie, Solidarische Landwirtschaft etc.) oder sie richten sich national oder global aus. Sie entfalten jedoch kaum eine europapolitische Kraft. Europa wäre jedoch auch zu denken als eine realistische Kompromissformel: Zwar muss es linken Positionen immer auch um Gerechtigkeit weltweit gehen. Dies schulden wir dem normativen Prinzip der gemeinsamen Menschheit, breiter gewendet: der Verantwortung für das Leben auf der Erde. Doch suchen Menschen als soziale Wesen immer auch nach Zusammengehörigkeit und Gemeinschaft. Deshalb brauchen wir ein Europa der Konvivialität, das ein Recht auf Entwurzelung, aber auch auf Verwurzelung kennt. Ein Europa, das Verwurzelung jedoch nicht länger in aggressiver Abgrenzung von anderen und auf Kosten anderer versteht.

Kommen wir noch einmal auf Marcel Mauss zurück: In seinem Buch über die Nation, an dem er in den 1920er Jahren arbeitete, stellt Mauss zu Recht die soziologische Einsicht heraus, dass die Identität einer jeden Gruppe kein fixiertes Etwas ist. Vielmehr hängen Gruppenidentitäten vom Austausch mit anderen Gruppen ab, dabei macht es einen enormen Unterschied, ob Gruppen in feindlichen und Konkurrenzbeziehungen zueinander stehen oder ob sie miteinander kooperieren. Nationen wurden ja historisch auch hergestellt – von unten durch nationale Bewegungen, vor allem aber von oben durch staatliche Maßnahmen der Schulpflicht, der Wehrpflicht, der sprachlichen Homogenisierung usw. Wenn nun Kooperationsbezüge etabliert werden, die den nationalstaatlichen Rahmen verlassen und nicht allein auf privatwirtschaftlicher, also konkurrenzieller Interessenverfolgung beruhen, dann kann durch eine solche Form sozialer Arbeitsteilung der Kooperationswille internationale Dimensionen annehmen. Mauss war der Auffassung, dass unter Bedingungen der Gleichheit zunächst innerhalb von Nationen eine Form von Sozialismus erwachsen kann, der danach über die Kooperation über Nationsgrenzen hinweg auch zwischen Nationen entstehen könne. Wechselseitige Abhängigkeiten, die nicht allein auf Machtasymmetrien und Konkurrenz beruhen, vermögen also Identitätsgrenzen positiv zu öffnen. Sie pazifizieren soziale Beziehungen. Die Idee der Nation ist für Mauss gleichbedeutend mit wechselseitigen ökonomischen und sozialen Abhängigkeiten, die demokratisch kontrolliert werden.

Nicht umsonst erinnern diese Ausführungen an die Gabe. Auch Europa müsste man sich als ein Geflecht wechselseitiger Gabenbeziehungen vorstellen können. Solche konvivialen Verbindungen wären postnational und zugleich nicht dünn und leer, wie kommunitaristische Positionen befürchten würden. Sich verbinden, ohne essenziellen Identitätskategorien anzuhängen. Solche Verbindungen schaffen neue Identitäten jenseits von Nationalismus oder Ethnozentrismus. Lassen wir Mauss abschließend mit einigem Pathos selbst zu Wort kommen: »Die bewusste, organische Solidarität [Solidarität über wechselseitige Abhängigkeiten, F.A.] zwischen den Nationen, die Arbeitsteilung zwischen ihnen je nach Bodenbeschaffenheit, Klima und Bevölkerung werden letztendlich um sie herum eine friedliche Atmosphäre schaffen, in der sie ihr Leben in vollen Zügen auskosten können. Sie werden also auf die kollektiven Individualitäten dieselbe Auswirkung haben, wie sie sie auf die einzelnen Personen in den Nationen gehabt haben: Sie sorgen für deren Freiheit, Einzigartigkeit und Größe« (Mauss 2017: 348).

Ob dieses Europa eine Republik darstellt, ein Europa der Städte und Regionen, wie aktuell vernehmlich von Ulrike Guérot (2017) gefordert wird, sei dahingestellt. Klar ist: Die politische und ökonomische Dominanz Deutschlands lähmt jegliche Reformbemühungen Europas und treibt die EU auseinander. Schäubles Politik der schwarzen Null hat die Europäische Union in Nord und Süd gespalten. Unverkennbar ist deshalb leider nur, wer ein anderes Europa *nicht* wird herbeiführen können: nicht die deutsche Bundesregierung, nicht re-nationalisierte Regierungen der Mitgliedsstaaten, europafeindliche rechtspopulistische (aber auch linke) Bewegungen und Parteien, die Technokraten der Europäischen Kommission, die EZB, der Europäische Rat (Offe 2016: 16). Die Dinge, die getan werden sollten und die in diesem Buch gefordert werden, sind utopisch und innerhalb der EU und den Mitgliedsstaaten aktuell hochgradig unpopulär. Es müssen also ganz neue Einstellungen und Werte geprägt werden, und zwar von zivilgesellschaftlichen Gruppen und sozialen Bewegungen, die nicht nur lokal reale Utopien aufbauen, sondern sich grenzüberschreitend in Europa vernetzen. Die Arbeit an der Gegenhegemonie beginnt gerade erst. Diese Gegenhegemonie müsste nach meinem Dafürhalten auf ein konviviales Europa als Vermittlungsinstanz setzen, da ein Kosmopolitismus erstens nicht erreichbar und zweitens auch nicht im Sinne des Pluriversalismus normativ wünschenswert wäre. Europa könnte ein konviviales Experiment im Rahmen einer großen Transformation hin zu einem ökologischen und dekolonialen Postkapitalismus darstellen. Mittelfristig brauchen wir den Ausstieg aus dem neoliberalen und individualistischen Wettbewerbsdenken, aus Utilitarismus und Ökonomie – sowie eine Gegenhegemonie der Konvivialität.

Anmerkungen

1 Spätere Forschungen haben gezeigt, dass der extreme Potlatsch, wie ihn Boas für die kanadischen Indianer beschrieb, hauptsächlich das Produkt kolonialer Verwerfungen war (vgl. die Analysen in Godelier 1999: Kap. I).

2 Auch Max Weber (1972: 214) betont, dass der »hauskommunistische Grundsatz«, dass nicht abgerechnet werde, bis heute in Familien fortlebt.

3 In der neueren Psychoanalyse geht man davon aus, dass Erwachsene ihre Beziehungen so reinszenieren, wie sie es gemäß ihrer frühkindlichen Muster der Affektabstimmung gelernt haben.

4 Interessanterweise machte Keynes etwa zur gleichen Zeit einen ähnlichen Vorschlag wie Mauss, vgl. Cedrini und Marchionatti 2013.

5 Die dezidiert herrschaftsskeptischen Prinzipien der Genossenschaft wurden in der Soziologie nie ernsthaft und ausführlich diskutiert. Der Begriff der Genossenschaft gehört schon lange nicht mehr zum Grundbestand soziologischer Kategorien. An diesen Entwicklungen ist maßgeblich Max Weber beteiligt gewesen, der sich nur für Herrschaftsverhältnisse interessierte und Bestrebungen nach Demokratisierung von Herrschaft für aussichtslos oder gar lächerlich hielt. Sein Denken kreist allein um Phänomene der Machtsteigerung und -erhaltung (vgl. Hettlage 1981).

6 Diese These Polanyis wird nach der Finanzkrise von 2008 wieder vertreten. Wolfgang Streeck (2015) z.B. meint, dass es keine gesellschaftlichen Gegengewichte (etwa sozialpolitischer Art) mehr gibt, die der Warenlogik und damit der Akkumulationslogik des Kapitals entgegenstehen könnten. Dies könne der Kapitalismus nicht verkraften, da er auf Widerlager der Nicht-Warenförmigkeit angewiesen sei. Somit stehe sein Untergang bevor.

7 Für Marx sind ökonomische Werte historisch immer schon auf den Wert der Arbeit zurückzuführen. Auch in den Gesellschaften, in denen man noch keine Waren getauscht hat, soll es schon den Wert der Arbeit gegeben haben. Dagegen ist einzuwenden, dass der Wert der Ware Arbeitskraft eine Konstruktion des Kapitalismus selbst ist. Zur Kritik an Marx' ahistorischer Metaphysik des Werts vgl. Castoriadis 2014b.

8 Jane I. Guyer (2004) hat ethnographische Studien in Kamerun und Nigeria durchgeführt, die das »Mixen« von Quantität und Qualität im Gebrauch von verschiedenen westlichen und nichtwestlichen Währungen aufzeigen. Ihre Studien aktualisieren Bohannans Ansatz und unterlaufen ebenfalls überkommene Dichotomien zwischen vormodernen und modernen Geldern und zwischen lokalen und globalen Währungen.

9 Es gibt mittlerweile unzählige Interpretationen und Kommentare zum Werk Max Webers. Als Einführung und profunder Überblick eignet sich Müller (2007) besonders gut. Eine Auswahl an Texten Webers findet sich in Weber (2002).

10 Im Folgenden greife ich auf Überlegungen und wörtliche Passagen zurück, die sich in einem schon publizierten Aufsatz (Adloff/Rotkopf 2017) finden.

11 Zu der Frage, warum es nicht nur ein moralisches Problem zu großer Armut gibt, sondern auch eines zu großen Reichtums, vgl. das wegweisende Buch des Philosophen Christian Neuhäußer (2018). Neuhäußer erklärt, warum zu großer Reichtum die Möglichkeit verletzt, in Würde zusammenzuleben. Man muss daher klare Grenzen für soziale Ungleichheiten ziehen, nach unten wie nach oben.

Literaturverzeichnis

Acksel, Britta et al. (2015): Commoning. Zur Konstruktion einer konvivialen Gesellschaft. In: Frank Adloff/Volker Heins (Hg.): Konvivialismus. Eine Debatte. Bielefeld: transcript, S. 133-145.

Acosta, Alberto (2015): Vom guten Leben. Der Ausweg aus der Entwicklungsideologie. In: Blätter für deutsche und internationale Politik (Hg.): Mehr geht nicht! Der Postwachstums-Reader: Berlin: Edition Blätter, S. 191-197.

Adloff, Frank (2005): Zivilgesellschaft. Theorie und politische Praxis. Frankfurt/New York: Campus.

Adloff, Frank (2016a): Gifts of Cooperation, Mauss and Pragmatism. London: Routledge.

Adloff, Frank (2016b): Konvivialismus – jetzt erst recht? Berliner Debatte Initial 27, Heft 1, S. 108-112.

Adloff, Frank/Alexander Antony/Gerd Sebald (Hg., 2016): Handlungs- und Interaktionskrisen. Theoretische und empirische mikrosoziologische Perspektiven. Sonderband der Österreichischen Zeitschrift für Soziologie. VS Verlag.

Adloff, Frank/Sebastian M. Büttner (2014): Kultur versus Sozialstruktur: Einführung. In: Frank Adloff et al. (Hg.): Kultursoziologie. Klassische Texte – Aktuelle Debatten. Frankfurt/New York: Campus, S. 23-34.

Adloff, Frank/Katharina Gerund/David Kaldewey (Hg., 2015): Revealing Tacit Knowledge: Embodiment and Explication. Bielefeld: transcript.

Adloff, Frank/Jürgen Kocka (Hg., 2016): Kapitalismus und Zivilgesellschaft. Forschungsjournal Soziale Bewegungen 29 (3).

Adloff, Frank/Marie Rotkopf (2017): Unregierbar sein. Poetische Kraft oder die unmögliche Rezeption des Unsichtbaren Komitees in Deutschland. Mittelweg 36 (6/2017), S. 75-90.

Adloff, Frank/Steffen Sigmund (2005): Die *gift economy* moderner Gesellschaften – Zur Soziologie der Philanthropie. In: Frank Adloff/Steffen Mau (Hg.): Vom Geben und Nehmen. Zur Soziologie der Reziprozität. Frankfurt/New York: Campus, S. 211-235.

Axelrod, Robert (1984): The Evolution of Cooperation. New York: Basic Books.

Baier, Andrea et al. (Hg., 2016): Die Welt reparieren. Open Source und Selbermachen als postkapitalistische Praxis. Bielefeld: transcript.

Barad, Karen (2012): Agentieller Realismus. Berlin: Suhrkamp.

Barth, Thomas/Tilman Reitz (2016): Strukturprobleme der Krisenbewältigung: Weshalb Wachstumskritik vom Kapitalismus nicht schweigen sollte. In: AK Postwachstum (Hg.): Wachstum – Krise und Kritik. Die Grenzen der kapitalistisch-industriellen Lebensweise. Frankfurt/New York: Campus, S. 39-59.

Beck, Ulrich (1986): Risikogesellschaft. Frankfurt a.M.: Suhrkamp.

Beckert, Jens (2014): Die sittliche Einbettung der Wirtschaft. Von der Effizienz- und Differenzierungstheorie zu einer Theorie wirtschaftlicher Felder. In: Lisa Herzog/Axel Honneth (Hg.): Der Wert des Marktes. Ein ökonomisch-philosophischer Diskurs vom 18. Jahrhundert bis zur Gegenwart. Berlin: Suhrkamp, S. 548-576.

Beckert, Jens (2018): Imaginierte Zukunft: Fiktionale Erwartungen und die Dynamik des Kapitalismus. Berlin: Suhrkamp.

Bedorf, Thomas (2010): Verkennende Anerkennung. Berlin: Suhrkamp.

Belk, Russell (2009): Sharing. Journal of Consumer Research 36, S. 715-34.

Bellah, Robert N. (1987): Gewohnheiten des Herzens. Individualismus und Gemeinsinn in der amerikanischen Gesellschaft. Köln: Bund.

Ben-Ze'ev, Aaron (2009): Die Logik der Gefühle. Kritik der emotionalen Intelligenz. Frankfurt a.M.: edition unseld.

Berking, Helmuth (1996): Schenken. Zur Anthropologie des Gebens. Frankfurt/New York: Campus.

Bernstein, Richard J. (2010): John Dewey's Vision of Radical Democracy. In: Ders.: The Pragmatic Turn. Cambridge, UK: Polity Press, S. 70-88.

Blau, Peter (1964): Exchange and Power in Social Life. New York: Wiley.

Blau, Peter (2005): Sozialer Austausch. In: Frank Adloff/Steffen Mau (Hg.): Vom Geben und Nehmen. Zur Soziologie der Reziprozität. Frankfurt/New York: Campus, S. 125-137.

Blühdorn, Ingolfur (2016): Das Postdemokratische Diskursquartett. Kommunikative Praxis in der simulativen Demokratie. In: Oliver Decker/ Dennis Eversberg (Hg.): Postwachstumsgesellschaft – Subjektivität – Demokratie, Psychosozial 39 (1), S. 51-68.

Bohannan, Paul (1955): Some Principles of Exchange and Investment among the Tiv of Central Nigeria. American Anthropologist 57, S. 60-70.

Böhme, Hartmut (2017): Aussichten der Natur. Berlin: Matthes & Seitz.

Boisvert, Raymond D. (2010): Convivialism: A Philosophical Manifesto. The Pluralist 5 (2), S. 57-68.

Booth, William J. (1994): On the Idea of the Moral Economy. The American Political Science Review 88 (3), S. 653-667.

Bourdieu, Pierre (1987): Sozialer Sinn. Kritik der theoretischen Vernunft. Frankfurt a.M.: Suhrkamp.

Bourdieu, Pierre (1998): Praktische Vernunft. Zur Theorie des Handelns. Frankfurt a.M.: Suhrkamp.

Bowles, Samuel (2006): Group Competition, Reproductive Leveling, and the Evolution of Human Altruism. Science 314 (5805), S. 1569-1572.

Braidotti, Rosi (2014): Posthumanismus. Leben jenseits des Menschen. Frankfurt/New York: Campus.

Brand, Ulrich/Markus Wissen (2017): Imperiale Lebensweise: Zur Ausbeutung von Mensch und Natur in Zeiten des globalen Kapitalismus. München: Oekom.

Caillé, Alain (2008 [2000]): Anthropologie der Gabe. Frankfurt/New York: Campus.

Caillé, Alain (2009): Anerkennung und Gabe. Journal Phänomenologie 31, S. 32-43.

Caillé, Alain (2011): Pour un manifeste du convivialisme. Lormont: Le Bord de l'eau.

Caillé, Alain (2014): Anti-utilitarisme et paradigme du don. Pour quoi? Lormont: Le Bord de L'eau.

Caillé, Alain (2015): La sociologie malgré tout. Autres fragments d'une sociologie générale. Paris: Presse universitaire Paris Ouest.

Caillé, Alain/Philippe Chanial/Fabrice Flipo (2013): Que donne la nature? L'ecologie par le don. Revue du MAUSS semestrielle 42, S. 5-23.

Caillé, Alain/Marc Humbert/Serge Latouche/Patrick Viveret (2011): De la convivialité. Dialogues sur la société conviviale à venir. Paris: Éditions La Découverte.

Caillé, Alain & Les Convivialistes (2016): Éléments d'une politique convivialiste. Lormont: Le Bord de L'eau.

Callon, Michel (Hg., 1998). The Laws of the Markets. London: Blackwell Publishers.

Callon, Michel (2007): An Essay on the Growing Contribution of Economic Markets to the Proliferation of the Social. Theory, Culture & Society 24 (7-8), S. 139-163.

Caputo, John D./Michael J. Scanlon (Hg., 1999): God, the Gift, and Postmodernism. Bloomington: Indiana University Press.

Carrier, James (1991): Gifts, Commodities, and Social Relations: A Maussian View of Exchange. Sociological Forum 6 (1), S. 119-136.

Carrier, James (1992): The Gift in Theory and Practice in Melanesia: A Note on the Centrality of Gift Exchange. Ethnology 31 (2), S. 185-193.

Castoriadis, Cornelius (1984 [1975]): Gesellschaft als imaginäre Institution. Entwurf einer politischen Philosophie. Frankfurt a.M.: Suhrkamp.

Castoriadis, Cornelius (2014a [1981]): Von der Ökologie zur Autonomie. In: Ders.: Kapitalismus als imaginäre Institution. Schriften Bd. 6. Lich: Edition AV, S. 297-313.

Castoriadis, Cornelius (2014b [1981]): Wert, Gleichheit, Gerechtigkeit, Politik. Von Marx zu Aristoteles und von Aristoteles zu uns. In: Ders.: Kapitalismus als imaginäre Institution. Schriften Bd. 6. Lich: Edition AV, S. 167-247.

Castoriadis, Cornelius (2014c [1981]): Die »Rationalität« des Kapitalismus. In: Ders.: Kapitalismus als imaginäre Institution. Schriften Bd. 6. Lich: Edition AV, S. 317-344.

Cedrini, Mario A./Roberto Marchionatti (2013): On the Theoretical and Practical Relevance of the Concept of Gift to the Development of a Non-Imperialist Economics. CESMEP Working paper 3.

Chanial, Philippe (2002): La démocratie est-elle naturelle? Sur l'humanisme démocratique de C. Cooley et J. Dewey. Revue du MAUSS 19, S. 80-96.

Chanial, Philippe (2013): La nature donne-t-elle pour le bon? L'ethique de la Terre vue du don. Revue du MAUSS semestrielle 42, S. 63-76.

Clark, Stephen R. L. (1997): Gaia und die Formen des Lebens. In: Angelika Krebs (Hg.): Naturethik. Grundtexte der gegenwärtigen tier- und ökoethischen Diskussion. Frankfurt a.M.: Suhrkamp, S. 144-164.

Coates, Ta-Nehisi (2016): Zwischen mir und der Welt. Berlin: Hanser.

Collins, Randall (1981): Micro-Translation as a Theory-Building Strategy. In: Karin Knorr-Cetina/Aaron V. Cicourel (Hg.): Advances in Social Theory and Methodology. Toward an Integration of Micro- and Macro-Sociologies. Boston: Routledge & Kegan Paul, S. 81-108.

Collins, Randall (2004): Interaction Ritual Chains. Princeton: Princeton University Press.

Collins, Randall (2011): Dynamik der Gewalt. Eine mikrosoziologische Theorie. Hamburg: Hamburger Edition.

Därmann, Iris (2009): Wie man wird, was man gibt. Marcel Mauss und die Erkenntlichkeit der Gabe. Journal Phänomenologie 31, S. 20-31.

Dawson, Ashley (2016): Extinction. A Radical History. New York: OR Books.

Degens, Philipp (2013): Alternative Geldkonzepte – ein Literaturbericht. MPIfG Discussion Paper 13 (1).

Degens, Philipp (2016): Anderes Geld – anders Wirtschaften? Unternehmen und Regiogeld. In: Frank Adloff/Jürgen Kocka (Hg.): Kapitalismus und Zivilgesellschaft. Forschungsjournal Soziale Bewegungen 29 (3), S. 98-109.

Demaria, Federico/Ashish Kothari (2017): The Post-Development Dictionary agenda: paths to the pluriverse. Third World Quarterly 38, Nr. 12, S. 2588-2599.

Derrida, Jacques (1993): Falschgeld. Zeit geben I. München: Wilhelm Fink Verlag.

Descola, Philippe (2011): Jenseits von Natur und Kultur. Berlin: Suhrkamp.

Descola, Philippe (2014): Die Ökologie der Anderen. Berlin: Matthes & Seitz.

Dewey, John (1988 [1934]): Kunst als Erfahrung: Frankfurt a.M.: Suhrkamp.

Dewey, John (1996 [1927]): Die Öffentlichkeit und ihre Probleme. Bodenheim: Philo.

Dewey, John (2004a [1939]): Theorie der Wertschätzung. In: Ders.: Erfahrung, Erkenntnis und Wert. Frankfurt a.M.: Suhrkamp, S. 293-361.

Dewey, John (2004b [1917]): Die Notwendigkeit einer Selbsterneuerung der Philosophie. In: Ders.: Erfahrung, Erkenntnis und Wert. Frankfurt a.M.: Suhrkamp, S. 145-195.

Dewey, John (2007 [1925]): Erfahrung und Natur. Frankfurt a.M.: Suhrkamp.

Dewey, John/James H. Tufts (1932): Ethics. New York: Holt.

Dodd, Nigel (2014): The Social Life of Money. Princeton: Princeton University Press.

Donahue, Thomas J. (2010): Anthropocentrism and the Argument from Gaia Theory. Ethics & Environment 15 (2), S. 51-77.

Dooren, Thom van/Eben Kirksey/Ursula Münster (2016): Multispecies Studies. Cultivating Arts of Attentiveness. Environmental Humanities 8 (1), S. 1-23.

Dornes, Martin (1993): Der kompetente Säugling. Die präverbale Entwicklung des Menschen. Frankfurt a.M.: Fischer.

Douglas, Mary (1990): Foreword: No free gifts. In: Marcel Mauss: The Gift: The Form and Reason for Exchange in Archaic Societies. London: W.W Norton, S. vi–xviii.

Downing, George (2005): Emotion, Body, and Parent-Infant Interaction.

In: Jacqueline Nadel/Darwin Muir (Hg.): Emotional Development. Recent Research Advances. Oxford: Oxford University Press, S. 429-449.
Downing, George (2006): Frühkindlicher Affektaustausch und dessen Beziehung zum Körper. In: Gustl Marlock/Halko Weiss (Hg.): Handbuch der Körperpsychotherapie. Stuttgart: Schattaucer, S. 333-350.
Dübgen, Franziska/Stefan Skupien (2015): Das Politische in der Afrikanischen Philosophie. In: Dies. (Hg.): Afrikanische politische Philosophie. Postkoloniale Positionen. Berlin: Suhrkamp, S. 9-52.
Durkheim, Émile (1981 [1912]): Die elementaren Formen des religiösen Lebens. Frankfurt a.M.: Suhrkamp.
Durkheim, Émile (1983 [1897]): Der Selbstmord. Frankfurt a.M.: Suhrkamp.
Durkheim, Émile (1988 [1893]): Über soziale Arbeitsteilung. Studie über die Organisation höherer Gesellschaften. Frankfurt a.M.: Suhrkamp.
Elder-Vass, Dave (2018): Profit und Gabe in der digitalen Ökonomie. Hamburg: Hamburger Edition.
Elsen, Susanne/Heike Walk (2016): Genossenschaften und Zivilgesellschaft. Historische Dynamiken und zukunftsfähige Potenziale einer öko-sozialen Transformation. In: Frank Adloff/Jürgen Kocka (Hg.): Kapitalismus und Zivilgesellschaft. Forschungsjournal Soziale Bewegungen 29 (3), S. 60-72.
Escobar, Arturo (2011): Sustainability: Design for the Pluriverse. Development 54, Nr. 2, S. 137-140.
Escobar, Arturo (2015): Commons im Pluriversum. In: Silke Helfrich/David Bollier/Heinrich-Böll-Stiftung (Hg.): Die Welt der Commons. Muster des gemeinsamen Handelns. Bielefeld: transcript, S. 334-345.
Esposito, Elena (2007): Die Fiktion der wahrscheinlichen Realität. Frankfurt a.M.: Suhrkamp.
Feenberg, Andrew (2013): L'anthropologie et la question de la Nature. Réflexions sur *L'Écologie des autres*, de Philippe Descola. Revue du MAUSS semestrielle 42, S.85-98.
Fehr, Ernst/Herbert Gintis (2007): Human Motivation and Social Cooperation: Experimental and Analytical Foundations. Annual Review of Sociology 33, S. 43-64.
Fehr, Ernst/Klaus M. Schmidt (1997): A Theory of Fairness, Competition, and Cooperation. Institute for Empirical Research in Economics: University of Zürich.
Felber, Christian (2012): Die Gemeinwohlökonomie. Das Wirtschaftsmodell der Zukunft. Wien: Deuticke.

Fligstein, Neil/Luke Dauter (2007): The Sociology of Markets. Annual Review of Sociology 33, S. 105-128.

Fluck, Winfried (1997): Das kulturelle Imaginäre. Eine Funktionsgeschichte des amerikanischen Romans 1790–1900. Frankfurt a.M.: Suhrkamp.

Fourcade, Marion/Kieran Healy (2007): Moral Views of Market Society. Annual Review of Sociology 33, S. 286-311.

Fournier, Marcel (2006): Marcel Mauss. A Biography. Princeton: Princeton University Press.

Fuchs, Thoma (2008): Das Gehirn – ein Beziehungsorgan. Eine phänomenologisch-ökologische Konzeption. Stuttgart: Kohlhammer.

Gallagher, Shaun (2005): How the Body Shapes the Mind. Oxford: Oxford University Press.

Gallagher, Shaun/Daniel D. Hutto (2008): Understanding others through Primary Interaction and Narrative Practice. In: Jordan Zlatev et al. (Hg.): The Shared Mind. Perspectives on Intersubjectivity. Amsterdam: John Benjamins, S. 17-38.

Ganßmann, Heiner (2012): Doing Money. Elementary Monetary Theory from a Sociological Standpoint. Milton Park: Routledge.

Garfinkel, Harold (1967): Studies in Ethnomethodology. Englewood Cliffs, N.J.: Prentice-Hall.

Gibson, Katherine/Deborah B. Rose/Ruth Fincher (Hg., 2015): Manifesto for Living in the Anthropocene. Brooklyn, NY: Punctum Books.

Gibson-Graham, J.K. (2014): Rethinking the Economy with Thick Description and Weak Theory. Current Anthropology 55 (9), S. 147-153.

Godbout, Jacques T. (1994): L'état d'endettement mutuel. La Revue du MAUSS semestrielle 4, S. 205-219.

Godbout, Jacques T. (1998): The World of the Gift. Montreal: McGill-Queen's Univ. Press.

Godbout, Jacques T./Johanne Charbonneau (1993): La dette positive dans le lien familial. La Revue du MAUSS semestrielle 1, S. 235-256.

Godelier, Maurice (1999): Das Rätsel der Gabe. Geld, Geschenke, heilige Objekte. München: C.H. Beck.

Goffman, Erving (1973): Asyle. Über die soziale Situation psychiatrischer Patienten und anderer Insassen. Frankfurt a.M.: Suhrkamp.

Gouldner, Alvin W. (1984): Reziprozität und Autonomie. Ausgewählte Aufsätze. Frankfurt a.M.: Suhrkamp.

Graeber, David (2012a): Schulden. Die ersten 5000 Jahre. Stuttgart: Klett-Cotta.

Graeber, David (2012b): Die falsche Münze unserer Träume. Wert, Tausch und menschliches Handeln. Zürich: diaphanes.

Graeber, David (2013): It is Value that Brings Universes into Being. HAU: Journal of Ethnographic Theory 3 (2), S. 219-43.
Gregory, Chris A. (1982): Gifts and Commodities. London: Academic Press.
Gudynas, Eduardo (2013): Debates on Development and Its Alternatives in Latin America: A Brief Heterodox Guide. In: Dunia Mokrani (Hg.): Beyond Development: Alternative Visions from Latin America. Quito-Ecuador: Transnational Institute & Rosa Luxemburg Stiftung.
Guérot, Ulrike (2017): Warum Europa eine Republik werden muss. Eine politische Utopie. München: Piper.
Guyer, Jane I. (2004): Marginal Gains. Monetary Transactions in Atlantic Africa. Chicago: University of Chicago Press.
Habermann, Friederike (2016): Ecommony. UmCare zum Miteinander. Sulzbach: Ulrike Helmer Verlag.
Habermas, Jürgen (1969): Technik und Wissenschaft als ›Ideologie‹. Frankfurt a. M.: Suhrkamp.
Habermas, Jürgen (1981): Theorie des kommunikativen Handelns. 2 Bde. Frankfurt a. M.: Suhrkamp.
Habermas, Jürgen (1992): Faktizität und Geltung. Frankfurt/M.: Suhrkamp.
Habermas, Jürgen (1997): Die Herausforderung der ökologischen Ethik für eine anthropozentrisch ansetzende Konzeption. In: Angelika Krebs (Hg.): Naturethik. Grundtexte der gegenwärtigen tier- und ökoethischen Diskussion. Frankfurt a. M.: Suhrkamp, S. 92-99.
Habermas, Jürgen (2010): Das utopische Gefälle. Das Konzept der Menschenwürde und die realistische Utopie der Menschenrechte. Blätter für deutsche und internationale Politik 8/2010, S. 43-53.
Habermas, Jürgen (2012): Nachmetaphysisches Denken II. Aufsätze und Repliken. Berlin: Suhrkamp.
Hann, Chris/Keith Hart (2011): Economic Anthropology. History, Ethnography, Critique. Cambridge: Polity.
Haraway, Donna (2015): Anthropocene, Capitalocene, Plantationocene, Chthulucene: Making Kin. Environmental Humanities 6 (1), S. 159-165.
Hardin, Garrett (1968): The Tragedy of the Commons. Science, New Series 162 (3859), S. 1243-1248.
Hart, Keith (1986): Heads or Tails? Two Sides of the Coin. Man, New Series 21 (4), S. 637-656.
Hart, Keith (2005): Notes towards an Anthropology of Money. Kritikos 2.
Hart, Keith (2007): Marcel Mauss: In Pursuit of the Whole. A Review

Essay. Comparative Studies in Society and History 49 (2), S. 473-485.
Hart, Keith (2013): Prospects for the Anthropology of Money and Finance. Download from the ›The Memory Bank‹, www.thememorybank.co.uk, Zugriff am 07.01.2014.
Hart, Keith (2014): Marcel Mauss's Economic Vision, 1920–1925: Anthropology, Politics Journalism. Journal of Classical Sociology 14 (1), S. 34-44.
Hartmann, Martin (2003): Die Kreativität der Gewohnheit. Grundzüge einer pragmatistischen Demokratietheorie. Frankfurt/New York: Campus.
Harvey, David (2014): Seventeen Contradictions and the End of Capitalism. London: Profile Books.
Hasecke, Jan U. (2016): Soziale Plastik. Die Kunst der Allmende. Wroclaw: amazon.
Hay, Colin/Anthony Payne (2015): Civic Capitalism. Cambridge, UK: Polity Press.
Healy, Kieran (2000): Embedded Altruism: Blood Collection Regimes and the European Union's Donor Population. American Journal of Sociology 105 (6), S. 1633-1657.
Healy, Kieran (2004): Altruism as an Organizational Problem: The Case of Organ Procurement. American Sociological Review 69 (3), S. 387-404.
Heil, Timann (2015): Conviviality. (Re)negotiating minimal consensus. In: Steven Vertovec (Hg.): Routledge international handbook of diversity studies. London: Routledge, S. 317-324.
Hénaff, Marcel (2009): Der Preis der Wahrheit. Gabe, Geld und Philosophie. Frankfurt a.M.: Suhrkamp.
Hénaff, Marcel (2014): Die Gabe der Philosophen. Gegenseitigkeit neu denken. Bielefeld: transcript.
Henrich, Joseph et al. (2005): ›Economic man‹ in cross-cultural perspective: Behavioral experiments in 15 small-scale societies. Behavioral and Brain Sciences 28 (6), S. 1-61.
Hentschel, Ingrid (2018): Der Modus der Gabe in Kunst, Theater und Performance. In: Michael Bies/Sebastian Giacovelli/Andreas Langenohl (Hg.): Gabe und Tausch. Zeitlichkeit, Aisthetik, Ästhetik. Hannover: Wehrhahn, S. 105-126.
Hentschel, Ingrid/Una H. Moehrke/Klaus Hoffmann (Hg., 2011): Im Modus der Gabe. Theater, Kunst, Performance in der Gegenwart. Bielefeld: Kerber Verlag.

Herrmann, Gretchen (1997): Gift or Commodity: What Changes Hands in the U.S. Garage Sale? American Anthropologist 24 (4), S. 910-930.

Herrmann, Ulrike (2017): Aus der Krise nichts gelernt. Die Mythen der Mainstream-Ökonomie. Blätter für deutsche und internationale Politik 1/2017, S. 71-82.

Hettlage, Robert (1981): Genossenschaftssoziologie. Ein verdrängter Ansatz wirtschaftssoziologischer Forschung. Zeitschrift für das gesamte Genossenschaftswesen 31 (1), S. 279-295.

Hickel, Jason (2018): Die Tyrannei des Wachstums. Wie globale Ungleichheit die Welt spaltet und was dagegen zu tun ist. München: dtv.

Hirschauer, Stefan (2014): Intersituativität. Teleinteraktionen und Koaktivitäten jenseits von Mikro und Makro. Zeitschrift für Soziologie, Sonderheft »Interaktion, Organisation und Gesellschaft«, S. 109-133.

Hodson, Randy (1991): The Active Worker: Compliance and Autonomy at the Workplace. Journal of Contemporary Ethnography 20 (1), S. 47-78.

Honneth, Axel (1992): Kampf um Anerkennung. Frankfurt a. M.: Suhrkamp.

Honneth, Axel (2003): Unsichtbarkeit. Stationen einer Theorie der Intersubjektivität. Frankfurt a.M.: Suhrkamp.

Honneth, Axel (2005): Verdinglichung. Frankfurt a.M.: Suhrkamp.

Honneth, Axel (2015): Die Idee des Sozialismus. Berlin: Suhrkamp.

Horkheimer, Max/Theodor W. Adorno, (1988 [1944]): Dialektik der Aufklärung. Frankfurt a. M.: S. Fischer Verlag.

Horn, Eva (2017): Jenseits der Kindeskinder. Nachhaltigkeit im Anthropozän. Merkur 71 (814), S. 5-17.

Hrdy, Sarah B. (2010): Mütter und Andere. Wie die Evolution uns zu sozialen Wesen macht. Berlin: Berlin Verlag.

Husserl, Edmund (1996 [1936]): Die Krisis der europäischen Wissenschaften und die transzendentale Phänomenologie. Hamburg: Meiner.

Hyde, Lewis (2008 [1979]): Die Gabe. Wie Kreativität die Welt bereichert. Frankfurt a.M.: S. Fischer Verlag.

Illich, Ivan (1975): Selbstbegrenzung. Eine politische Kritik der Technik. Reinbek: Rowohlt.

Jackson, Tim (2011): Wohlstand ohne Wachstum. Leben und Wirtschaften in einer endlichen Welt. München: oekom.

James, William (2002 [1897]): Der Wille zum Glauben. In: Ekkehard Martens (Hg.): Philosophie des Pragmatismus: Ausgewählte Texte. Stuttgart: Reclam, S. 128-160.

Jensen, Torben E. (2008): Experimenting with Commodities and Gifts: The Case of an Office Hotel. Organization 15 (2), S. 187-209.

Joas, Hans (1992): Die Kreativität des Handelns. Frankfurt a. M.: Suhrkamp.

Joas, Hans (2000): Kriege und Werte. Studien zur Gewaltgeschichte des 20. Jahrhunderts. Weilerswist: Velbrück.

Joas, Hans/Frank Adloff (2006): Milieu Change and Community Spirit: Transformations of German Civil Society. In: John Keane (Hg.): Civil Society: Berlin Perspectives. Cambridge, UK: Cambridge University Press, 103-138.

Kallis, Giorgos/Frederico Demaria/Giacomo D'Alisa (Hg., 2015): Degrowth: A Vocabulary for a New Era. London: Routledge.

Karagiannis, Nathalie (2005): Die Gabe der Entwicklung. In: Frank Adloff/Steffen Mau (Hg.): Vom Geben und Nehmen. Zur Soziologie der Reziprozität. Frankfurt/New York: Campus, S. 277-298.

Kerner, Ina (2015): Konvivialismus und Multikultur. Postkoloniale Reflexionen. In: Frank Adloff/Volker Heins (Hg.): Konvivialismus. Eine Debatte. Bielefeld: transcript, S. 227-236.

Kitcher, Philip (2011): Ethik und Evolution. Wie kommt man von dort nach hier? In: Frans de Waal: Primaten und Philosophen. Wie die Evolution die Moral hervorbrachte. München: dtv, S. 138-157.

Kitcher, Philip (2012): Preludes to Pragmatism. Toward a Reconstruction of Philosophy. Oxford: Oxford University Press.

Klein, Naomi (2017): Gegen Trump. Wie es dazu kam und was wir jetzt tun müssen. Frankfurt/M.: S. Fischer.

Knorr Cetina, Karin (2009): The Synthetic Situation: Interactionism for a Global World. Symbolic Interaction 32 (1), S. 61-87.

Kocka, Jürgen (2003): Zivilgesellschaft in historischer Perspektive. Forschungsjournal NSB 16 (2), 29-37.

Krebs, Angelika (1997): Einleitung. In: Dies. (Hg.): Naturethik. Grundtexte der gegenwärtigen tier- und ökoethischen Diskussion. Frankfurt a.M.: Suhrkamp, S. 7-12.

Kühl, Stefan (2014): Ganz normale Organisationen. Zur Soziologie des Holocaust. Berlin: Suhrkamp.

Langenohl, Andreas (2018): Die Frist. Konstitution der Gabe und Konstitution von Wert. In: Michael Bies/Sebastian Giacovelli/Andreas Langenohl (Hg.): Gabe und Tausch. Zeitlichkeit, Aisthetik, Ästhetik. Hannover: Wehrhahn, S. 47-63.

Lanier, Jaron (2013): Wem gehört die Zukunft? »Du bist nicht der Kunde der Internetkonzerne. Du bist ihr Produkt.« Hamburg: Hoffmann & Campe.

Latouche, Serge (2015): Es reicht! Abrechnung mit dem Wachstumswahn. München: oekom.
Latour, Bruno (2001): Das Parlament der Dinge. Für eine politische Ökologie. Frankfurt a.M.: Suhrkamp.
Latour, Bruno (2007): Eine neue Soziologie für eine neue Gesellschaft. Frankfurt a.M.: Suhrkamp.
Latour, Bruno (2008): Wir sind nie modern gewesen. Versuch einer symmetrischen Anthropologie. Frankfurt a.M.: Suhrkamp.
Latour, Bruno (2011): Waiting for Gaia. Composing the common world through arts and politics. A lecture at the French Institute, London November 2011.
Latour, Bruno (2013): Ein Versuch, das »Kompositionistische Manifest« zu schreiben. Zeitschrift für Theoretische Soziologie 1 (1), S. 8-30.
Latour, Bruno (2014): Ein Kollektiv von Menschen und nichtmenschlichen Wesen. In: Frank Adloff et al. (Hg.): Kultursoziologie. Klassische Texte – Aktuelle Debatten. Frankfurt/New York: Campus, S. 341-361.
Latour, Bruno (2017): Kampf um Gaia. Acht Vorträge über das neue Klimaregime. Berlin: Suhrkamp.
Laurier, Eric/Chris Philo (2006): Cold shoulders and napkins handed: gestures of responsibility. Transactions of the Institute of British Geographers 31, S. 193-207.
Lefort, Claude (1990): Die Frage der Demokratie. In: Ulrich Rödel (Hg.): Autonome Gesellschaft und libertäre Demokratie. Frankfurt a.M.: Suhrkamp, S. 281-297.
Leggewie, Claus (2012) Zukunft im Süden. Wie die Mittelmeerunion Europa wiederbeleben kann. Hamburg: edition Körber-Stiftung.
Leggewie, Claus (2015): Konvivialismus als neuer Internationalismus. In: Frank Adloff/Volker Heins (Hg.): Konvivialismus. Eine Debatte. Bielefeld: transcript, S. 237-247.
Lemke, Thomas (2017): Neue Materialismen: Einführung. In: Susanne Bauer/Torsten Heinemann/Thomas Lemke (Hg.): Science and Technology Studies. Klassische Positionen und aktuelle Perspektiven. Berlin: Suhrkamp, S. 551-573.
Les Convivialistes (2014): Das konvivialistische Manifest. Für eine neue Kunst des Zusammenlebens. Hg. von Frank Adloff und Claus Leggewie. Bielefeld: transcript.
Lessenich, Stephan (2016): »Weil wir es uns leisten können.« Wie und warum wir über die Verhältnisse anderer leben können. Blätter für deutsche und internationale Politik 11/2016, S. 91-102.

Lessenich, Stephan/Steffen Mau (2005): Reziprozität und Wohlfahrtsstaat. In: Frank Adloff/Steffen Mau (Hg.): Vom Geben und Nehmen. Zur Soziologie der Reziprozität. Frankfurt/New York: Campus, S. 257-276.

Lichterman, Paul/Nina Eliasoph (2014): Civic Action. American Journal of Sociology 120 (3), S. 798-863.

Liebersohn, Harry (2011): The Return of the Gift. European History of a Global Idea. New York: Cambridge University Press.

Luhmann, Niklas (1984): Soziale Systeme. Frankfurt a.M.: Suhrkamp.

Luhmann, Niklas (1997): Die Gesellschaft der Gesellschaft. 2 Bde. Frankfurt a.M.: Suhrkamp.

MacIntyre, Alasdair (2001): Die Anerkennung der Abhängigkeit. Über menschliche Tugenden. Hamburg: Rotbuch.

Mallard, Grégoire (2011): The Gift Revisited: Marcel Mauss on War, Debt, and the Politics of Reparations. Sociological Theory 29, No. 4, S. 225-247.

Marchart, Oliver (2010): Die politische Differenz. Berlin: Suhrkamp.

Marcuse, Herbert (2014 [1964]): Der eindimensionale Mensch. Studien zur Ideologie der fortgeschrittenen Industriegesellschaft. Springe: zu Klampen.

Marion, Jean-Luc (2002): Being Given. Toward a Phenomenology of Givenness. Stanford, Cal.: Stanford University Press.

Marx, Karl (1989 [1867]): Das Kapital. Erster Band. MEW Bd. 23. Berlin: Dietz.

Mason, Paul (2016): Postkapitalismus. Grundrisse einer kommenden Ökonomie. Berlin: Suhrkamp.

Mauss, Marcel (1997): Écrits politiques. Textes réunis et présentés par Marcel Fournier. Paris: Fayard.

Mauss, Marcel (2010): Soziologie und Anthropologie, 2 Bde. Wiesbaden: Verlag für Sozialwissenschaften.

Mauss, Marcel (2012): Schriften zur Religionssoziologie. Berlin: Suhrkamp.

Mauss, Marcel (2015 [1914]): Die Ursprünge des Geldbegriffs. In: Hans Peter Hahn/Mario Schmidt/Emmanuel Seitz (Hg.): Marcel Mauss: Schriften zum Geld. Berlin: Suhrkamp, S. 27-33.

Mauss, Marcel (2017): Die Nation oder der Sinn für das Soziale. Frankfurt/New York: Campus.

Mauss, Marcel/Francois Simiand (2015 [1934]): Debatte um die Funktionen des Geldes. Diskussion im Institut français de sociologie. In: Hans Peter Hahn/Mario Schmidt/Emmanuel Seitz (Hg.): Marcel Mauss: Schriften zum Geld. Berlin: Suhrkamp, S. 120-142.

McCarthy, Thomas (2015): Rassismus, Imperialismus und die Idee menschlicher Entwicklung. Berlin: Suhrkamp.

Menke, Christoph (2013): Die Kraft der Kunst. Berlin: Suhrkamp.

Menke, Christoph (2015): Kritik der Rechte. Berlin: Suhrkamp.

Messner, Dirk/Alejandro Guarín/Daniel Haun (2013): The Behavioural Dimensions of International Cooperation. Global Cooperation Research Papers 1. Duisburg: Centre for Global Cooperation Research.

Michéa, Jean-Claude (2014): Das Reich des kleineren Übels. Über die liberale Gesellschaft. Berlin: Matthes & Seitz.

Mills, Charles W. (1940): Situated Actions and Vocabularies of Motive. American Sociological Review 5 (6), S. 904-913.

Mishra, Pankaj (2018): Imperialer Rassismus. Vom Ersten Weltkrieg bis zu Donald Trump. Blätter für deutsche und internationale Politik 4/28, S. 87-100.

Moebius, Stephan (2006): Marcel Mauss. Konstanz: UVK.

Molm, Linda (2003): Theoretical Comparisons of Forms of Exchange. Sociological Theory 21 (1), S. 1-17.

Molm, Linda (2010): The Structure of Reciprocity. Social Psychology Quarterly 73 (2), S. 119-131.

Monroe, Kristen Renwick (1994): A Fat Lady in a Corsett: Altruism and Social Theory. American Journal of Political Science 38 (4), S. 861-893.

Müller, Hans-Peter (2007): Max Weber. Eine Einführung in sein Werk. Köln: Böhlau.

Muraca, Barbara (2014): Gut leben. Eine Gesellschaft jenseits des Wachstums. Berlin: Wagenbach.

Nachtwey, Oliver (2016): Abstiegsgesellschaft. Über das Aufbegehren in der regressiven Moderne. Berlin: Suhrkamp.

Neuhäußer, Christian (2018): Reichtum als moralisches Problem. Berlin: Suhrkamp.

Nietzsche, Friedrich (1991 [1887]): Zur Genealogie der Moral. Eine Streitschrift. Frankfurt a.M.: Suhrkamp.

Noë, Alva (2010): Du bist nicht dein Gehirn. Eine radikale Philosophie des Bewusstseins. München: Piper.

Nowicka, Magdalena/Steven Vertovec (2014): Comparing convivialities: Dreams and realities of living-with-difference. European Journal of Cultural Studies 17 (4), S. 341-356.

Nussbaum, Martha C. (2001): Upheavals of Thought. The Intelligence of Emotions. Cambridge, UK: Cambridge University Press.

Oberthür, Jörg/Peter Schulz (2016): Nach dem Maschinensturm: Überlegungen zu einer Erweiterung von Technologiekritik in der Postwachstumsdebatte. In: AK Postwachstum (Hg.): Wachstum – Krise und Kritik. Die Grenzen der kapitalistisch-industriellen Lebensweise. Frankfurt/New York: Campus, S. 159-176.

Offe, Claus (2016): Europa in der Falle. Berlin: Suhrkamp.

Oliner, Samuel P./Pearl M. Oliner (1992): The Altruistic Personality: Rescuers of Jews in Nazi Europe. New York: Touchstone.

Osterhammel, Jürgen (1995): Kolonialismus. Geschichte – Formen – Folgen. München: C.H. Beck.

Ostrom, Elinor (2010): Beyond Markets and States: Polycentric Governance of Complex Economic Systems. American Economic Review 100 (3), S. 641-672.

Parry, Jonathan (1986): The Gift, the Indian Gift and the ›Indian Gift‹. Man 21 (3), S. 453-473.

Parry, Jonathan/Maurice Bloch (1989): Introduction: Money and the Morality of Exchange. In: Jonathan Parry/Maurice Bloch (Hg.): Money and the Morality of Exchange. Cambridge, UK: Cambridge University Press, S. 1-32.

Parsons, Talcott/Gerald M. Platt (1973): The American University. Cambridge, MA: Harvard University Press.

Piliavin, Jane Allyn/Hong-Wen Charng (1990): Altruism: A Review of Recent Theory and Research. Annual Review of Soiology 16, S. 27-65.

Polanyi, Karl (1957): The Economy as an Instituted Process. In: Karl Polanyi/Conrad M. Arensberg/Harry W. Pearson: Trade and Market in the Early Empires. Economies in History and Theory. Chicago: Henry Regnery, S. 243-270.

Polanyi, Karl (1968): The Semantics of Money-Uses. In: Karl G. Dalton (Hg.): Primitive, Archaic, and Modern Economies. Essays of Karl Polanyi. Boston: Beacon Press, S. 175-203.

Polanyi, Karl (1978 [1944]): The Great Transformation. Frankfurt a.M.: Suhrkamp.

Purves, Ted (2005): What We Want Is Free. New York: SUNY.

Putnam, Hilary (1992): Renewing Philosophy. Cambridge, Mass.: Harvard University Press.

Putnam, Hilary (2002): The Collapse of the Fact/Value Dichotomy. Cambridge, Mass.: Harvard University Press.

Putnam, Robert (1993): Making Democracy Work: Civic Traditions in Modern Italy. Princeton: Princeton University Press.

Putnam, Robert (2000): Bowling Alone. The Collapse and Revival of American Community. New York: Simon & Schuster.

Radisch, Iris (2013): Camus: Das Ideal der Einfachheit. Eine Biographie. Reinbek bei Hamburg: Rowohlt.

Rawls, Anne Warfield (1987): The Interaction Order Sui Generis: Goffman's Contribution to Social Theory. Sociological Theory 5 (2), S. 136-149.

Rawls, Anne Warfield (1990): Emergent Sociality: A Dialectic of Commitment and Order. Symbolic Interaction 13 (1), S. 63-82.

Rawls, Anne Warfield (2012): Durkheim's Theory of Modernity: Self-Regulating Practices as Constitutive Orders of Social and Moral Facts. Journal of Classical Sociology 12 (3-4), S. 479-512.

Rawls, Anne Warfield/Gary David (2005): Accountably Other: Trust, Reciprocity and Exclusion in a Context of Situated Practice. Human Studies 28 (4), S. 469-497.

Reichardt, Sven (2014): Authentizität und Gemeinschaft. Linksalternatives Leben in den siebziger und achtziger Jahren. Berlin: Suhrkamp.

Ricœur, Paul (1995): Love and Justice. In: Figuring the Sacred. Religion, Narrative, and Imagination. Minneapolis: Fortress Press, S. 315-329.

Ricœur, Paul (1998): Das Rätsel der Vergangenheit. Erinnern – Vergessen – Verzeihen. Göttingen: Wallstein.

Ricœur, Paul (2006): Wege der Anerkennung. Frankfurt a.M.: Suhrkamp.

Rifkin, Jeremy (2014): The Zero Marginal Cost Society. Basingstoke: Palgrave Macmillan.

Rödel, Urich (1990): Einleitung. In: Ulrich Rödel (Hg.): Autonome Gesellschaft und libertäre Demokratie. Frankfurt a.M.: Suhrkamp, S. 7-29.

Rosa, Hartmut (2016): Resonanz. Eine Soziologie der Weltbeziehung. Berlin: Suhrkamp.

Rosanvallon; Pierre (2013): Die Gesellschaft der Gleichen. Hamburg: Hamburger Edition.

Safranski, Rüdiger (2004): Friedrich Schiller oder Die Erfindung des Deutschen Idealismus. München: Carl Hanser.

Sahlins, Marshall (1972): Stone Age Economics. Chicago: Aldine.

Sahr, Aaron (2017): Keystroke-Kapitalismus. Ungleichheit auf Knopfdruck. Hamburg: Hamburger Edition.

Santos, Boaventura de Sousa (2014): Epistemologies of the South. Justice against Epistemicide. London: Routledge.

Santos, Boaventura de Sousa (2017): A New Vision of Europe: Learning from the South. In: Bhambra, Gurminder K./John Narayan (Hg.): Eu-

ropean Cosmopolitanism: Colonial Histories and Postcolonial Societies. London: Routledge, S. 172-184.
Sassen, Saskia (2015): Ausgrenzungen. Brutalität und Komplexität in der globalen Wirtschaft. Frankfurt a.M.: S. Fischer Verlag.
Schatzki, Theodore (2015): Spaces of Practices and of Large Social Phenomena. EspacesTemps.net, Travaux, 24. März 2015.
Schmitz, Lilo (Hg., 2015): Artivismus. Kunst und Aktion im Alltag der Stadt. Bielefeld: transcript.
Schneidewind, Uwe/Mandy Singer-Brodowski (2014): Transformative Wissenschaft. Marburg: Metropolis.
Schütz, Alfred (2003): Über die mannigfaltigen Wirklichkeiten. In: Alfred Schütz Werkausgabe, Band V.1. Theorie der Lebenswelt 1. Die pragmatische Schichtung der Lebenswelt. Konstanz: UVK, S. 181-239.
Simmel, Georg (1989 [1900]): Philosophie des Geldes. Frankfurt am Main: Suhrkamp.
Simmel, Georg (1992 [1908]): Soziologie. Untersuchungen über die Formen der Vergesellschaftung. Frankfurt a. M.: Suhrkamp.
Simmel, Georg (2014 [1896]): Das Geld in der modernen Kultur. In: Frank Adloff et al. (Hg.): Kultursoziologie. Klassische Texte – Aktuelle Debatten. Frankfurt/New York: Campus, S. 72-83.
Singer, Peter (2011): Moral, Vernunft und die Tierrechte. In: Frans de Waal: Primaten und Philosophen. Wie die Evolution die Moral hervorbrachte. München: dtv, S. 158-176.
Smith, Adam (2014 [1776]): Der Wohlstand der Nationen (Auszüge). In: Lisa Herzog/Axel Honneth (Hg.): Der Wert des Marktes. Berlin: Suhrkamp, S. 55-68.
Solomon, Robert C. (2009): Emotionen, Gedanken und Gefühle. In: Sabine Döring (Hg.): Philosophie der Gefühle. Frankfurt a.M.: Suhrkamp, S. 148-168.
Sommer, Bernd (2016): Ist eine nachhaltige Moderne möglich? Zum Verhältnis von Wachstum, sozialer Differenzierung und Naturverbrauch. In: AK Postwachstum (Hg.): Wachstum – Krise und Kritik. Die Grenzen der kapitalistisch-industriellen Lebensweise. Frankfurt/New York: Campus, S. 269-288.
Steiner, Philippe (2016): Donner … Une histoire de l'altruisme. Paris: Presse Universitaires de France.
Stern, Daniel (1985): The Interpersonal World of the Infant. A View from Psychoanalysis and Developmental Psychology. New York: Basic Books.

Stowasser, Horst (2006): Anarchie! Idee – Geschichte – Perspektiven. Hamburg: Edition Nautilus.

Streeck, Wolfgang (2015): Wie wird der Kapitalismus enden? Blätter für deutsche und internationale Politik 3/2015, S. 99-111.

Tenbruck, Friedrich (1989): Modernisierung – Vergesellschaftung – Gruppenbildung – Vereinswesen. In: Friedrich Tenbruck: Die kulturellen Grundlagen der Gesellschaft. Der Fall der Moderne. Opladen: Springer, S. 215-226.

Titmuss, Richard M. (1997 [1970]): The Gift Relationship. From Human Blood to Social Policy, expanded and updated edition. New York: The New Press.

Tomasello, Michael (2002): Die kulturelle Entwicklung des menschlichen Denkens. Frankfurt a.M.: Suhrkamp.

Tomasello, Michael (2010): Warum wir kooperieren. Berlin: edition unseld.

Tomasello, Michael (2014): The ultra-social animal. European Journal of Social Psychology 44 (3), S. 187-194.

Toulmin, Stephen (1991): Kosmopolis. Die unerkannten Aufgaben der Moderne. Frankfurt a.M.: Suhrkamp.

Tsing, Anna Lowenhaupt (2018): Der Pilz am Ende der Welt. Über das Leben in den Ruinen des Kapitalismus. Berlin: Matthes & Seitz.

Turner, Jonathan H. (1987): Toward a Sociological Theory of Motivation. American Sociological Review 52 (1), S. 15-27.

Turner, Jonathan H. (2002): Face to Face: Toward a Sociological Theory of Interpersonal Behavior. Stanford, California: Stanford California Press.

Ullrich, Wolfgang (2018): Gefährliche Schönheit: Die Ästhetik der Überwältigung. Blätter für deutsche und internationale Politik 2/2018, S. 109-120.

Unsichtbares Komitee (2010): Der kommende Aufstand. Hamburg: Edition Nautilus.

Unsichtbares Komitee (2015): An unsere Freunde. Hamburg: Edition Nautilus.

Unsichtbares Komitee (2017): Jetzt. Hamburg: Edition Nautilus.

Uzzi, Brian (1997): Social Structure and Competition in Interfirm Networks: The Paradox of Embeddedness. Administrative Science Quarterly 42 (1), S. 35-67.

Uzzi, Brian (1999): Embeddedness in the Making of Financial Capital: How Social Relations and Networks Benefit Firms Seeking Financing. American Sociological Review 64 (4), S. 481-505.

Vaneigem, Raoul (2008 [1967]): Handbuch der Lebenskunst für die jungen Generationen. Hamburg: Edition Nautilus.

Varela, Francisco (1988): Connaitre: Les Sciences Cognitives, tendences et perspectives. Paris: Editions du Seuil.

Varga, Somogy/Shaun Gallagher (2011): Critical Social Philosophy, Honneth and the Role of Primary Inersubjectivity. European Journal of Social Theory 12 (2), S. 243-260.

Vetter, Andrea/Benjamin Best (2015): Konvivialität und Degrowth. In: Frank Adloff/Volker Heins (Hg.): Konvivialismus. Eine Debatte. Bielefeld: transcript, S. 101-112.

Viveret, Patrick (2011): Stratégies de transition vers le bien-vivre face aux démesures dominantes. In: Alain Caillé et al. (Hg.): De la convivialité. Dialogues sur la societé conviviale à veni. Paris: Éditions La Découverte, S. 25-41.

Waal, Frans de (2011): Die sozialen Instinkte der Primaten, die menschliche Moral und Aufstieg der »Fassadentheorie«. In: Frans de Waal: Primaten und Philosophen. Wie die Evolution die Moral hervorbrachte. München: dtv, S. 19-98.

Waal, Frans de/Malini Suchak (2010): Prosocial Primates: Selfish and Unselfish Motivations. Philosophical Transactions: Biological Sciences 365 (1553), S. 2711-2722.

Waldenfels, Bernhard (1997): Das Un-ding der Gabe. In: Hans-Dieter Gondek/Bernhard Waldenfels (Hg.): Einsätze des Denkens. Zur Philosophie von Jacques Derrida. Frankfurt a.M.: Suhrkamp, S. 385-409.

Waldenfels, Bernhard (2012): Hyperphänomene. Modi hyperbolischer Erfahrung. Berlin: Suhrkamp.

Walk, Heike (2015): Kubanische Genossenschaften zwischen Sozialismus und Marktwirtschaft. In: Frank Adloff/Volker Heins (Hg.): Konvivialismus. Eine Debatte. Bielefeld: transcript, S. 121-132.

Weber, Andreas (2007): Alles fühlt. Mensch, Natur und die Revolution der Lebenswissenschaften. Berlin: Berlin Verlag.

Weber, Andreas (2016): Enlivenment. Eine Kultur des Lebens. Versuch einer Poetik für das Anthropozän. Berlin: Matthes & Seitz.

Weber, Max (1972 [1922]): Wirtschaft und Gesellschaft. Grundriss der verstehenden Soziologie. Tübingen: Mohr Siebeck.

Weber, Max (2002): Schriften 1894-1922. Ausgewählt von Dirk Kaesler. Stuttgart: Alfred Kröner.

Wenzel, Harald (2001): Die Abenteuer der Kommunikation. Echtzeitmassenmedien und der Handlungsraum der Hochmoderne. Weilerswist: Velbrück.

Wessendorf, Susanne (2014): ›Being open, but sometimes closed‹. Conviviality in a super-diverse London neighborhood. European Journal of Cultural Studies 17 (4), S. 392-405.

Wheeler, Wendy (2006): The Whole Creature. Complexity, Biosemiotics and the Evolution of Culture. London: Lawrence & Wishart.

Widlok, Thomas (2013): Sharing. Allowing Others to Take what is Valued. HAU: Journal of Ethnographic Theory 3 (2), S. 11-31.

Wikan, Unni (2012): Resonance: Beyond the Words. Chicago: Chicago University Press.

Winker, Gabriele (2015): Care Revolution. Schritte in eine solidarische Gesellschaft. Bielefeld: transcript.

Wright, Erik O. (2017): Reale Utopien. Wege aus dem Kapitalismus. Berlin: Suhrkamp.

Wulf, Andrea (2016): Alexander von Humboldt und die Erfindung der Natur. München: C. Bertelsmann.

Zelizer, Viviana A. (1996): Payments and Social Ties. Sociological Forum 11 (3), S. 481-495.

Zelizer, Viviana A. (2012): How I Became a Relational Economic Sociologist and What Does That Mean? Politics & Society 40 (2), S. 145-174.